U0180782

Matt
Winning

·
·
·

Hot Mess

*What on Earth Can We Do About
Climate Change?*

热爆了

我们究竟能对气候变化做些什么？

〔英〕马特·温宁 著

唐双捷 译

北京大学出版社

PEKING UNIVERSITY PRESS

著作权合同登记号　图字：701-2023-4158
图书在版编目（CIP）数据

热爆了：我们究竟能对气候变化做些什么？/（英）马特·温宁（Matt Winning）著；唐双捷译. --北京：北京大学出版社，2024.7. -- ISBN 978-7-301-35214-4

Ⅰ. P467-49

中国国家版本馆 CIP 数据核字第 2024VX2454 号

Hot Mess：What on Earth Can We Do About Climate Change?
Copyright © 2021 Matt Winning
First published in 2021 by HEADLINE PUBLISHING GROUP
Simplified Chinese Edition © 2024 Peking University Press
简体中文版由北京大学出版社有限公司出版发行
版权所有，侵权必究

书　　　　名	热爆了：我们究竟能对气候变化做些什么？ RE BAO LE：WOMEN JIUJING NENG DUI QIHOU BIANHUA ZUOXIE SHENME?
著作责任者	〔英〕马特·温宁（Matt Winning）　著　唐双捷　译
责 任 编 辑	朱梅全
标 准 书 号	ISBN 978-7-301-35214-4
出 版 发 行	北京大学出版社
地　　　　址	北京市海淀区成府路 205 号　100871
网　　　　址	http://www.pup.cn　新浪微博：@北京大学出版社
电 子 邮 箱	zpup@pup.cn
电　　　　话	邮购部 010-62752015　发行部 010-62750672 编辑部 021-62071998
印 刷 者	河北博文科技印务有限公司
经 销 者	新华书店
	965 毫米×1300 毫米　16 开本　22.5 印张　272 千字 2024 年 7 月第 1 版　2024 年 7 月第 1 次印刷
定　　　　价	69.00 元

中文版推荐序

　　每个人都不止一次听说过全球变暖危机，甚至就在去年或者今年夏天，也多次感叹自己有生之年竟然赶上了这么明显的气候变化。按说"气候变化"这个词一出，这个过程就应该是一个跨度超越几代人的变化，本不应该在一代人时间里就被人的感官察觉到。但我要说的是，全球变暖的危机比以上的描述还要剧烈和严重。举例来说，回看 2018 年第二十四届联合国气候变化大会的报道，那时候专家们是这样发言的：

　　　　如果以 2010 年的水平为基准，我们需要在 2030 年前减少 45％ 的全球温室气体排放总量，这样才能在 2100 年前将全球平均地表温度的升幅控制在工业化前水平 1.5 ℃ 以下。

　　我们再来看 2024 年 2 月 5 日发表在《自然·气候变化》(Nature Climate Change) 上的一篇论文，作者指出，今天全球平均气温已经比工业化前升高了 1.5 ℃，而且会在 2030 年前超过

2℃。也就是说，2018 年各国在谈判桌上经过反复扯皮后商定的那个温升幅度和时间点，在 6 年后已经失效了，我们已经提前近80 年迈过了 1.5℃温升幅度限制。

可能有的人会质疑这篇论文研究的权威性，它毕竟只是西澳大学一个团队利用局部的观测得到的结论，就算发在《自然》子刊也不能算作温升幅度的正式结论。那我们再来看看欧盟下属专门负责提供全球环境数据的"哥白尼气候变化服务局"在 2024年 2 月 9 日关于全球气温变化的最新报告：2023 年 2 月—2024 年1 月的全球平均气温达到历史最高水平，为 15.02℃，比 1850—1900 年高出了 1.52℃。如果只看 2024 年 1 月的话，更加严重。2024 年 1 月，全球平均地表气温为 13.14℃，比 1850—1900 年的 1 月平均气温估计高 1.66℃。

2018 年时没有人想到温升会如此剧烈地加速，考虑到碳排放与经济活动中需要耗费的能量密切相关，所以气候变化大会给2100 年定目标，实际上也多少希望把时间点尽量往后推，推到两代人之后，以便弱化矛盾。但变暖这个问题已经无法再推了，它已经势不可挡地向我们碾压过来了。

按最乐观的说法，解决全球变暖的问题也是极其困难的。原因有二：

其一，它是从第二次工业革命开始就不断积累的，而且碳排放是全人类每个人都做了贡献的，到今天已经积累了近 200 年。所以，要解决问题，最乐观估计也需要全球一起努力 2—3 代人的时间，才能把这么多年来排放到空气中的二氧化碳回收到固体中。

其二，减碳和碳回收不能通过花钱的方式解决，通过赚钱的方式才可行。也就是说，当减碳和碳回收只是一项消耗金钱的活动时，这件事是无法长久的。我们必须找到一系列技术和以这些技术为基础的市场，让碳回收成为一项有利可图的行为，全球变暖危机才有解决的可能。很多科普书只着重介绍第一点的困难，而本书作者的专业背景是"气候经济学"，我们应该听他说一说解决方法，因为第二点的难度比第一点还要大，起码目前为止相关活动没有补贴根本进行不下去。哪怕是降温效果明显但副作用也很大的太阳辐射管理的各种方法，也依然是耗资巨大，没有直接收益。

我自己在写科普文章时凡是涉及全球变暖的问题，都会尽量把最令人震惊和绝望的数据、事实摆出来，收到的反馈大都如我所愿。我认为每个人都需要直面残酷的未来，只有真的被震撼到了，才能作出正确的选择。有人可能会疑惑，一个人思想上的转变怎么可能改变气候政策？确实，气候政策几乎都是国家间博弈的产物，但在这个问题上，一个人思想的转变起码对个人的很多重要选择都有很大影响，比如：

- 今年夏天是否安排旅行？
- 会不会认为一个男人出门带齐防晒用具太矫情了？
- 要不要生孩子？
- 买房时考不考虑纬度？考不考虑野火和洪水这些保险公司都列为不可抗力的因素？

我和本书的译者唐双捷是在"得到"App的《科技参考》专栏中认识的，他利用业余时间翻译国外著作。我是职业科普人，这几年我不断将最新的气候变化研究成果介绍给听众，他认为我有能力为这本书写序，我也觉得我有责任让更多的人知道全球变暖严峻的态势。尽管这本书的作者使用了脱口秀的风格写作，但翔实的数据和冷静的分析依然能让大家更全面地了解全球变暖问题。

卓　克

2024 年 5 月

中文版序言

我亲爱的中国读者，你好，首先，感谢你用辛苦赚来的人民币，买一位自己闻所未闻的苏格兰学者写的闲书，了解一个让人沮丧的话题——气候变化。要是这本书是朋友送你的礼物，那么我得多谢 TA，而你也应该如此。因为这本书讨论的是"世界上最重要的事物"，我这里说的可不是气候变化，而是家庭。它讲述了一段在急剧变化世界里初为人父的经历，以及我们每个人保护孩子的本能。当然，如果你天生对小孩不感冒，你也可以为气候变化摇旗呐喊。

其次，如果你不想被"剧透"，那么可以直接跳到下一章，最后再翻回来读这篇序言。但老实说，这里唯一能透露的内容就是气候变化仍在继续，我料你对此已经心知肚明。

现在是 2024 年 5 月，就在我为亲爱的中国读者撰写中文版序言的时候，手机里社交媒体 App 弹出的一张精美图表好巧不巧吸引了我的眼球，它告诉我：在过去的一整年里，每一天的全球平均海洋温度都在刷新同期的历史纪录。365 天，天天如此啊，简直是活久见。这既展现了地球眼下的糟糕处境，也显示了我的社交媒体信息流的堪忧状态。不过，另一份报告指出，目前全球已有 30% 的电力供应来自可再生能源。这是一个喜忧参半的故事，提醒你我世界正处于双线并行的变化之中，但是哪条时间线的世界会率先迎来结局呢？三小时后，我和自己最好的朋友（他是中国香港和英国苏格兰的混血儿）在伦敦的一家中餐馆里庆祝他的 40 岁生日，为此我们要了不少点心，我更是企图在这个夜晚暂时忘记日夜不息的气候变化。在这段远离带娃的宝贵时光里，我得争分夺秒地大吃特吃。

自从 2022 年本书第一版在英国问世以来，全球又发生了很多事情。2023 年成为有史以来最热的一年，而且纪录提升的幅度还很大。照此看来，2024 年夏天类似的剧情将再度上演。如今，我们继续目睹着前所未有的野火、洪水和热浪在全球肆虐，食品价格普遍上涨，各地居民备受煎熬。而这才仅仅开了个头，正如我和所有其他气候变化研究者预测的那样。但是，就算我们猜对了，这一骇人的事实也不会有任何反转的可能。

2023 年年底，阿联酋举办了第二十八届联合国气候变化大会（COP28），我也有幸前往迪拜参会。有一说一，在一个发展几乎完全依赖导致气候变化的产品（尽管公平来说，英国过去也依赖石油和天然气，虽然程度要小很多）的国家举行气候峰会实在是怪事一桩。尽管当地人非常友好，但在大会开幕前就有消息称，阿联酋利用其东道主身份（本应保持中立）正在与他国进行新的石油和天然气买卖。在 COP28 召开前的几周，阿联酋的邻国沙特就被曝出一个激进计划：通过将欠发达国家与使用化石燃料的基础设施进行绑定，从而刺激这些国家的石油需求，最终不停购买碳污染产品。会议期间，我在自己发言的开头还抖过一个"包袄"，问有谁到迪拜以来做过什么"好"的石油和天然气买卖。这个玩笑的现场"笑果"很棒。经过好多天，在会议结束时的最终文件中总算提到了"化石燃料"，这还是本次 COP28 一系列活动开展以来的首次。有人将这种奇观描述为：开了 28 次疟疾研讨会却从未提到"蚊子"。讽刺之处在于，由于气候变化日益加剧，将来还会有更多这样的会议。因此，虽然化石燃料行业最终在踢打和尖叫中被拖到聚光灯下，但它们绝不会轻易束手就擒。

中国在过去四十多年里取得了震惊世人的进步和发展，并在几十年内完成了一场工业革命般的转型。如今，中国正在经历另一场革命，一场清洁革命。当前，中国的大部分能源仍来源于化石燃料，特别是煤炭，它在能源消费结构中仍处于主导地位。但是，中国已经明确提出在 2030 年前实现碳达峰，在 2060 年前实现碳中和。如果一切顺利，碳达峰的目标更有可能提前完成。

与此同时，中国在安装光伏和风力发电设备方面达到了创纪录的水平，走在了全球前列。中国的电动车企业更在逐步接管全球市场。得益于政府积极扶持这些新兴产业，中国已经成为清洁能源供应链的主导者。2022 年，中国新车销量中的电动车比例已达到 25%，并且还在不断提升。现在，世界各地都可以买到这些中国生产的电动车。2024 年以来，欧洲每卖出 4 辆电动车，就有 1 辆来自中国。中国的这项工作是如此给力，以至于在我撰写这篇序言时，美国已经宣布将对中国电动汽车加征 100% 的关税，从而保护其本土汽车产业——这也揭示了应对气候变化和国内保护主义之间紧张关系的真实症结所在。无论如何，这一切都预示着：中国未来 30 年的发展道路将决定人类此后数千年的命运走向。对此，我丝毫没有夸张。

目前，我只去过中国一次。2015 年，我以一个循环经济项目成员的身份，造访了上海交通大学，并在那里待了一周。我很快就通过一种痛苦的方式感觉到：中国的一切都是那么"大"，真的大。我在上海参观了几所大学，还有滴水湖。其间，我有一天的时间可以自由活动。在扫了一眼轨交地图之后，我决定走路从一个站去另一个站，毕竟我有的是时间。我心想，这又能花多久时间呢？答案是 90 分钟。要晓得，伦敦的两站地铁之间只有 15 分钟。我边走边想，"为什么一切都这么大？"最后一天，我和几位同事一起出去泡吧，结果搞到很晚。第二天早上在酒店醒来时，我才睡了大约三个钟头，虽然那天早晨阳光明媚，但我只能带着严重的宿醉俯瞰美丽的外滩。我匆忙赶往机场，唯恐错过航班，因为到机场前后总共得用快三小时。好在我最终还是赶上了。在候机的时候，我看到一个熟脸在我前面上了飞机，我下意识站起来大喊 Hello。然后，我就意识到自己身在中国，而我在这里又没熟人，所以又怎么会有我认识的人登机呢？我对此感到很迷茫，觉得大概是因为自己宿醉未消。大概过了三十秒，我才意识到那人原来是打篮球的姚明。于是我又想到，不仅是中国的地方大，不少中国人的块头也非常大。

上海的地势仅比海平面高出几米，未来一个世纪也将面临海平面上升带来的极大风险。中国许多大型的沿海城市也将遭遇相同的问题。2023 年，我们还看到洪水侵袭了黑龙江五常的稻田，北京也遭遇了 1961 年有观测纪录以来 6 月的最高气温。中国在应对气候变化影响方面处于全球战线的最前沿。我们燃烧的化石燃料越少，这片土地上人们将会经历的伤害和痛苦也就越少。

我为这篇序言收笔是在胡吃海塞各种点心后的第二天。我那几岁的儿子正坐在身后的一张桌子上模仿我"用笔记本电脑工作"，其实他在"敲击"的是一个玩具键盘，不过他看上去玩得很开心。这不由让我想起了自己端坐桌前进行气候研究的那些日子。在过去的十年里，我指导了数十名来自中国的硕士生，甚至还有一名博士生，这些无一不是愉快的时光。我突然有些想知道他们如今都在从事什么工作，更希望他们正在为各自家庭争取一个宜居的未来做些力所能及的贡献。希望有一天，我的孩子能读到这样的结局：我们最终设法避免了最严重的灾难。这将是包括许多来自中国的学生，以及正在阅读本书的你，共同艰苦努力的结果。我们都为将人类导向一个安全和清洁的世界做出了自己的贡献。

马特·温宁

2024 年 5 月 22 日

致 BB：

    本书是我微小的努力，希望让你的世界变得更好。现在这个世界已经属于你。

致 WJ：

    希望我能让你感到骄傲，就像你每天都让我感到骄傲一样。

    还有，感恩发明了 Ben & Jerry's 花生酱饼干风味素食冰淇淋的天才。如果没有你们，这本书是不可能完成的。

目 录

1

九个月前

我感到平静、轻松和自在

"我们要有娃了。"我老婆在从浴室出来时如此说道。

在这之前,我本以为这样的消息会成为人生中的重大时刻,从那一刻起,我生活中的一切都将为之改变。但事实并非如此,至少那一刻尚未如此。所有的改变仅表现为我老婆站在房间中央,手里拿着一个验孕棒,声音呜咽,笑中带泪,而我正在啃那天的第二个特里巧克力橙(Terry's Chocolate Orange)①。那时,我唯一的想法就是:这一切居然发生在一个租来的公寓里,这实在太奇怪了。你想想,这可是在圣诞节到新年之间的奇怪时段。挪威人称之为"Romjul",18世纪的苏格兰诗人罗伯特·弗格森

---

① 一种产自英国的橙子形状的巧克力,有白巧、黑巧、牛奶三种口味。——译者注

（Robert Fergusson）的表述或许更恰如其分："圣诞欢乐周"（The Daft Days）①。你不难想象，在这段时间里，你可能会吃下和自己等重的巧克力；阳光也是难觅踪迹；你告诉朋友会前去赴约，最后却放他们鸽子，就为了窝在家里看第 N 遍《夺宝奇兵》（Raiders of the Lost Ark）。由于我爸妈的房子需要翻修，我和老婆就在爱彼迎（Airbnb）上租了一套公寓，它位于格拉斯哥（Glasgow）一片我通常不会贸然前往的陌生区域，道路两旁都是慈善商店。公寓毗邻一家看起来与世隔绝的当地酒吧，四周尽是密不透风的百叶窗，唯一的生机来自一面飘得有气无力的英国国旗。

这些都是我感觉这消息有些奇怪的原因。

不过，请别误会，这确实是美妙的消息。早在十几岁的时候，我就非常确定一件事，那就是有朝一日得有个娃，这种确定性就像我始终认为应该将那些把鳄梨酱（guacamole）简称为"guac"的人拉一个清单②。虽然我不是世界上最果断的人，但这并不意味着我在点菜时会犯无比恼人的选择困难症，不像我从校园时代起的好基友伊恩（Ian），他总是等服务员来了，然后气呼呼地说："哦，我现在就得选吗？你最好先问问其他人……嗯，我还没选好，能再介绍下有什么汤吗？是的，但甜瓜听起来确实不错"，仿佛这是他这辈子第一次进餐馆。

不过，在生活遇到大事的时候，我总是显得优柔寡断，时常不受控地反复分析。比如，我在大学选专业时难以取舍，最终读了双学位。那时还有 32 位同学也是如此，不过最终只有我拿到

---

①　"Daft"原意为"笨、傻、愚蠢可笑"。在英美文化里，"The Daft Days"经常指代"圣诞节前后的欢乐日子"，有点类似于中国农历春节长假前，大家已经无心工作，打算放空休假的感觉。——译者注

②　这是一句玩笑话，作者不太认同随意将事物的名字进行简称或起绰号的做法。这就有点像有些人不喜欢把星巴克称为"星爸爸"。——译者注

了学位。这并非因为我有多么牛掰，而是因为其他人都没有抽风到一条道走到黑。相反，他们都很好地找到了自己的职业道路。我的这种特性遗传自我爸，他总是略带神经质地想很多，是一个细节控。我喜欢把他描述成那种会把派对烟花直接扔进垃圾箱的人。希望这种特质不会遗传。

我一直希望为人父。这样，就会有一个小人儿，值得我倾注所有的关注和感情，这似乎就是生活的全部意义。我想说的是，为自己而活固然很好，但似乎还是有点自私。我很尊敬我爸和我爷爷，也渴望成为他们那样的人。建立一个家庭就像开始一场极具意义的旅途——又有谁不想在生活中拥有更多自己会无条件去爱的人呢？

不过，还是有件事情牵绊住了我的脚步。过去十年里，我始终致力于研究气候变化带来的骇人结果。我在没躺平的大部分时间里都端坐在桌前，用电脑模型计算 2100 年的地球在不同能源系统条件下的可能气温。这是一份非主流的工作，我的意思是，它离应对气候变化的前沿战线稍微有点远。比如，与在南极洲钻探冰芯的科学家相比，我的所有工作看起来只不过是盯着电脑屏幕上算出来的一组组数字。但是，在过去的几年里，这些数字已经开始出现由虚向实的兆头：气候变化的清晰效应正在世界各地上演。这让我愈发疑虑。

我来把话说得明白些。当我妻子站在那里，手里拿着阳性的验孕棒时，我依然百分之百地确定自己想要生个娃。先前，我才看了《曼达洛人》（*The Mandalorian*）①，"尤达宝宝"历险记让我相信照顾人类幼崽会是一场令人兴奋的冒险。我疑惑的是，在

---

① 《星球大战》系列首部真人衍生网剧。截至 2023 年 4 月，共推出三季，第一季于 2019 年 11 月 12 日在"迪士尼＋"首播。——译者注

现在这个历史时刻（看看如今的世界吧，摊手），我真的应该生娃吗？我们应该把孩子带到这个世界上吗？对于别人、对于孩子、对于我们自己来说，这究竟是否有益，是否正确呢？更重要的是，我要不要再吃一个特里巧克力橙？

　　显然，很多人也有同感。严峻的现实催生了一个新名词，用来描述这种让人忧心忡忡、沮丧无比的情绪："生态焦虑"（eco-anxiety）。这个词差点赢得《牛津英语词典》（*Oxford English Dictionary*）2019 年度词汇的桂冠，仅次于"气候紧急状态"（climate emergency）。[1] 美国心理协会（American Psychological Association）将其定义为"一种对于环境末日的慢性恐惧"。[2] 目前，我觉得自己还没到这个地步，或许我还算幸运，因为我已经在全力做些什么来缓解这种焦虑，我正在讨论、研究并且付诸行动。虽然我的整个职业生涯基本都会致力于解决这个问题，但是忧思仍然如影随形。我渐渐感觉脑袋里有两个自己在战斗：一个是理性冷静的学者，另一个是情绪化、爱吃巧克力的准爸爸。

　　一些团体正利用这种焦虑，推动政府采取行动。这从瑞典少女格蕾塔·通贝里（Greta Thunberg）① 发起的"为气候罢课"（School Strike for Climate）抗议活动中可见一斑，她为气候变化所做的贡献和为振兴黄色雨衣行业② 所做的一样多。甚至还催生出了一些专门争论是否要在气候肆虐的世界生育的社会团体，比

---

　　① 瑞典青年活动人士、政治活动家和激进环保派，因为其极端环保主义论调而备受争议。——译者注
　　② 通贝里进行抗议活动时常穿黄色雨衣，该形象甚至印上了瑞典发行的邮票。——译者注

如"生育罢工"（BirthStrike）[①] 和"可以预测的未来"（Conceivable Future）[②]。这些都是女性领导的组织，致力于为气候危机大环境下的生育选择权而斗争。许多组织成员认为，在世界走上一条通往更安全未来的清晰道路之前，生孩子实在太过冒险。[3] 这些团体旨在为那些希望分享自己故事的人提供一个场所，并让更多的人意识到气候问题的严峻性。前一年，就连哈里王子（Prince Harry）也表示，出于气候考量，他和梅根·马克尔（Meghan Markle）只会生两个孩子。我试着想象皇室宝宝的碳足迹（carbon footprint）[③]，他们不仅要飞过世界各地，还要参加各种国宴。虽然我不晓得传说中的"蜥蜴人"[④] 会吃什么。

这些想法和担忧已在我脑中萦绕了不少时日，但我还是尝试去做我在苏格兰西部的成长经历所教会我的事情：将自己的情绪封存在瓶子里，然后绑上重砖，扔进绝望的湖里，让它和我生命中所有的遗憾一起沉入水底。这个瓶子里还装有：我和父亲的关系；对一个喜欢的妹子"冷静"过头；小学时因把威尔·史密斯（Will Smith）的歌曲"Gettin' Jiggy Wit It"叫作"You Get a

---

[①]　该组织于 2018 年创立，集中了那些由于气候变化而决定不生孩子的人群，其中 8 成左右是女性。组织成员们认为，不能把孩子带到一个由于气候变化将导致的干旱和粮食短缺的世界。——译者注

[②]　一个由美国女性领导的网络组织，旨在让人们意识到气候变化对人类生殖生活的威胁，并要求美国结束化石燃料补贴。——译者注

[③]　碳足迹指企业机构、活动、产品或个人通过交通运输、食品生产和消费以及各类生产过程等引起的温室气体排放的集合。简言之，它表示一个人或者团体的"碳耗用量"，一般以一年为时间段进行计算。"碳"主要指石油、煤炭、木材等由碳元素构成的自然资源。——译者注

[④]　这里讲的是一个关于"英国皇室成员其实都是蜥蜴人"的英式笑话或都市流言，属于英国民间调侃皇室成员的通用梗，可能类似于"XX 朝代的 XX 人是穿越者"。——译者注

Chicken with It"而被嘲笑。对于之前的我来说，生娃只是一种假设，我也没有太过在意，一切随缘就好。但现在，就像气候变化，它无比真实且正在进行，我也亟须为此做好准备。

我和妻子紧紧拥抱在一起，既高兴又兴奋，既害怕又欢喜，就算是住在加文（Govan）的爱彼迎公寓也能有这样的体验。无论是字面上还是比喻上，我们都身处未知之中。我们对即将发生的一切尚未准备妥当，但它已经来了。

对了，还有一件事我也很确定。人为的全球变暖正在发生，倘若不立即采取行动，它将在下个千年不可逆转地改变我们的地球，造成无谓的痛苦，将生态系统推向崩溃的边缘，人类也不得不全力提升应对未知领域灾难的能力。

以上就是我十分确定的三件事。

2

引　子

　　"这不像是喜剧脱口秀。"一位留着山羊胡、有些"地中海"的观众对一旁的女士说道。此时，已经上台 30 分钟的我正对着一张 PPT，讲解展示碳排放税（carbon tax）供需关系的图表，同时还得向听众解释，为什么地球超人（Captain Planet）① 显然对气候经济学一无所知，因为"减少污染总量"的理想目标可能并不是完全清零。接着，我继续开喷这位 1990 年代初的环保卡通英雄，因为他没有明确说明自己的目标是不是"净零"（net-ze-ro），质疑他是否因此不相信有可能扩大和利用必要程度的碳捕获

_____

　　① 《地球超人》是一部环保主义的美国动画影集，曾经在中国中央电视台少儿节目中播出。故事主要讲述随着人类文明的发展，地球环境日益遭到破坏。大地女神盖娅（Gaia）不愿情况继续恶化，将五枚分别带有土地、火、风、水、心灵能力的神奇戒指给了来自五大洲的五位少年。五枚戒指集结在一起便可唤出地球超人。地球超人和少年们一次次挫败自然环境破坏者的行径与阴谋，为了保护绿色地球而不懈努力。——译者注

和碳存储技术[①]。

　　坦率地讲，这位观众的话不无道理。天地良心，我们真的是在欢度喜剧之夜，更何况这些观众是在周中的夜晚，在克罗伊登（Croydon）一家酒吧后面看我的脱口秀，克城可是喜剧之都啊。不过，我认为人们不太会意识到，当舞台上的演出正在进行时，脱口秀演员究竟得何等地一心多用。我们得一边说出打好的腹稿，一边思考接下来要抛出的梗，同时还得留心四周，判断观众们是否感兴趣，以便调整接下来的内容。身处这种情境，我几乎可以确信这对夫妇并不喜欢一个 30 多岁的苏格兰人对着气候变化侃侃而谈——不过，这次我并没有 B 计划。话虽如此，我还是得围绕这个概念聊上个把小时。

　　我从 2009 年起从事喜剧脱口秀演出。事情的起因在于 2008 年，当时的我刚开始攻读气候政策方面的博士学位，为此还被动地与交往多年的女友分道扬镳，不得不住回了爸妈家。因此，为了少在家里露面，同时也为了从学业中喘口气，我便开始尝试喜剧脱口秀。

　　时间到了 2017 年 2 月，当时我正在伦敦南部的一处舞台上表演，感觉快要坚持不下去了。我的意思是，虽然有些人会被大胆出位和荒腔走板的表演逗笑，但仅靠这些撑不起一场完整的演出。那天晚上的演出是为爱丁堡艺穗节（Edinburgh Fringe）[②]进

---

　　①　碳捕获和碳存储是指将二氧化碳从工业或相关排放源中分离出来，输送到封存地点，并长期与大气隔绝的过程。——译者注

　　②　爱丁堡艺穗节又称为"爱丁堡边缘艺术节"，是每年 8 月在苏格兰首府爱丁堡举办的世界规模最大的艺术节之一。1947 年，为了振兴第二次世界大战后的欧洲艺术与文化产业，爱丁堡国际艺术节（Edinburgh International Festival）成立了。当时有 8 个剧团不请自来，因为未获分配场地，故自行设置演出场地进行表演。随后几年，越来越多的剧团成为该节日的不速之客，"边缘"一词就此诞生。因为特殊的历史背景，艺穗节一直以来的宗旨就是："不会有任何审核制度，无论是谁，只要有故事有场地，都欢迎加入。"——译者注

行的预演，因为我们在艺术节上打算整些新活。按照流程，我要
在台上讲一个小时，然后休息一下再上台。当几杯下肚，第二幕
总算上演，在我告诉台下今天是来做一个臭氧层讲座的时候，台
下爆发出了当晚最大的笑声。

　　2017年也是我孤注一掷进行尝试的最后一年。当时我30出
头，不像大多数脱口秀演员那样白天有正式工作［通常在奥德宾
斯酒业（Oddbins）①］，我实际上很享受作为气候研究员的工作，
并找到了工作的意义。在2017年之前，我总是有意避免在台上
谈论气候问题——一般来说，这个话题多少有点扫兴。但我确实
快要没梗可抛了，而业界认为总该挑些自己擅长的东西讲。因
此，在近十年（学习研究）之后，我决定以气候变化为主题，在
世界最大的艺术节上连演25天脱口秀，管它"地裂天崩"还是
"海水倾覆"②。说来也巧，这两个词用来描述气候挑战倒是再合
适不过。也许是我一时脑抽，我曾想过更加戏说气候挑战，但从
当晚的演出效果来看，我显然还没有找到好办法。

我是谁？

　　我想，此时你一定很疑惑我的身份。那么，就让我多介绍自
己几句。我是温宁博士（Dr. Winning），我真叫这名，我也真是
博士。我知道，这像是个编造的假名，也像是好莱坞男星查理·

---

　　① 奥德宾斯酒业是一家生产销售苏格兰威士忌的酒业公司，旗下拥有
多家连锁店，因为其对于葡萄酒的挑选品位而闻名于世。——译者注

　　② 原文是"come hell or high water"，含义接近"无论如何，克服一切
困难"，考虑到作者是脱口秀演员，加之原书运用了许多双关语或文字游戏。
为达到更好的阅读效果，此处选择直译。——译者注

辛（Charlie Sheen）的手机通讯录里毒贩的名字，但很遗憾，我可没有那么迷人。我有一个气候变化政策的博士学位。我一度认为成为博士将会改变我的生活：人人都会对我印象深刻，也会非常尊重我，我更将打开一扇通往睿智与深邃世界的大门。但是，如今的我必须坦然面对自己的错误。我生活中的唯一改变就是家里人多备了一根打人的棍子，以便在我犯傻时上家伙。我还经常弄丢自己的手机，我老婆每次都说："怎么又丢了？你还是不是博士啊！？"每次我都回道："可我的博士学位并不是'不丢手机'。"随后我们便一笑了之，如此景象总是反复上演。[①] 事实就是，没人会敬你是个博士。不过，也曾有家小报"尊称"我为"科学工作者"（boffin），这个词通常用来嘲讽那些敢在某方面刨根问底的人。

　　我总是喜欢告诉别人，我是这样一类博士：如果你在飞机上心脏病发作，旁人喊："机上有 doctor 吗？"那么我就会冲到你身边，然后批评你为什么要坐飞机。我就职于一家世界领先的可持续性发展研究机构。或者，我也可以借用我爸最爱向旁人介绍我的方式："这是我家的马修，36 岁，还在读大学。"从专业角度来说，我应该被叫作"环境经济学家"，不过我一直觉得这称呼有点矛盾。打个比方，这就像是做一名人权律师，你可能的确在帮助人们，但最终你还是一名赚钱的律师；这又有点像是一种混搭

----

　　① 我想在本书开篇就说清楚，我绝没有将"脱口秀"视作自己的"老婆"。我与我老婆处得很好。本来我想说我们相得"如胶似漆"，但我突然意识到这是个多么奇怪的短语，而我既不确定它究竟是什么意思，也不知道它来自哪里。写这部分花了我 30 分钟，因为现在我必须先谷歌一下（说是谷歌，但实际上我用的是 Ecosia 搜索引擎，因为这家公司会在你使用它的时候种树，这有助于缓解气候恶化）。——原书注

着失望的矛盾，比如别人先给你一杯鸡尾酒……再附送一根香肠。我想，这称呼或许意味着我是一名好的经济学家。你知道，经济学家总归能算到好人行列的。但实际上，大多数正常人只要听到"环境"这两个字，就会把我看作是个嬉皮士。其实，我甚至觉得自己并不是一个货真价实的环保主义者，比如，我并不认为什么东西都从无印良品买就能标榜自我个性。相反地，大多数环保主义者只是听到了"经济学家"这几个字，就把我当作魔鬼的化身。行，就这么着吧。

我为什么写这本书？

因为气候变化越变越糟，远超想象，到了我们必须谈谈的程度。要我说，气候变化有点像是迈克尔·杰克逊（Michael Jackson），我们从 1980 年代开始就知道问题存在，但大家都希望问题会自己默默走开……我认为气候变化可能是人类面临的最"邪恶"的问题。我这里说的"邪恶"并不是指那部音乐剧①，虽然这确实也算是一个"绿色"的问题。我说的"邪恶"是指：如果我是一个意图灭世的邪恶大 BOSS，当我坐下来构思一种能够彻底抹除人类的法子时，跃入脑海的很可能就是气候变化一类的东西。它没有固定形态，所以我们常常视而不见，然而，它又无处不在；它又复杂多变，所以我们容易疲于应付；它进程缓慢，所

① 此处的音乐剧应是《魔法坏女巫》（*Wicked*），为百老汇热门音乐剧，最早上映于 2003 年。故事改编自 1995 年的小说《魔法坏女巫：西方坏女巫的一生》（*Wicked：The Life and Times of the Wicked Witch of the West*），以《绿野仙踪》中邪恶的绿皮肤西方女巫为主人公，讲述了她与北方女巫相互纠缠的人生。——译者注

以我们很难觉察危险，说到危险，它与人类擅长探测的那类危险截然不同。不过即便如此，我们也正身处一个前所未见的创新和繁荣的时代。我们从未有过如此良机来应对危机、重塑世界，走上一条更清洁的发展道路。由此看来，气候变化的发生时间既可说最好，也可谓最糟。

你问这本书的结构是什么？问得真好，因为我毕竟算是一位学者，我总是喜欢告诉你我想要告诉你的东西，然后我又会花很长时间来告诉你；最终，我会成功告诉你我告诉你将要告诉你的东西。我称这个东西为"研究总结"，作家们叫它"目录内容"，年轻人则叫它"剧透"。整体而言，这本书围绕三个问题展开：

我们应该作出改变吗？（Should We Change?）

我们能否改变？（Can We Change?）

我们会改变吗？（Will We Change?）

这是三个你在任何一家外币兑换所（bureau de change）① 找工作时都会遇到的灵魂三问。② 事实上，我总觉得用法语口音说

---

① 在英文中，"change"除了有"改变、变化"之意，也有"货币兑换、找零"的意思。——译者注

② 这三个标题借用自美国前副总统阿尔·戈尔（Al Gore）2016 年的TED 演讲《我对气候变化持乐观态度的理由》。希望艾伦（也许他叫阿利斯泰尔或者阿尔伯特？）不会介意。我发现这是一种很有帮助的思考方式，我曾试着找到自己的表述方式，但有时我们要勇于承认别人做得更好，而自己做个"搬运党"就行了。还有，外币兑换所这个段子实在很妙，我决定把整本书的结构都围绕它展开。——原书注

戈尔的全名是"Albert Arnold Gore"，作者在这里提及的"艾伦""阿利斯泰尔""阿尔伯特"，应是指其他可能会说这三问的人，这也是一种脱口秀效果。——译者注

"气候变化"中的"变化"① 更加带感。在研究这样一个暗淡无光的话题时，你总得想方设法找点乐子。第一部分——"我们应该作出改变吗？"，主要着墨于科学及其影响，以便让读者了解眼下正在发生的事情，以便我们切换到同一个频道，更好读懂下文。第二部分——"我们能否改变？"，我们会深入探讨避免事态往最差方向发展的解决方案。第三部分——"我们会改变吗？"，我们会讨论为什么采取应对行动会愈发困难，为什么我们似乎仍在躺平，以及如何解决这个问题。

在本书的开头和结尾，我还抛出了朋友和公众问得最多的两个问题："我们要凉凉吗？"和"我能做些什么？"。第一个问题问得多主要是因为人们本身就想得到一个"NO"的安慰；第二个问题倒真是一个好问题，因为现有的信息往往不够充分而且容易令人困惑。我给出的建议往往包含一堆琐碎小事，比如换节能灯泡，加大回收利用，穿越回去在出生前自我了断等巴拉巴拉。但它们真的有用吗？

书的结尾处还有段类似总结的文字。我很清楚你们在想什么：这个作者想要开个文字玩笑，说在未来，由于气候变化，每天都是夏天。但我不会这么干，因为就算写下来，这也不太可能发生，因为"总结"（summary）和"夏天"（summery）毕竟还差着一个字母，而且实际情况往往要复杂得多。

---

① 法语"change"的英文发音类似于"shawn-ge"，中文发音接近拼音的"shang zhi"，都发二声。不过，法语的"change"本身只有名词属性，现代语境中主要使用其"兑换"的含义，"变化"的含义使用较少。——译者注

第一部分
PART 1

我们应该作出改变吗?
SHOULD WE CHANGE?

3

我们要凉凉吗？

许多人都觉得地球要凉凉，不是吗？这就是如今全球气候变化给我们周遭带来的普遍"氛围"。新闻媒体上充斥着每日一更的吓人故事和我们终将走向毁灭的劝退文字……但我们真的要凉吗？人类向来不是擅长适可而止的物种。拿喝酒打个比方，庆祝喜得首子可以是理由，庆祝新书写成也可以是借口，总之就是喝再多也不嫌多。我们总是擅长开始，却拙于收手。因此，如果我们总算开始努力尝试适时停下脚步，那总归是好的，这是我正在做的事，也是我们应该继续为之努力的事。但整体而言，随着强化机制的介入，我们的情况甚至会更糟。社会就是如此，雪球一旦滚起来，就很难停下。事情已经失控了，不是吗？你看，宿醉这不就来了嘛。出路在于找到新的、更好的事情去做。

那些追问"我们是不是要凉"的朋友应该是想从我这里得到些好消息，这样他们就可以不必整天忧心忡忡。或者，他们背地

里其实都有些 S 或 M 的倾向，大概就是那种"喜欢大哭一场"的
人，又或者暗诩自己能在末世的荒原上苗壮成长。不过，只有后
者可能会得偿所愿，因为一旦你陷入气候变化的"兔子洞"①，就
好比天真地翻看父母卧室里的抽屉或加入社交媒体等，大多数情
况下都会发现可怕的事。事实证明，对人类来说，解决气候变化
问题比到底选一包什么颜色包装的盐醋味薯片还要困难。

　　虽然具体情况因人而异，但总的来说，生而为人会越来越困
难。不过，如果你买了我的书，就很有可能成为受气候变化直接
影响最小的人之一。虽然你可能悄悄认为自己能躲在水石书店
（Waterstones）的咖吧里直到日常回归，但无论喜欢与否，每个
地球人都会受到这样那样的影响：可能是食物短缺、热浪不绝，
也可能是洪水滔天，又或是政治动荡，或者仅仅是每年的滑雪季
缩短到三天②，地球上的每个社群都会被拽出舒适区。毕竟，城
镇、房屋、办公场所，乃至于我们的生活其实都只是在"相对稳
定"的气候条件下，根据"正常环境"设计的产物。但是，所谓
的"正常环境"正在起变化，而且是剧烈的变化。当百年一遇的
洪水和热浪开始五年一来时，我们的生活也将不得不为之改变。

　　这显然会引发一系列问题，比如，人类能多快适应这些不可
预测和持续变化的环境？这些改变的难度和代价又会有多大？如

---

　　①　全球有 2/3 的兔子物种正受到气候变化的威胁，虽然我渴望这本书
能经得起未来的考验，但我可不想掉进不是兔子而是其他什么动物的
洞。——原书注
　　"兔子洞"的隐喻出自 1865 年出版的著名童话《爱丽丝梦游仙境》
（*Alice's Adventures in Wonderland*），主人公爱丽丝在追赶一只兔子时掉进了
兔子洞，然后进入了一个全新的世界。"掉进兔子洞"（down the rabbit hole）
在英语中常被用来描述某人对某件事情极度着迷，花费大量时间。作者在这
里是想表达自己在书中并不想和各种细枝末节死磕。——译者注
　　②　这里没有把学校的期中假算进去。——原书注

果我们能找到一种将剧变扼杀于摇篮的办法，难道不香吗？

　　作为一个对提前两天确定周末干什么都信心不足的人来说，上述这些问题可能过于可怕，叫人压力山大，而回答这些问题，本质正是我的工作。但我并不孤独，因为地球上的每个人，大约有 80 亿吧，对于气候变化的可接受程度，以及应该为此做些什么，都自有想法。坦率讲，人类正处于历史的十字路口。我们正在看一本最糟糕的全球真人版《惊险岔路口》（*Choose Your Own Adventure*）①，而且还没法决定是翻到第 6 页甩掉前男友，还是直接跳到第 26 页去结识新欢。②

　　你可能觉得自己对全人类应该如何应对气候变化没什么发言权，但是，我们当下和未来十年所作的所有决定，将直接影响子孙后代在这个星球上数千年的生存状态。说穿了，就是这么回事吧。

　　对我来说，巴拉克·奥巴马（Barack Obama）的科学顾问约翰·霍尔德伦（John Holdren）应对气候变化的思路最清晰。根据他的判断，我们有三个基本选项：（1）适应共存；（2）设法缓解；（3）默默忍受。选第一项，我们将改变自身的生存方式并与之共存；选择第二项，我们将竭尽所能来阻止其发生；选择第三项，我们将放手躺平，生吃硬抗。目前来看，人类将不可避免地经历这三者的混合选项，但我们仍然可以努力影响其侧重方向。现在的行动越积极，日后的苦痛就越少，被迫适应新世界的可能性也就越小。

---

　　①　《惊险岔路口》是国外流行的"分支情节游戏"系列图书。每册书都有数十个不同的结局，题材覆盖悬疑、惊悚、奇幻等。——译者注
　　②　我只读过《惊险岔路口》系列中的一本，那本给我的感觉是少女向图书。——原书注

留给我们作决定的时间还剩多少？2018 年，我们被告知还剩 12 年可以用来拯救世界，但在此之前，先让我们把这个数字分解一下。

首先，地球不需要"被拯救"。我们的母星——地球，绝对会好好地活下去。管你是在开车，还是在挖石油，或者只是连刷几百小时视频，而不是在专心写书，地球都只会自顾自地旋转，直到太阳在大约 50 亿年后将她"包起来"。[①] 真正需要担心的只有地球上的人类、植物和动物……然而，如果真摸着良心问问，就应该明白，动物们之所以会陷入此般田地，我们人类才是主因。小猪佩奇（Peppa Pig）大概是个例外，它可是实打实的气候变化否认者。

因此，"还剩 12 年"有点像是用来混淆视听的"红鲱鱼"（red herring）[②]，但是科学上的界定却十分清晰："为了人类和动物的生存和繁衍，如果以 2010 年的水平为基准，我们需要在 2030 年前减少 45％的全球温室气体排放总量，这样才能在 2100 年前将全球平均地表温度的升幅控制在工业化前水平 1.5℃以下。"这话听着可不怎么吸引人，更不太可能印到 T 恤上。

事实上，这恰是一个绝佳的例子，可以说明宣传气候变化实在是件难事，也是我写作本书的原因之一。我不知道你翻过多少

---

① 这有点像是亚马逊正在对其他公司所做的那样。——原书注

② 这对于真正的鲱鱼爱好者来说是个坏消息，因为海洋变暖意味着鱼群也会受到影响。——原书注

"red herring"是一种英语俚语表达，意思为"分散注意力而提出的不相干事实或论点"。红鲱鱼即用盐熏制过的鲱鱼，因表面呈红色，所以得名。由于味道独特，中世纪人在训练猎犬搜寻狐狸的时候，会把红鲱鱼用线拴住，放在森林里吸引猎犬，让它不要追踪狐狸的气味。另外，人们有时候还把鲱鱼放到真正有狐狸出没的地方来测试猎犬的搜寻能力，看它是否能够抵抗其他味道，继续寻找狐狸的踪迹。由此，人们开始用红鲱鱼来表示为迷惑对手而提出的错误的线索或伪造的事实。——译者注

资料，但不客气地说，大多数关于气候变化的书籍和报告对外行都不是很友好，常常只能起到助眠的效果。书上经常满是这样的内容："看看这张（你看不懂的）图表有多么糟糕"，又或者"可怜可怜这只皮包骨头的北极熊吧（也不管你见没见过真的熊，是否知道怎样才算真瘦）"。好吧，要我说，就该像旧时的探险家那样，干脆拿饿死的北极熊来填满私人藏馆的侧楼算了。

在我看来，所有关于气候变化的报告都应该拼成一张巨大的海报，上面写着："未来十年，我们有一大堆活要干，否则事情必将以闪电之势变糟，每个人的生活也将被根本改变。"同样，这也不适合印在 T 恤上。毕竟我是研究气候变化的经济学家，不是专门的 T 恤标语写手。

所以，我们到底会凉吗？

这是一个很难非此即彼的问题。人们既想听我说"不"，这样他们还能心有宽慰，又想听我说"是"，这样就可以干脆躺平等死。可惜这两者都不是。答案是置身事中，积极行动，因为末日终究还未到来。但我唯一确信的是：我们必须参与到解决问题的过程中去。我想说的是，正如近来所观察到的，不管我们愿意与否，世界末日已然不再遥远。我们要么袖手旁观，日子照过，任凭地球超乎想象地变暖，给人们带来无尽苦痛；要么断然决然，携手共建一个全新的低碳社会，这样地球才不至于变得面目全非。这是一场需要每个人亲自下场的战斗，这是一个我们必须勇敢作出的抉择。忍受还是改变？陷入绝境还是迎来剧变？这些都是我们面临的艰难选择。不管怎样，改变已来。至少对于未来的走向，我们终究还是可以采取行动，有所掌控的。2018 年，联合国政府间气候变化专门委员会（IPCC）主席李会晟（Hoesung Lee）有句话说得极其到位："全球变暖的每一个节点都极具重要性，每个年份、每个选择皆如此。"[1]

4

气候究竟是什么？它为什么总在变化？

对于大多数人来说，对气候变化的了解程度比对伴侣工作的了解程度高不到哪里去：你本以为自己很清楚他（她）每天都在干啥，但是一旦到了必须向别人解释的时候，你就会突然变得无知起来，你甚至说不清他（她）是否真在银行工作，或者只是去过一次银行，实际上却是一个摄影师。[①]

这倒没什么羞于启齿的。打个比方，我爸有个从事气候变化工作的儿子（没错，就是我），但在几年前，当我问他是否知道我究竟是干什么的时候，他如此回答："我知道，是干气候变化的——大概说的是天气变热了，而这与臭氧层有关。"这回答真是开头满分，结尾负分。

---

① 这听起来不太可能，但确实发生在我身上。我花了将近三年，才从那些糟糕的财务建议与令人叫绝的 Instagram 照片中搞清楚了状况。——原书注

不过所幸的是, 如果只是欣赏和阅读本书, 你并不需要具有天才之资或是通晓万物, 因为我们将从最基本的概念入手。当我们谈论气候变化时, 更多会从观点、感受或是杂志上的星座切入。套用好莱坞女星詹妮弗·安妮斯顿 (Jennifer Aniston) 代言的美发产品的一句广告词, 我们从"科学的部分开始"。

天气 VS 气候

简言之, 气候 (climate) 是很长一段时期 (通常是 30 年) 内所有天气的综合状态。有时你会听到人们说:"如果他们连周二下雨都算不准, 他们又怎么能预测气候变化呢?"这听起来很符合逻辑, 但实际上完全是瞎扯。因为气候是一个反映长期平均状态的指标。

天气 (weather) 是每天新闻结束前的报道 (如果你颇为老派) 或是你每天拉开窗帘时看到的天空变化。尽管天气预报员总是一腔热忱, 但是天有不测风云, 很难精准预测下一天、下一小时甚至下一分钟的天气变化, 只要你突然淋过雨, 你自然会明白这一点。但是, 气候与天气的不同之处在于可预测性, 因为这些变化会随着时间的推移而被平均化。这就是我们之所以知道, 英国 1 月的第一天可能会比 7 月的第一天更冷。

所以, 一些自作聪明之辈说下雪意味着不可能出现全球变暖, 就好比看到一个相扑选手能在蹦床上上下翻飞, 就断定重力不存在一样。虽然他在蹦床上确实能弹起来, 但这并不意味着他就像是约 127 公斤重的彼得·潘一样飞翔。这就是为什么, 当我们谈论气候变化时, 我们着重谈论的是过去几十年与长时间 (比如过去 200 年) 平均状态之间的比较。

　　你也可以从一种"关系"的角度来理解。先看天气，这是一种长相厮守，是有起有落的长期陪伴，有些日子争吵不休，有些日子笑声不绝。天气又恰似一种"混搭"，你前一分钟还在看电视，下一分钟就在计划一场抢劫。再看气候，它是建立一种关系的长期、稳定的基础：你们共同的价值观、共同过往，你们深知彼此都是健身房的"韭菜"。但是，气候变化就像是你发现自己的伴侣，突然之间、毫无征兆地玩起了混合健身（CrossFit），这太叫人不可思议了！一开始，她或他只是一周"上一节课"，但你逐渐发现，这人每天早起，赶在你起床前去"训练馆"（Box）锻炼，回来后大谈今天是如何"感到自己在燃烧"。很快，她或他就经常把健身新搭子墨菲（Murph）和弗兰（Fran）挂在嘴边。当你们出门时，她或他会指出哪些东西可以用来"硬拉"（dead-fit）。渐渐地，冰箱里装满了尝起来一言难尽的蛋白奶昔，衣橱里挂满了各种莱卡面料的衣服。几个月后，你已经几乎认不出那个自己曾愿意与之共度余生的人，毕竟结婚那时说的是"无论疾病还是健康"，而不是"无论健身还是健康"。然后你发现混合健身教练文森特（Vincent）正在给她或他上私教课。文森特大约小你十岁，身材更比你棒得多。你和伴侣在塞恩斯伯里超市（Sainsbury's）偶遇到他，场面一度十分尴尬，但你还是没有放在心上。直至她或他最终离你而去，搬去与文森特同住，你才开始将这一切拼凑起来，才意识到这一切已经持续了多久，而且就在你的眼皮子底下。

　　这就是气候变化。

　　只不过，没人获得什么好处。

　　上面这个故事或许来自我的好伙计伊恩的经历，他不久前刚离婚。① 就像马尔盖特（Margate）阳光明媚，滨海韦斯顿（Weston-Super-Mare）时常刮风，博格诺里吉斯（Bognor Regis）阳光明媚、多风但又冻得要命——不同地区都有自己的气候。这意味着生活在那里的人类早已基于某种特定的生活方式建立起了自己的社会，填充着自己的衣柜。例如，在格拉斯哥，我们随时准备着天上下雨，这就像法国人喝酒一样普遍。② 因为常年阴雨绵绵，格拉斯哥的建筑都不装冷气，我们也没什么合适的夏装，要是天气真的变暖，我们所能做的就是把上衣脱了。在我看来，格拉斯哥人的衣着、建筑、交通等基本的生活要素，都与地区沉闷阴郁（dreich）③ 的气候脱不了干系。因此，如果以格拉斯哥 30 年来的 2 月平均降雨量来举例——这说的就是"气候"。各位看官也可以算一下世界各地 2 月份的平均降雨量，从而对全球气候能够有个自己的判断。

有趣的是，作为英国人，吐槽天气是将我们团结在一起的纽带。这是全国通用的消遣话题，用来弥合所有的分歧，包括谈论联合国的各类议题。但是，我们谈论气候的场合却要少得多，而且就算真谈起来，似乎也只会导致彼此之间更加疏远，更不要说这些长期的天气样态（气候）正在发生变化。

---

① 我可能得为伊恩的前妻辩护几句，伊恩是有点混，可能因为前妻"在圣诞节期间吃胖了一点"，所以给了她混合健身的代金券，从而把她推向了文森特强有力的怀抱。——原书注

② 如果你在午餐时间喝得太多，有个不成文的规则就是你可以回家，把下午剩下的时间都用来睡觉。事实上，我也不确定是否真有这样的规则，但我一直都是这么干的。——原书注

③ 这是个常见于苏格兰地区的形容词，具体是指乏闷、令人烦躁、潮湿、灰蒙蒙的天气。——原书注

温室效应

地球的气候系统，好似我彻夜狂欢后的精神状态，总是处于一种微妙平衡下的脆弱。但是，气候系统总归不是由 6 品脱啤酒、一串烤肉和大约 40 分钟的舒适睡眠组成的，而是另有 5 个组成部分：大气圈（层），即地球周围的气体；水圈，即海洋、河流和水坑；冰冻圈，即所有的冰和雪，听起来像超人的故乡氪星；岩石圈（lithosphere），如果你口齿不清，甚至很难读出来，但其实它指的是地壳；最后是生物圈，即所有的活物，比如美国总统乔·拜登（Joe Biden）等。地球上所有这些元素都以一种平衡的方式交换和转移能量。宫城先生（Mr Miyagi）[①] 是对的：最重要的是平衡。

简单来说，气候系统的能量是由地球将从太阳接收到的能量辐射回太空的多少来决定的。大约 1/3 的太阳能在照到地球后会被立即反射回太空。其余的则抵达地球表面，由光能转化为热能，使陆地、海洋和正在晒日光浴的你升温。但是，这个升温的过程同样会释放出能量，即红外辐射，这些能量会逃逸回太空。虽然肉眼看不见，但它却真的可测和可察。如果我们所有人都一直戴着红外线护目镜，那么我们就能观察到正在发生的气候变化，这样就没人能找理由说它不存在。但我明白，这个话题现在并不"流行"。

在这个过程中，地球吸收或返回太空的总能量受到诸多因素

---

① 出自 1984 年的校园动作电影《龙威小子》（The Karate Kid），宫城先生是教授男主角空手道的师傅，以追求武学的平衡为教学的特点。——译者注

影响，包括地球从太阳接收能量的数量变化；云层多寡、火山爆发或积雪覆盖造成的反射率变化，以及显然相当重要的温室气体。根据重要性来排列的话，这些因素依次是水蒸气、二氧化碳、甲烷、一氧化二氮和氟氯化碳。没错，就是那些你在 A-level①化学课上学过，而且认为它们永远不会对自己的生活产生实际影响的化学气体。也许我们都应该在希尔夫人（Mrs. Hill）无聊的化学课上听得更认真些。要是她讲话不那么单调、乏味，这个星球也许就不会走向末路了。

这些气体可以吸收红外辐射，这就是所谓的"温室效应"（Greenhouse Effect）。尽管 30 多年来，60 岁以下的人从未拥有甚至都没见过真正的"温室"，不过这些气体在阻止红外能量离开地球的过程中的确发挥着重要作用。某种意义上，温室效应也可以被称作"燃烧毯"效应（Burning Blanket Effect），因为这就是它造成的现实影响：在地球外部包裹上一层温暖的毯子，从而导致热量无法逃逸。

除了这个名字，你还需要真正了解的是一个非常简单的事实链条：排放的温室气体越多，能逃逸回太空的热辐射会越少，地球就会越热。自然形成的温室效应会将地表平均温度维持在 15 ℃上下。如果没有这些气体，地表温度将会跌至约 −18 ℃，我们将生活在一个截然不同的世界。[1] 事实上，不同星球的大气状态并不相同。地球大气层的二氧化碳含量为 0.04%，而金星则超过 96%，这就是为什么金星的地表平均温度能超过 400 ℃。

---

① 英国国民教育体系中的一种课程，也是英国学生的大学入学考试课程。——译者注

历　史

　　如果这一切听来都颇为耳熟，那是因为我们很早就通过这样那样的渠道，或多或少地了解过温室效应。1820年代，法国数学家约瑟夫·傅里叶（Joseph Fourier）大概是最早思考地球能量如何运作的人之一。这个聪明人通过计算认为，如果不是因为某种原因，地球应该会冷得多，尽管他无法确定究竟是什么原因。今天的我们都会肯定他的先见之明，因为如果没有自然温室效应，地球的确会更凉爽，冬装更会变成时尚界终年不衰的主题。这还意味着，如果没有温室气体，人类将无法进化生存，也无法制作出震撼人心的电子乐。

　　但这远不是历史的全部！1850年代，气候研究已经进入事实上的成熟期。一位名叫尤妮斯·富特（Eunice Foote）的美国科技爱好者进行了一系列实验。她把分别装有潮湿空气、干燥空气以及二氧化碳的罐子放在阳光下暴晒，然后测量它们的温度。她发现装潮湿空气（即水蒸气）和二氧化碳的罐子比装干燥空气的罐子温度更高。尽管富特没法从这种"低保真"（lo-fi）实验中独立观察到温室效应，但她在1856年写的一篇论文倒是让自己成为首个提出温室效应假说的人，即二氧化碳增多会导致地球升温。富特的论文在纽约举行的美国科学促进会（American Association for the Advancement of Science，AAAS）第十届年会上发布。然而，大会却不允许身为女性的她亲自出席，所以论文只能交由美国著名科学家约瑟夫·亨利（Joseph Henry）宣读。亨利先生是科学领域女性平权的积极倡导者，他在演讲中表示："科学无关国籍和性别。"[2]

　　三年后，一位叫约翰·丁达尔（John Tyndall）的英国小伙在实验室里进行了更加具体的试验。他倒腾出一些设备来测量气体的能量吸收率。最后他得出了和富特相同的结论：温室气体具有强大的吸温能力。因此，长久以来，人们总是把他看作第一个发现温室效应的人，而富特做出的贡献则被人遗忘了。直到 2011 年，有人才偶然发现了她的事迹。不过客观来说，丁达尔似乎是在不知道富特已有发现的前提下，独立得出上述结论的。

　　又过了十年，在 1860 年代，有人开展了一项关于地球轨道与自然气候变化关系的有趣研究，这项研究碰巧就是在格拉斯哥我读博士的那所大学里进行的。不过，发现这两者间有趣关系的并不是教职人员，而是门卫①。没错，在这个现实版的《心灵捕手》（Good Will Hunting）故事中，来自珀斯郡（Perthshire）的农户詹姆斯·克罗尔（James Croll）自学成才，他会在下班后留在图书馆看书。在那里，他提出了一个关于冰河时代和地球轨道如何引发气候变化的理论。这比更广为人知的米兰科维奇理论（Milankovitch theory）早了大概 50 年。之后，克罗尔发表了一篇科学论文，虽然他 13 岁就退学了，以前也从未写过论文，但这个厚脸皮的家伙却敢署名"詹姆斯·克罗尔，安德森研究所"。不用说，当后来科学界发现他的主业是扫厕所时会是何等的三观震碎。不过，这篇论文还是让他获得了一个苏格兰地质调查局的职位，并最终被圣安德鲁斯大学（University of St Andrews）授予了荣誉学位。在那个年代，荣誉学位还是颇具含金量的，并不会随便给一个"绝对会火"的抖音网红，又或者像最近这样发得泛滥。

　　1890 年代，瑞典化学家斯万特·阿伦尼乌斯（Svante Arrhe-

---

　　① 我们格拉斯哥人一般会说"学校管理员"（janny）。——原书注

nius）成了第一个研究二氧化碳与冰河时代相关性的人。据他测算，如果空气中的二氧化碳浓度减半，那么气温就会下降 5 ℃。由于烦人的同事总是问他一些类似于"你想过这个（因素）没有？"的问题，因此，为了让这些人赶紧闭嘴，他特意又算了一遍如果二氧化碳浓度翻倍会发生什么……得出的数据基本一致，只是气温变化的方向正好相反。考虑到 19 世纪末的人们还用不上微软 Excel，这些数值已经近似于正确答案。从现代计算模型运行结果来看，二氧化碳浓度每翻一倍，温度会上升 1.5 到 4.5 ℃。

　　到了再后来的 1930 年代，盖伊·卡伦德（Guy Callender）——这人的名字听起来像是家中剽悍的祖母可能会挂在厨房门后的日历[1]，但实际上他是一名英国工程师——提出，人类点燃化石燃料所产生的温室气体可能是地球"似乎"正在变暖的原因。整体而言，阿伦尼乌斯和卡伦德的研究在当时因为各种因素未能引起社会的足够重视，这其中包括自然因素：海洋可能会吸收所有的排放，实验室在海平面测得的二氧化碳浓度可能与大气中的测量结果不同，以及其他太多的自然影响。同样也包括社会因素，比如当时的公众普遍对环境保护缺乏兴趣，社会的科学水平整体落后，而且在很长一段时间内，电脑完全只是一种摆设。

　　不过，随着技术进步，我们的实验能力和理解能力都在提升。事实上，吉尔伯特·普拉斯（Gilbert Plass）在 1956 年就有过预测，人们总有一天会把年迈地球母亲的"烤面包机"调高到今天的刻度。斯克里普斯海洋研究所（Scripps Institution of Oceanography）还连续多年聘请查尔斯·大卫·基林（Charles David

---

　　[1]　"卡伦德"（Callender）与"日历"（calendar）在英文拼写和发音上都很接近。——译者注

Keeling)对大气中的二氧化碳浓度进行测量。第一次测量开展于1958年,从那以后,每年的读数都呈现上升趋势。因此,温室效应日趋明显的判断在科学上还是站得住脚的,我们也得到了充分的警告。但是,坦白来说,我们在这方面的表现糟糕透了。

今时今日的我们

今天,地球大气的二氧化碳浓度达到了至少80万年来的最高水平,而人类在地球上总共才活了不到20万年。因此,你现在正在呼吸人类历史上迄今为止最富含二氧化碳的空气——这是何等美味!不过,我仿佛听到你正在对本书咆哮:"但我们究竟是如何搞出这么多二氧化碳的呢?"这么说吧,工业革命以来,我们一直在做的就是挖出很多被压扁的植物,然后用各种方式把它们烧掉。最初,我们用这些死物堆集成的块块(你大概知道,我们管这些叫"煤")驱动从伦敦帕丁顿(London Paddington)到布里斯托圣殿草地(Bristol Temple Meads)的大型蒸汽火车(在你不得不经过迪德科特公园路之前)。我们也会在家里烧它,导致房间太热,满肺煤灰堵。不过如今,我们主要烧同样是死块块产生的天然气,从而把家里所有的房间都弄得过热,又或者燃烧石油,让我们能沿着M25号公路匀速疾驰。我们也用它来为电脑服务器降温,这样我们就可以和伴侣安静地窝在一起,完整六刷神剧《办公室》(The Office),以弥合现代社会造成的群体性孤独的无解鸿沟。不过别担心,刷刷奈飞剧集(Netflix and Chill)① 产

---

① "Netflix and Chill"是一个网络用语,既可以作为观看 Netflix 影集的邀请,也有一种隐晦的性暗示的意思。——译者注

生的碳足迹实际上相当少，绝对比晚上泡吧蹦迪少。[3]

在过去的 80 万年里，二氧化碳的平均浓度在 170—290 ppm[①]之间。这指的是大气中每百万分之一的二氧化碳含量。冰河时期的浓度最低，当时的气温比现在低 5 ℃左右。在很长一段时间里，它们一直保持在这个范围。然而，当前面提到的查尔斯·大卫·基林 1958 年在夏威夷的莫纳罗亚火山（又译为"冒纳罗亚火山"）首次测量二氧化碳浓度时[②]，数值已经达到了 315 ppm。[③]等到 2015 年，年平均值数百万年来[4]首次超过 400 ppm。就像一个脱离小孩掌心的气球一样，二氧化碳浓度测量值越来越高，速度越来越快，大概只有人类的聪明才智才能让它们降下来。更长时段的记录意味着我们有理由预测，上一次二氧化碳浓度如此之高是在 300 多万年前——那时候的你连 1G 信号都没有。[5]

如果你对二氧化碳浓度变化和全球气温变化之间的相关性有任何挥之不去的怀疑，可以查一下历史记录，上头记载得清清楚楚，不仅如此，你越看越能发现：气温一直在上升。2020 年是有记录以来最热的一年，与 2016 年持平。"2016"也是我的个人密码。我一直有把密码改成有记录以来最热年份的习惯。你问我这样是不是更有金融风险？这还用问吗，但是知识已经普及出去了，这才是更要紧的。过去 6 年是有记录以来最热的 6 年。同理，过去的 30 年也是有连续记录以来最热的 30 年。世界各地的数据都证明了这一点。2020 年，有 45 个国家的年最高气温创下新高[6]。在英国，最温暖的 10 年都在我 17 岁以后，而最冷的 10 年

---

① 二氧化碳浓度以百万分之一（ppm）为测量单位。——译者注

② 因为就算你要研究世界末日，也可以穿着草裙，边喝着鸡尾酒边研究，对吧？——原书注

③ 之所以选择在莫纳罗亚火山研究，是因为这里空气干净，远离污染。——原书注

连我父母都没有经历过。[7]

英国可不是孤例，很多其他迹象和证据都表明，地球的确正按照我们对温室气体和温度相互作用的预测在发生变化。我们目睹着全球平均海平面上升，海洋变暖。我们眼见着冰川和冰帽融化得更快。2020 年夏季，我们见证了历史第二低的北极海冰面积。植物在春天更早发芽[8]，鸟类的迁徙模式正在改变，一些动植物正在迁移。[9]

我们如何确定这是我们的"锅"？

当然，全球气候本身就存在一定程度的自然变化，就像我们自冰河时代以来看到的那样。那么，如何断定是我们造成了今时今日的气候变化呢？说到气候变化，我们今天所看到的特定类型的变化并不是自然发生的。事实上，所有的数据都指向了一种无法单靠自然原因解释的变化。工业革命以来，全球气温在 150 多年里已经上升了 1℃多，这比上一个冰河周期结束后升温速度快 10 倍。当时，即使是在最快的时候，地球升温 1℃也需要大约 1000 年。事实上，我们本该进入一个新的冰河周期，但人类的活动可能已经把它推迟了 4 万年。[10]

如果是太阳导致了全球变暖，那么地球的外层大气也会升温。① 但事实上，地球的平流层正在降温，升温的只有内层大气。这表明，导致这些恼人升温的罪魁祸首是从地表反射的热能，而非来自外部的太阳能，这与温室效应是吻合的。客观起见，你理应多

---

① 内层是对流层，外层则是平流层，我想你应该听说过的，虽然那不是我的研究方向。——原书注

问一句："造成气候变化的自然原因又是什么呢？"但叫人不爽的是，每每有人抛出这个问题时，他们总是一副先天下之忧而忧的样子。如果说科学界从没考虑过自然气候变化，专门学科几十年来对此也是置若罔闻，那未免疯狂了点，这就好像联合国政府间气候变化专门委员会在其报告中从没有明确提及这方面内容[11]。不，当然不是。肯定是你——坐在我脱口秀演出前排，穿 Anthrax 乐队 T 恤的"地中海"，旁边还有厌恶与你一同出现在公共场合的妻子——没错，你才是这个想法的始作俑者，一位现代版的伽利略。

　　这里的基本逻辑是这样的：因为某事在过去造成了某事，所以现在也定会如此。你不需要拥有爱因斯坦的脑子，就可以知道这个逻辑经不起推敲。没错，上次黄上校（Colonel Mustard）在台球室里用烛台杀死了受害者，但这不等于这次人还是他杀的。这可不是《妙探寻凶》（*Cluedo*）① 的正确打开方式。还是好好看看证据，做个"妙探"吧！事实上，所有这些自然因素加起来可能会使地球略有降温。最乐观的猜测是，人类事实上造成了约110％的气候变暖。[12]在有人自以为是地说"不可能真的能做到110％吧"之前，我想强调的是，事实证明你能，而你必须住手。无论怎么看，现在的证据都指向一个事实：地球正越来越热，气候正越来越糟糕，而你我都难辞其咎。

---

　　① 《妙探寻凶》是一款图版游戏。最初于 1948 年由 Waddington Games 公司在英国推出，现由美国的游戏及玩具公司孩之宝发行。——译者注

5

12 周检查

你远比自己想象的能打

生日那天，我头一次通过 CT 屏幕看到了自己的娃，这显然是我收到过的最棒的生日礼物，杰森·斯坦森（Jason Statham）签名的《玩命快递 2》（*Transporter 2*）DVD 都比不上它。说实话，这是我第一次对妻子怀孕感到激动。当妻子总算能排空膀胱，而且听说怀的不是双胞胎时，她总算松了一口气。我从未料到会在看婴儿 CT 时联想到气候变化，但这确实发生了。我对花粉过敏，所以经常打喷嚏，但是，这却是我首次在 2 月底生日那天出现花粉过敏症状。我的意思是，就气候变化本身而言，它对人的影响烈度显然算不上前列。当别人遭受洪灾或是疾病缠身时，我觉得抱怨眼干和打喷嚏太矫情了。但对我来说，这就是危险来袭的信号，就像《侏罗纪公园》（*Jurassic Park*）里晃动的水塘。①

　　我从来不是一个喜欢过生日的人，不过我妻子是，我也喜欢她这一点。我花了老长时间才 get 到为什么生日值得庆祝，现在我的脑子已经转过弯来了。今天，我不需要尝试什么。除了死命喝水，我妻子还得忍着肚子上涂满凉凉的凝胶，让超声医师用力按压，这样我们就能看到自己的娃了。我妻子给我买了一件曼达洛人的 T 恤，还买了一件"尤达宝宝"的婴儿衣服。如果你接不住我的梗，可以去看看最新的《星球大战》系列网剧，总之就是我和我娃都很可爱的意思。做完检查后，我俩借着聚餐，把这个好消息告诉了朋友。接下来，大家在伦敦城内逛了约一个小时，就为了找家可以 K 歌的深夜酒吧。伊恩在每次轮到他的时候，都会由衷带泪地献唱一首接招合唱团（Take That）的《重归于好》（*Back for Good*）。在回来的地铁上，我和妻子始终目不转睛地盯着小小人的超声波成像图。

　　在发现有娃后的最初几个星期，我始终处于一种淡定的快乐和平静的震惊相交织的状态。随后，我的职业病就开始发作。目前为止，一切都还只是假设，但现在我需要了解更多如何迎接新生命的知识。这包括搞清楚我妻子朋友推荐的催眠分娩到底是个什么鬼。我对这玩意持高度怀疑态度，听起来似乎是心理魔术师达伦·布朗（Derren Brown）在孩子出生时可能会玩出的手段。但我还是努力让自己保持开放态度，对此表示支持。但该死的是，我们得搬离租了好几年的一居室公寓。

　　宝宝会在哪里出生？谢天谢地，我妻子在做攻略和研究方面

---

　　① 《侏罗纪公园》系列电影中，在暴龙等非常危险的恐龙出现前，影片往往会给晃动的水塘或者水杯一个特写镜头。——译者注

同样是把好手。

与此同时，我的科研大脑开始运转，我决心了解更多有关生育、婴儿和气候变化的知识，并弄清楚正在发生和将要发生的事情。如果我对这一切有足够的把握，我就更有能力应对未来。

我深知这个人类幼崽会出生在一个与我出生时截然不同的世界。今后，他或她很可能只能在历史纪录片中看到珊瑚礁。对于如今出生的婴儿来说，未来仍然未知。

这既取决于我们做什么，也取决于他或她出生在哪里。如果未来 10 年全球各国未能大幅减少温室气体排放，到我娃 12 岁的时候，世界气温很有可能上升 1.5 ℃，某些不可逆的变化终将到来。我可不想在 20 年后，当我在圣诞节犯花粉症的时候，会因过去碌碌无为而悔恨。

作为气候研究者，我当然清楚任何气候问题都有两面性。气候变化会对孩子的生活产生影响，孩子也会对气候产生影响。换句话说，生娃会导致气候变化吗？要是在几年前，你会看到 2017年 7 月的《卫报》（Guardian）头条写着"想要对抗气候变化？少生孩子"，配图是三个小婴儿，看上去都可爱无敌。标题栏上写道："你能少生一个吗？"文章称，个人对抗气候变化的最有力举措就是少生一个娃。拿我来说，我刚决定要这个娃，如果少一个，那就得绝后。生娃真的那么糟糕吗？

我作为研究员的"大号"再次上线，我仔细阅读了这篇文章[1]，其内容主要是分析什么才是减少个人二氧化碳排放最有效的行动，并认为那些为人熟知的保护地球的善举实际上并没啥用。相反，在上述文章里，作者总结了个人为此能做的四件最要紧的事①：

第四要紧的事：巴特·辛普森（Bart Simpson）② 一直都是对的。不要养奶牛，伙计③。或者，至少少养一头奶牛，伙计。要崇尚"植物性饮食"。不吃肉和奶制品每年可减少约 0.8 吨二氧化碳当量，相当于 2018 年英国人均温室气体排放量的 10%以上。[2]

第三要紧的事：是鸟？是飞机？是的，确实是飞机。④ 坐飞机是你最能产生二氧化碳的行为。乘坐一趟跨大西洋往返航班，仅 16 小时就会产生 1.6 吨二氧化碳当量。你必须坚持两年吃草，才能抵消周末从伦敦去纽约度假所产生的排放量。

第二要紧的事：开车。哔哔！对于开车频次一般的司机来说，选择公共出行能够减少 2.4 吨排放二氧化碳当量；[3] 经常开车的人则可以节省 4 倍多。[4]

那么，第一要紧的事呢？"少生一个娃。"

文章还提出了另外两个潜在的有力减排行为：不养狗和购买可再生能源。但由于可信数据不足，最终没有将它们列入其中。

关于这四件事，我还是做了些努力的。我试着通过参与"素食一月"（Veganuary）挑战来做一位素食主义者。我觉得这很难，虽然还没难到一听"素食一月"就后悔到想打自己脸的程度。至

---

① 如果你边在脑海中播放齐柏林飞艇乐队（Led Zeppelin）的《全部的爱》[Whole Lotta Love，英国音乐节目《流行音乐之巅》（Top of the Pops）的片头主题曲] 边读这一段，阅读体验将会最好。——原书注

② 美国动画电视剧《辛普森一家》（The Simpsons）中的主要角色之一，于 1987 年首次出现在电视荧幕上。——译者注

③ 此处作者应是引用了动画中的故事剧情：巴特养了一头牛做宠物，并想尽办法避免其被送去屠宰场。——译者注

④ 此处作者应是化用了超人的经典梗："是鸟？是飞机？是超人。"——译者注

少从那以后，我减少了一点肉食的摄入量。说到坐飞机，为了在变成三口之家前再浪一次，我和妻子去了趟日本。当时正值樱花烂漫的时节，但我的直男发言（说花粉症反应一年比一年早），终究辜负了这份美好。之后，我们基本上就没再飞过，自然也不会加入什么"高空嘿咻俱乐部"，至少在一段时间内不会。目前，我还没有车。

至于第一要紧的事，嗯，它确实不适合我。为了孩子的未来，你能做的最佳选择真的是不让其出生吗？人们的排放量因财富、地域和消费而有很大差异，所以"平均少生一个"的说法听着就很奇怪。再说，现在早已瓜熟蒂落。我决定更详细地研究一下这个问题，然后很快我就开玩笑地想，是否有什么办法可以抵消生一个娃的影响。

6

热浪、干旱与饥饿。
这是圣经上的废话吗？

"这里越来越热了，搬家吧。"美国说唱歌手尼力（Nelly）在
自己的名曲中这样说。他说得没错，天气的确越来越热。在未
来，你如今经历的最强热浪，将只是一个再普通不过的夏日。

热　浪

夏天正在变长，天气也越来越热，而且会愈发持久。理论
上，这听起来似乎还不错，毕竟有谁不喜欢夏天呢？但时间长并
不总是好事。比如看电影，90 分钟恰是怡人的时长，而后每过一
分钟，我都希望能赶紧去厕所把影片开头时喝下的一罐零度可乐
排出体外。要知道，英国根本不是一个为温暖的气候打造的国

家，而且英国人对此也是近乎毫无准备。人类倾向于根据过往经
验来建造新物。这就导致一个问题，因为我们的未来并不会像过
去那样，一切都在升温，我们的房子、工作场所、养老院和基础
设施都没有准备好应对这股滔天热浪。

对地摊小报来说，夏天的热浪似乎只是博人眼球的话题，这
样它们就可以在头版刊登身穿比基尼的年轻女郎吃冰淇淋的照
片。但对多数人来说，热浪绝对是一个叫人融化的混球。2018 年
的热浪导致英国 1700 多人死亡，而英国的历史最高气温为
38.7 ℃[1]，暂时还没到 40 ℃[2]。①

事实上，近年来，英国出现 2018 年这样夏季热浪的概率翻
了一番。[3]如果不采取更多行动，英国每年将有 7000 人死于热应
激。[4]人口老龄化意味着养老院和老年人住宿环境的过热问题亟须
引起关注。就像新冠病毒一样，老年人和有基础疾病的弱势群体
更容易发生脱水和中暑等不利症状。自 2000 年以来，全球 65 岁
以上老年人因高温死亡的人数增加了 54%。[5]

2021 年，致命热浪导致北美多人死亡。热浪笼罩了一片往日
的凉爽之地，官方信息显示，这波热浪将加拿大的历史最高气温
拉高了近 5 ℃。在一个叫利顿（Lytton）的小山村，气温一度高
达 49.6 ℃，[6]这在加拿大远北地区前所未闻。随后，野火就吞噬

---

① 2020 年夏季的总死亡率与 2003 年欧洲热浪期间英格兰观察到的死
亡率相当，登记的超额死亡数为 2234 例（包括新冠疫情致死人数）。——原
书注
　　超额死亡数是指在特定时间段内实际死亡人数与预期死亡人数之间的差
值，通常用于评估自然灾害、疫情等事件对人口死亡率的影响。另外，要补
充说明的是，根据新闻报道，英国当地时间 2022 年 7 月 19 日 12 时 50 分，
伦敦希思罗机场录得气温 40.2 ℃。这是英国有记录以来第一次气温突破
40 ℃。——译者注

了整个村庄。[7] 在俄勒冈州的塞勒姆（Salem），气温也直冲 47 ℃，比之前该区域的最高气温整整高了 9 ℃。由于气候变化，此类热浪事件发生的可能性增加了 150 倍。[8]

热　岛

　　热浪持续时间越长，诱发的问题就越多。气候变化增加了连续炎热天气发生的可能性。[9] 当夜间最低温度升高，热浪也会产生连锁反应。夜晚本该是万物得以从酷热中获得喘息的时候。这在城市表现得尤为突出，由于所谓的"城市热岛效应"，城市区域的温度往往更高。人口密集的城市比农村会更不容易散热，事实证明，建筑物和水泥路终究对植物和肥料不那么友好。如果伦敦或曼彻斯特遍栽肥料浇注的蒲公英，事情或许会有所不同，但事实上并没有，于是我们如今身陷热城。

　　热岛效应就像真人秀《爱情岛》（Love Island）一样叫人全身火热。如果你和父母一起住，你可能会感到不自在，看多了会让你感觉大脑被掏空了。夏季，纽约市区的气温比周边地区要高 4 ℃之多。[10] 现在，越来越多的人搬到城里。不过，我住在郊区，这里绿树成荫，只是天气也热得要命，但谢天谢地，我们总算逃离了伦敦的炙热夏夜。2020 年 8 月的这波热浪中，伦敦经历了许多个气温不下 20 ℃的热带之夜。[11] 拜拜了您嘞！我毫不留恋那些被迫开窗裸睡，还得听窗外的狐狸疯狂啪啪啪的夜晚。但现在的问题是，一旦没有这种声音，我就很难入睡，所以我不得不下载了一个特殊的 App，里面循环播放狐狸做不可描述之事的录音，一次完整播放需要 8 个小时。这是何等的愉悦。

　　热岛效应通常在风平浪静的夜晚最是强烈，因为这时没有微风吹散滞留的热量。绿色城市是一种缓解之法。如前所述，我们可以把城市推倒，再遍种粪肥浇灌的蒲公英，这确实可以有些作用，但没有哪个政客胆敢把这当作自己的竞选口号。真是一群懦夫！

人在夜间降温和睡眠时调节体温的能力至关重要，如果做不到这一点，更多的健康问题就会随之而来。据世卫组织（WHO）称，极端高温会加剧呼吸系统、心脏和肾脏等已有的健康问题。好吧，这些总体上还算可以接受。[12]还有个听着不那么严重，但确实挺重要的问题：由高温引发的睡眠不佳还会导致夫妻间被动攻击（passive aggression）①的增加。哦哦，这不是世卫组织说的，是我自己的研究。

在热浪影响人体健康的种种方式中，空气污染绝对不可小觑，它提供了将城市变成危险之地的"新赛道"。2003年，热浪席卷欧洲期间，约有20%至40%的死亡案例可算到越发严重的空气污染头上。[13]

创纪录的热

2020年，世界各地还有其他一些纪录被打破，但都不是吉尼斯榜单感兴趣的那种。好吧，为了调解下气氛，我来插播一些有趣的事情，看看下面这些：

（1）2020年8月，美国加州死亡谷气温达54.4℃（即130华氏度）[14]，这是人类在地球上测量到的最高气温（2021年7月，

---

① 这是一个心理学术语，常指采用消极的、恶劣的、隐蔽的方式发泄愤怒情绪，以此来攻击不满意的人或事。比如，向对方说"你要这么想，我也没办法""你说的都对""你开心就好"之类的话。——译者注

死亡谷又超越自己，最高气温又上升了0.1华氏度)[15]。

（2）有史以来全球最热的1月、5月和9月。

（3）2020年1月4日，悉尼西部的气温为48.9℃，这是澳大利亚城市有记录以来的最高温度。[16]

（4）巴格达创下历史最高气温——52℃。

（5）2020年11月，来自英格兰赫特福德郡（Hertfordshire）的马丁·里斯（Martin Rees）在水下的三分钟内表演了20个魔术。

（6）2020年是英国史上第三热的年份，前十大最热年份都在2002年之后。在过去的10年中，英国足有7年的气温达到34℃，而在此前的50年中，总共只有7年的气温如此。[17]

（7）2020年上半年，西伯利亚的气温比过往平均水平高出5℃；6月，俄罗斯维尔霍扬斯克镇（Verkhoyansk）的气温达到38℃，这是北极圈以北地区有史以来的最高温度。[18]

不知道你是否注意到了，最后一个纪录诞生在北极圈。如果你很难对上述温度产生实感，那么下面这个数据应该能引起你的警觉。由于气候变化，西伯利亚热浪发生的可能性增加了600倍。[19]如果人们一路向北，发现圣诞老人和雪人们被炼狱般热浪吞没，那么在圣诞节观看《雪人》（Snowman）这部片子将会感觉更加惊悚。

2020年不是个案，2021年7月是全球有记录以来最热的一个月份。[20]2019年打破的纪录比一个汗津津的黑胶爱好者打碎的唱片量还要多①，包括2019年7月25日，剑桥地区记录下了英国有史以来的最高气温。由于气候变化，这一事件发生的可能性

①　这里使用的是双关语，因为"纪录"和"唱片"对应的英文单词都是"record"。——译者注

增加了 20 倍。[21] 同样是在 2019 年，我们还经历了英国有史以来最热的冬天，见证了有记录以来最热的 2 月。[22]（我没有查过里斯在那年的水下三分钟内究竟表演了多少魔术。）

我唯一略感欣慰的是，在不久的将来，午睡可能会成为每个人的习惯。

世界各地的极端高温影响着我们的基础设施，高温熔化了道路，扭曲了铁路，导致了停电，迫使飞机停飞。[23] 这一切都是进行时，而且到目前为止，气温才刚刚上升了 1 ℃左右。毫无疑问，一切都变得越来越热。未来究竟会怎样？这显然取决于我们采取什么行动，采取多少行动，行动是否够快。

太热 Hold 不住？

世界的某些地方是否会很快因为变热太快而不再宜居？要回答这个问题，我得先简单解释一下所谓的"湿球温度"（wet-bulb temperature）①。新闻天气预报中的"气温"，也就是我们日常通用的概念，被称为"干球温度"（dry-bulb temperature）。这意味着"湿度"不在这个概念的测量范围之内。一旦周围的干球温度超过 35 ℃，人就会出汗降温。是的，这是引发腋下异味的元凶，但我们至少知道自己在对付什么，人体好歹也有应对的办法。

湿球温度因为包括湿度这个因素，所以实际温度要比纸面上的高得多。简单来说，这个概念包含着一个重要细节：如果空气

---

① 湿球温度是指对一块空气进行加湿，其饱和（相对湿度达到 100％）时所达到的温度，由实际空气温度（干球温度）和湿度决定。湿球温度是标定空气相对湿度的一种手段。——译者注

中水分过多，出汗并不能使人体降温。要想测量湿球温度，你可以把温度计放在潮湿的袜子或抹布里，然后甩来甩去。我记得在格拉斯哥附近读书时，有位理学老师就讲过这茬，那时班上的一些"吊车尾"突然就来了兴趣，主要是因为这听起来像是一种新的打人手段。

当湿球温度达到 35 ℃时，空气就会变得又黏又热，出汗不再顶用，身体也就无法降温。这时如果没有其他缓解手段，身体就会经历由内而外的蒸煮，就像在微波炉转过头的香肠卷一样。我想，如果硬要说有什么积极意义的话，那就是如果你曾忧虑过气候变化是否会导致自己被热死，那么你大可宽心，湿度会先把你带走。这种感觉有点像我听说在房屋失火时人更有可能死于吸入烟雾而不是直接被烧死时所感到的宽慰。我们已经开始在地球上最热的地方，比如阿拉伯联合酋长国，看到湿球温度达到这样水平的种种迹象。[24]

关于目前气温演进方向的各种预测集中表明，到 2100 年，全球整体气温将上升 3 ℃左右。虽然这还不足以把人活活烤死，但也绝对会引发人间惨事。一旦湿球温度超过一定水平，人们就不能在户外活动，换算成我们对干球温度的理解，大约就是 55 ℃。在世界上的许多地方，人们在夏天就别想出门干活了。"对不起，我今天上不了班了，因为地球着火了。"这借口听起来足够体面。但是，湿球温度过高显然会发生在那些必须开展户外工作的地方。全球有一半的粮食是由依靠体力劳动的小农场生产的。[25] 与 2000 年相比，2019 年因气温上升而损失的总工作时间超过 1000 亿小时。[26]

这意味着随着一些地方越来越不宜居，人们将被迫四处迁移。气候变化堪称威胁倍增器，会让既存的地区冲突等问题变得更加危险。事实上，气候变化现在已经被五角大楼的嬉皮环保卫道士们（hippy tree-huggers）当作全球安全问题。[27]

干　旱

气候变化同样加剧了干旱。[28]关于干旱，有几种不同的定义：降雨不足，即气象学意义上的干旱；水体供应短缺，即水文学意义上的干旱；土壤湿度不够，即农业定义上的干旱。在夏天，气温升高通常伴随着降雨减少，导致环境更加干燥，干旱更易发生。温度升高还会加速蒸发土壤水分。夏季的降雨可能就会更频繁、更强烈，同时干燥的土壤不但很难吸收雨水，反而极有可能诱发山洪。

格拉斯哥"缺雨"的标准显然与中东的巴林（Bahrain）不同。因此，衡量一个区域是否变"旱"，主要是看该地区平均降雨量的减少程度。海平面上升也会导致干旱，因为海水会进入地下蓄水层，影响可用淡水的供应——这种情况已经出现在佛罗里达——使土壤盐碱化程度更高。海平面上升还有可能进一步导致沿海农田变得贫瘠[29]，就像在孟加拉国（Bangladesh），许多农民被迫下海捕鱼。[30]

科学家们最近不断提醒说，气候变化正在加剧特定干旱的程度或是放大其发生概率。2011—2017年，加州经历了史上最严重的干旱之一，导致1.02亿棵树死亡。[31]气候变化增加了南欧发生干旱的风险，气温飙升导致那里的水资源供应岌岌可危。[32]在全球升温3℃的未来，干旱可能成为南欧的常态。

根据预测，英格兰在未来20年内还将遭遇更多的干旱。英国环境署署长詹姆斯·贝文爵士（Sir James Bevan）呼吁将用水量减少 1/3，并表示希望"让浪费水资源的行为就像朝婴儿脸上吐烟一样不被社会所接受"。[33] 好吧，这目标具体得有些奇怪。我主要担心的是，为了绕开这个问题，英国人会试图让像朝婴儿脸上吐烟变得更容易为社会所接受。

2019 年 12 月 17 日，澳大利亚迎来了有史以来最热的一天。但这个纪录就保持了一天，18 日的气温又上升了 1 ℃。[34] 这给了澳大利亚社会上一小撮人一个机会，他们既是气象学家，也是电影《鳄鱼邓迪》（Crocodile Dundee）的粉丝，他们说："什么叫前所未有的高干球温度？这就是。"与此同时，澳大利亚持续变化的气候状况意味着部分地区的供水越来越依赖海水淡化厂，在那里，海水中的盐被分离出来，从而变得可以饮用。最近，嘉士伯啤酒公司正在印度建立一个海水淡化厂，为西孟加拉邦（West Bengal）一个 4000 人的小镇生产清洁淡水。这可能是全球条件最好的海水淡化厂。[35]

因为持续数年的干旱，南非开普敦（Cape Town）认为 2018 年将会大规模缺水，因此有必要关闭公共供水，出现所谓"零水日"（Day Zero）的情况，即打开水龙头，但什么水也没有。开普敦居民的用水量被限制在每人每天 50 升（相比之下，英国居民平均每天用水量达 142 升）。[36] "零水日"几乎无法避免，该地区的农民损失了大约 1/4 的庄稼。[37] 由于气候变化，此类干旱的发生概率至少增加了五倍。类似的事件在未来可能会变得更加司空见惯。[38] 在许多最贫穷的国家，缺水已经成为一个巨大的健康风险。全球大约 1/4 的人口生活在水资源紧张的国家，7.85 亿人无法获得基本量的饮用水。[39]

食物安全

我们的食物供应很容易受到干旱和极端高温的影响。农业对空气中二氧化碳浓度升高的直接反应可能更加复杂，因为碳元素还具有使植物变大（堪称自然界的"伟哥"）的神奇效果。然而，研究表明，二氧化碳施肥并不会让养分增加，这意味着农作物的平均营养价值将会下降。这是一个极重要的警示，尤其对于发展中国家来说。整体看，二氧化碳施肥之于农作物相当于类固醇之于人体，这是一场注定"杯具"的游戏。

无论如何，农业显然更欢迎更可预测的天气。英国人的餐桌已经受到了影响。由于气候变化，热浪产生的概率足有过往的 30 倍，2018 年夏天的那波更使得英国的农作物没有获得足够多的生长水分。[40] 因此，第二年英国的薯条普遍缩了约 2.5 厘米。

这不是一个我想要生活的世界，因为在那里，薯条短得都没法蘸酱。行行好，可怜下调味品行业吧。生活中少有的乐趣之一就是在一包薯片里找到一块大的，然后像《石中剑》（*The Sword in the Stone*）① 里的亚瑟王一样把它高高举起，向周围的人宣布："看看这薯片多大!?"总会有人回答："它肯定把其他的薯片都吃了!"然后你们一起哄堂大笑，周围弥漫着快活的空气。好吧，这下子你的娃大概不会有这样的机会了。各位，拥有找到"大薯片"的体验，就是我们为之奋斗的目标。是的，就是事关这些薯片。

---

① 《石中剑》是一部由迪士尼于 1963 年制作并发行的动画电影，讲述的是亚瑟王童年时期接受魔法师梅林的教导，最终拔出传说中的石中剑，成为英格兰国王的故事。——译者注

气候变暖还将导致大麦产量下降，从而抬高啤酒价格。[41] 如果失去了能够团结公众的大薯片和廉价啤酒，我不知道还有什么法子解决气候变化问题。依赖较为单一农产品的经济体则将面临最大的风险。咖啡就是另一种深受气候变化影响的作物，由于原料稀缺，一杯咖啡的价格很可能会上涨。气温上升 2℃ 就可以使乌干达罗布斯塔咖啡（Uganda's Robusta coffee）的种植面积减少至目前的 10%。[42] 这意味着它可能不得不转而专注于制作浓缩咖啡。

动　物

气候变化对动物也不友好，它们通常较难适应这一切，而获得"宠物护照"（pet passport）① 更是一件麻烦事。目前的气候条件已经稳定维系了数千年，正因如此，我们熟知的各种生命才得以在这个星球上生生不息。但是眨眼之间，我们就正在改变这一切。人类能够较快适应环境，但自然界的大多数生物并不具备这样的能力。演化需要时间，这几乎与连线维珍传媒（Virgin Media）的客服一样漫长。我们正在进行有史以来规模最大的适者生存实验。但是，在这种"实验"中，动物们的爪子天然就被绑在身后，这显然不合适，对吧？与此同时，爬行、两栖和昆虫等许多种动物正以每年约 7 米、12 米和 18 米的速度向北极和南极迁移。[43] 我在英国已经发现了从未见过的巨大蜘蛛，让我有生以来第一次对澳大利亚人的勇气感到钦佩。

———————

　　① 宠物护照是一份法律文件，详细说明宠物的重要信息，包括它的出生日期和电子芯片号码、所有疫苗接种记录和身体状况。在英国，宠物需要护照才能出国旅行。拥有宠物护照，也意味着宠物进入其他接受护照的国家、返回英国通常不需要花时间进行隔离。——译者注

其他动物也在往"高处"去寻找适宜的生存环境。山地蝴蝶栖息地的海拔不断攀升，在较低海拔的区域很难再见其踪迹。[44]与此同时，新热带（neotropics）[①] 云雾林[②]中的动物们也难逃气候变化的威胁，因为有一些独特的物种只能在特定的海拔高度生存。它们坡越爬越高，直到冒着山穷水尽的危险。虽然，新热带地区的云雾林是一片迷雾笼罩的秘境，树木枝干缱绻，苔藓尽覆，散发致命的诱惑。如果这些植物自己想在童话故事中露一把脸，那么它们已经得偿所愿了。

但是，许多动物的迁徙速度还不够快，或者说根本来不及。第一种因气候变化而灭绝的哺乳动物是珊瑚裸尾鼠（Bramble Cay melomys），它们是一种只生活在澳大利亚北端岛屿（靠近巴布亚新几内亚）上的啮齿动物。[45] 由于海平面上升和风暴，它们的生活痕迹消失于 2016 年。最近一项研究发现，按照目前的发展态势，到 2070 年，研究所关注的动植物中将有 16％灭绝。[46] 但这还是最乐观的情况，50％的灭绝率也不是没有可能。

热浪愈演愈烈，干旱持续严重，薯片越变越小。世界部分地区很可能会变得不再宜居，农作物将会歉收，许多工人将无法在这种条件下从事户外工作。这更将影响每个人的健康、生活和收入。本章的结尾并不令人愉悦，但必须承认的是，正是人为因素诱发的气候变化带来了高涨的热浪。

---

① "新热带"主要包括南美次大陆与中美洲、西印度群岛和墨西哥南部。——译者注

② 云雾林是热带雨林的一种，指繁茂于云雾连绵的山地森林。由于林木茂密，空气湿度极大，寄生、附生植物发达，终年云雾缭绕，降雨频繁。很多云雾林地区年降雨量可达 2500 毫米以上。——译者注

7

我们能都活在水下吗？

我童年最早的记忆之一就是看着父亲被海浪冲走淹没。

当时，我们一家人正在葡萄牙阿尔加维（Algarve）度假。在一处美丽的海滩附近，躺在气垫筏上的我爸一不小心就被水流卷走了。那附近并没有救生员，不过就算有，他们也未必能把活干好。[①] 我和堂兄弟们站在沙滩上观望，我的阿姨和叔叔划水去救他。

这个故事并没有一个传统戏剧式的结局，因为最终三个人都筋疲力尽地回来了。几个小时后，气垫筏被冲上了更远的海滩。另外，我妈完全不知道发生了什么事，因为我弟弟当时急着要去上厕所。但从那以后，我始终对大海保持着敬畏与距离。那次事

---

① 那是 1990 年代初，也是美剧《海滩游侠》（*Baywatch*）热播的时候，这片子让人觉得救生员要帅第一，救人第二。——原书注

件告诉我，永远不要作死搅乱海洋。但是，我们现在就在作死。^①

有了这些关于气候变化影响的不祥预测，我们很容易假设未来的地球会和电影《未来水世界》（*Waterworld*）一样，变得既可怕又昂贵^②。占地球表面 70％ 以上的水究竟会发生什么变化呢？小美人鱼用尾巴换人腿的操作或许还可以缓一缓？

海洋很重要，它不仅是鲨鱼的大泳池，更会吸收温室效应产生的九成以上能量［来源：《热力》（*Heat*）杂志］。海洋吸收的能量比空气多得多。因此，大海是全球性变暖最好的晴雨表。海洋温度最热的五个年份都发生在 2015 年之后，2020 年更创下历史纪录。¹

如果想要更好地了解水和空气的差异，这里有一个快速可行的实验。首先，你得点上两根蜡烛，然后在一根上方悬挂一个充气的气球，在另一根上方悬挂一个注满水的气球。^③因为水能吸收更多的热量，所以后者要花更长的时间才会破裂，但也不及有

---

① 如今，我觉得在海滩上晒日光浴很是惬意，但我仍然对海浪的力量保持警惕。事实上，"我喜欢待在海边的旁边"（I do like to be beside the seaside）这句歌词多年来一直萦绕在我心头，尤其是这个"旁边"。说到这里我突然反应过来，当年的这句歌词简直有病。他们都已经说在"海边"了，所以为什么还要加个"旁边"？难道是离开两步的距离？所以，站在那条与大海平行的路边，旁边是破旧的拱廊与一家卖漂亮明信片和杂货的商店——这就是他们想要的地方吗？每个人都有自己的想法，但我不会用一整首歌来表达。——原书注

② 凯文·科斯特纳（Kevin Costner）饰演一个能在水里生活的鱼人。不过，他与"离开水的鱼"相反，是"生活在水里的人"。还有，为什么人们总觉得"某人像离开水的鱼"不是一件好事？偏偏忘记了我们之所以能存在于世的唯一原因——进化——正是源于一条鱼离水上岸？它应该用来指那些特立独行、正在改变世界的人。——原书注

③ 抱歉，老妈，为了科学，我偷走了你所有的祖马龙（Jo Malone）蜡烛。——原书注

人碰巧撞见时你向他们解释清楚你到底在做什么的时间长。（剧透警告：你可以尝试解释，但又说不清楚，然后这事就会成为一个流传的梗。再过些年，别人就会习惯叫你"气球人"，直到你自己都忘记这到底是为什么。或许你会搬到一个新地方，干上一份新工作，生活的一切都很美好。直到有一天，一位老友来看你，告诉你的新同事"气球人"的故事。他们会礼貌地笑笑，然后该干啥干啥，至少你是这么想的。直到你的试用期结束，他们炒了你，说你不合适，并在你的档案上写一笔"奇怪的气球人"。如此看来，还是不要做这个实验为妙。它不值得。）

全球变暖导致海平面上升的主要原因有两个：冰盖和冰川融化（48%），以及海洋体积随着气候变暖而扩张（39%）。[2]没错，水遇热会膨胀。所以，下次再有人说你胖了，就告诉他们人体的主要成分是水，所以你没胖，都是气候变化造成的幻觉。

冰、冰、宝贝

一些社会名流在阻止气候变化方面的确十分活跃。比如莱昂纳多·迪卡普里奥（Leonardo DiCaprio），他真的很关注气候变化。小李子制作过一部名为《洪水泛滥之前》（*Before the Flood*）的纪录片，个人名下有致力于气候行动的基金会，而且他还是关注气候变化问题的联合国和平大使。我的意思是，鉴于他最初成名靠的是一座冰山[①]，所以他想拯救它们的心情也就不难理解。另外，他的私人情史也能说得通。我们知道小李子十分关心子孙

---

① 《泰坦尼克号》讲的就是游轮撞冰山的故事。——译者注

后代:看看他的前任们就知道了。[①] 但是,归根结底,他关心冰山没有错,因为它们确实很重要。

冰雪在调节气候方面发挥着重要作用,因为它们是白色的。(划重点!它们可能都是上过牛津、剑桥的中产阶级。)如果你到过一些气候炎热的地方,你可能会注意到,那儿的许多建筑都是白色的。这不仅是为了方便你在 Instagram 上发美图,更因为浅色相对不容易吸收热量,从而确保建筑温度相对适宜。我们一般称这种现象为"反射效应"(albedo effect)。一旦包裹地球的冰雪消融,深色的土壤层裸露出来,地表就会吸收更多的热量,就像是某种要命的躲猫猫游戏。事实上,一小片未结冰的海洋能吸收的太阳能是带有冰盖的九倍,这反过来还会让世界变得更热,融化更多的冰,这就是一种雪球效应。("雪球"这个词可能用得还不够精准,但你应该能 get 到我的意思。)

最近有一项研究利用卫星观察了 21.5 万个高山冰川、格陵兰岛和南极洲的冰原、南极洲周围漂浮的各种冰架,以及北冰洋和南冰洋的浮冰。这些图像共同构成了一幅难以置信的图景。尽管如此,一些专家还是认为这些图像"有点千篇一律"。这项研究发现,1994—2017 年,全球共减少了 28 万亿吨冰[3],足以给整个英国加上 100 米高的冰盖。这一事件会让纽卡斯尔(Newcastle)的派对男女在周五晚上更有理由只穿件背心或短裙。[②] 现在,

---

① 我最近离婚的好基友伊恩正好与之相反,他似乎不小心把他在交友应用 Tinder 上的偏好对象设置为 60 岁以上,他还总是不明白为什么系统总是会将他和他妈妈的朋友进行配对。——原书注

此处是作者的调侃,因为莱昂纳多的多位前任都是年轻貌美的超模。——译者注

② 纽卡斯尔是英国著名的派对之城,夜场和酒吧数量极其多,夜生活非常丰富。——译者注

这些冰融化成的水中的大部分都注入了海洋。

　　具体来说，北极的变暖速度是世界其他地方的两倍。每年9月，缩小后的北极海冰总量都会再创历史新低。截至2017年9月，其规模仅为1970年代末的65％。[4]（玛氏巧克力棒[①]也越来越小了，但这里并不是适合开喷的贴吧。）即使全球气温只上升2℃，也会将北极出现无冰夏季的可能性增加到16％。如果气温上升3℃，这一概率更会飙升至63％，即是说，这种情况将会更加频繁地发生。[5]令人担忧的是，北极冰融化的速度正在加快。我在这里加了一个"令人担忧"，只是为了强调在当前情况下，冰真的是一种必要资源。我知道你可能觉得冰很是烦人，因为它要么冻住你的引擎，导致上班迟到，要么布满你的冰箱，让你拿不出豌豆。请先原谅它吧，然后试着把冰当作这个故事的主角。1990—2001年，格陵兰岛冰盖平均每年损失约340亿吨。然而，2012—2016年，年平均损失量增至约2470亿吨。同一时期，南极冰的损失量也增加了四倍。[6]我想说的是，你不应该忽视这些冷冰冰的数据，现实里的冰已经不够冰冷了，它正变得越来越水。

　　冰层变暖正在影响北极的生命。对于像阿拉斯加希什马廖夫市（Shishmaref in Alaska）这样的土著社区来说，那些原本生活中可预测性的改变正在产生深远的影响。一些需要在冰上狩猎的人发现，随着季节的突然变化，世代相传的知识正在变得无用。在很多方面，这有点像我通过输入VideoPlus号码在指定时间录制节目的能力；它曾经是我们家一项不外传的技能，但现在已经过时了。但与我的录像机技能不同，冰的融化却实实在在威胁到

————————

　　①　玛氏巧克力棒（Mars bars）是一种类似于士力架的高能量零食，在英国颇受欢迎。——译者注

了这些土著们的生计。对于沿海小镇来说，一些由天然冰形成的风暴掩体已经不复存在；在北极的某些地区，永久冻土的融化将会破坏建筑结构，并导致自然景观崩溃。

我不想对你说什么爱登堡（Attenborough）[①] 会说的话，虽然我不是真的关心北极熊的死活，但在这里还是得提一嘴。它们显然需要在冰面上捕猎，夏季长时间无冰会让它们更感压力，因为一旦机会出现，它们就必须借助冰面迅速完成捕食。据估计，到本世纪中叶，北极熊的数量可能会减少三成。[7] 基本上，它们是被迫在违背自己意愿的情况下准备好一副"沙滩之躯"。有趣的是，灰熊的栖息范围似乎也在向海岸移动，这就增加了导致双熊杂交的可能性，随之就会诞生一个可爱的名字"灰北极熊"（Pizzlies）。我可不想在这俩交配的时候与其待在同一个房间。别问我为什么它们会在一个房间，我也不知道。我只是想表达这么一个意思：如果它们现在跑进这个房间，并开始做不可描述之事，我会咕哝几句自己要去商店，然后离开。

压力也给到了驯鹿这边，它们每年一度的大陆间迁徙现在越来越早了，征途也越发危险，更容易饿死在半路上。[8] 我们应该有所警觉，因为如果到最后，世界上的驯鹿连九只都不到，那圣诞节就真的要完了。"猛冲者（Dasher）、舞蹈者（Dancer）……嗯，

---

① 即大卫·爱登堡（David Attenborough），也译为大卫·爱登堡禄，英国广播公司（BBC）解说员、自然博物学家，因为在 BBC 主持系列野生纪录片长达 80 年以及轻柔动听的配音而家喻户晓。他的著名节目包括《蓝色星球》（*Blue Planet*）、《生命集》（*Life Collection*）和《自然世界》（*Natural World*）等，他被誉为"世界自然纪录片之父"。2022 年，基于大卫·爱登堡对全球环保运动带来的巨大影响，联合国环境规划署授予他"地球卫士奖"终身成就奖。——译者注

就这么几只了。"①

　　"冰川退缩"（glacial retreat）同样令人忧愁，尽管这个词听起来像是一家冰雪主题酒店会打出来的巨幅度假广告。冰川为地球上的人类和动物提供了大部分的淡水。② 这些块头巨大、移动缓慢的冰块为河流提供水源，是整个生物聚居区赖以存在的基础。处于理想状态的冰川的冰量要么保持不变，要么逐年增加。大多数热带和中纬度地区冰川的状态都不怎么理想，就好像威廉王子（Prince William）的头发，越变越少，不剪还薄。喜马拉雅山脉的冰川不仅正在承受变暖之痛，而且亚洲现代工业带来的黑色烟尘也越来越多地沉积于冰川上，我们都知道，黑色会吸热。1000万人口的秘鲁利马（Lima）利用安第斯山脉的冰川进行发电和供水，但为了能源安全，这座城市最近不得不尝试改用天然气来发电。从这个意义上来说，现在气候变化正在导致气候变化。

　　作为一名滑雪爱好者，我还很担心另一件事。⁹无论我们如何努力减排，预计到2050年，欧洲阿尔卑斯山的冰川将减少50%。在海拔较低的地区，情况将变得尤其糟糕，因为据预测，1500—2000米以下的积雪将减少得更为明显。¹⁰由于冰川退缩，瑞士的韦尔比耶地区（Verbier）已经拆除了两座较低的缆车。如果没有了滑雪季，我会很沮丧。我希望以后还能有地方让我带娃去学滑

---

　　① 出自一首流传甚广的经典圣诞诗歌——《圣尼古拉来访》（*A Visit from St. Nicholas*），其中列出了圣诞老人八只驯鹿的名字：猛冲者（Dasher）、舞蹈者（Dancer）、跳跃者（Prancer）、雌狐（Vixen）、彗星（Comet）、丘比特（Cupid）、雷霆（Donner）和闪电（Blitzen）。另一首圣诞歌曲《红鼻子驯鹿鲁道夫》（*Rudolph the Red-Nosed Reindeer*）的流行，使得鲁道夫（Rudolph）被认为是圣诞老人的第九只驯鹿。——译者注

　　② 再说一句，我们可能连薄荷糖也要没有了。——原书注

雪，而且从伦敦坐火车就可以抵达。看着许多三四岁的法国娃在滑雪学校里蹒跚学步，是我最爱的世间景象之一。

上升的海平面

自 1800 年以来，人为诱发的气候变化已经导致全球海平面平均上升了 25 厘米以上。在过去的几十年里，上升的速度一直在加快。[11] 在过去的 5000 年里，海平面每年上升约 1 毫米。[12] 然而，我们现在看到的却至少是每年上升 3.2 毫米，而且还在加速——从 2018 年到 2019 年足足上升了 6.1 毫米。[13、14] 现在，你可能认为自己并不太清楚气候变化和海洋将如何影响未来，但我敢打包票，你们中的许多人都记得近 20 年前三位开拓性的年轻男性"科学家"的唱词：

> 我来到了公元 3000 年的世界。
> 那里没多大变化，
> 但是人们生活在水下。
> 还有你的曾曾曾孙女，
> 她生活得很不错。
>
> ——霸子乐队（Busted）[①]

----

① 如果你是年轻人，也可以听乔纳斯兄弟乐队（the Jonas Brothers）翻唱的版本。如果你年过五旬，那么接下来的部分会超出你的理解范围。——原书注

此处内容出自霸子乐队的歌曲《公元 3000 年》（Year 3000），该乐队是一支由三位英格兰男性组成的流行朋克摇滚乐队。——译者注

现在，让我们仔细看看这段话。首先，这些男孩真应该在阿尔·戈尔之前因关心气候变化而获得诺贝尔奖，他们实在是太棒了。在 21 世纪初，我从没关心过什么气候变化。我只想在考试中拿个好分数。这倒不是我想要一份好工作或其他什么，而是因为如果我成绩漂亮，我父母就会让我和好基友伊恩去马加鲁夫玩一个星期。[①]

好吧，不管怎么说，我现在年纪大些了，还拿了个博士学位，我已经有资格对被称为"霸子"的"科研团体"的言论进行同行评审。他们在歌词里并没有把未来千年全球二氧化碳浓度的上升方式和相关温度的假设说清楚。好吧，也许他们在歌曲的中间八小节唱过，但我总是听完主歌部分就切了。

那么，如何从科学的角度解释他们的说法呢？额，他们确实说得八九不离十。即使在最好的情况下，到本世纪末，海平面也将比 2000 年高出 30 厘米。[15] 但就在 2013 年，联合国政府间气候变化专门委员会认为按照当时的速率，海平面可能会上升半米左右，不过即使是最坏的情况，这数值也不太会超过 1 米。[16] 然而，最近的研究表明，考虑到格陵兰岛和南极西部冰盖的运动轨迹，这个预测数值可能被严重低估了。[17] 美国国家海洋和大气管理局（NOAA，不是方舟上的那个人，而是名字里刚好有国家海洋和大气的机构）最近对冰川融化的最保守和最糟糕情况进行了重新估算。由于深海持续吸热和冰盖持续消失，在我们走向公元 3000 年的过程中，海平面将持续上升好几个世纪，并在千年内保持这个势头。所以真是天晓得，霸子乐队可能真说对了？[18]

我的第二个问题是他们关于人类适应气候变化的假设，即我

---

① 我确实考得不错，我们也去了马加鲁夫，伊恩还艳遇了一个米德尔斯堡（Middlesbrough）的好妹子。——原书注

们都将生活在水下。当然，这也不乏一些好消息。比如，我终于可以不用再忍受我的瘾君子朋友迈德·史酷比（Mad Scoobie）反复絮叨他在阿姆斯特丹旅行的故事了，因为荷兰将被海水淹没。但对大多数人而言，生活好不到哪里去，总的来说，在哪儿都差不多。全球升温 4 ℃就将导致 4.7 亿至 7.6 亿人的家园被海水淹没。[19] 就算气温上升 3 ℃，由此引发的洪水也将影响 2.75 亿人，包括大阪、迈阿密、上海、亚历山大和里约热内卢等沿海城市。如果我们不能拯救科帕卡巴纳（Copacabana）① 这个地球上最性感的地方，那生活还有什么意义？[20]

我知道现在很多人都希望看到自家政府被丢到大洋深处，但在 2009 年，马尔代夫政府真的在水下召开过一次内阁会议。这些人穿着全套潜水装备在海底待了 30 分钟，希望这样能够引起人们关注全球变暖对马国造成的困难。这样地处气候变化前沿的低洼岛国还有不少。加勒比海、印度洋和太平洋的一些国家和地区已经受到海平面上升的严重影响。像基里巴斯（Kiribati）和图瓦卢（Tuvalu）这样的小岛国将不再是可有可无的存在，因为它们将不复存在。

海平面上升对这些岛屿带来的影响是可怕的。沿海的洪水会毁掉他们的淡水水源、淹没他们的庄稼作物。随着珊瑚礁的消失，粮食安全也受到威胁。当海洋迫使许多家庭背井离乡时，他们将很难在有限的土地上找到新的家园。这样的流离失所可能会加剧所罗门群岛等地因地权引发的种族紧张关系。

为了应对这些困境，这些岛屿可以尝试建造新的防海堤坝，

① 科帕卡巴纳海滩位于巴西里约热内卢，被称为世界上最有名的海滩，海岸沿线长达 4.5 公里，沙滩洁净松软，全年气温适宜戏水，因此游人络绎不绝，随处可见的比基尼女郎是海岸的一景。——译者注

种植红树林，并将房屋的地基打得更高。马绍尔群岛正在考虑是新建一个全新的岛屿，还是加高现有岛屿的高度，无论哪一种做法都极为烧钱。[21] 但应对性举措也只能到此为止。损失已经发生，损害已经造成。上述这些岛国并没有做什么明显导致全球海平面上升的事情，但是现在这个问题却正威胁着其家园、历史和文化。他们需要帮助。

英国也很难岁月静好。据预测，如果北威尔士的费尔伯恩镇（Fairbourne）因为海平面上升而被淹没，这里的居民可能成为英国首批国内气候移民。[22] 现在，他们手中的房屋价值已经大幅跳水，以至于根本不可能卖掉老屋，迁居他处，社区更是一片衰败。如果气温上升 3 ℃，英国林肯郡（Lincolnshire）的大部分海岸和农田也将被完全淹没。[23]

我对霸子乐队提出的最后一个问题是他们对人口预期寿命的假设。假定他们歌词中的"你"说的是我这样年纪的人，那么在公元 3000 年，我那曾曾曾孙女大约是 786 岁。我觉得她不会"生活得很不错"。我想，现在我们可以肯定，那三个男孩就是一群熟熟熟女控。

鲨鱼宝宝和英国脱欧；酸和珊瑚

在上述这些到来之前，我还是得研究一些婴儿事项。冥冥之中，我在 YouTube 上刷到一首叫《鲨鱼宝宝》（*Baby Shark*）① 的歌。如果你是父母，你可能已经听过这首歌。如果没有，那么我

---

① 这首歌是近年互联网传播爆款产品的代表，一度高居 YouTube 点击量榜首。2020 年，其点击量就突破了 70 亿。——译者注

警告你：这种洗脑歌曲会毁了你的生活。我以为这只是一个随机推送的视频，但几周后，它在 YouTube 上的浏览量已经和地球总人口一样多。不管怎样，事实已经证明，海洋变暖会让鲨鱼宝宝出生得更早，因此它们的存活概率就更小。[24] 不得不说，"早产的鲨鱼宝宝 doo doo doo doo doo doo doo doo"作为一首朗朗上口的儿歌并不那么有吸引力。

海洋变暖也意味着鱼类会向极地迁移。现在，在过去被认为太冷的水域里已经发现了鲨鱼的踪迹，所以，我的《大白鲨 VS 圣诞老人》电影剧本现在看起来也没那么疯狂了。是不是，斯皮尔伯格（Spielberg）？[25] 英国人餐桌上的美味鳕鱼和黑线鳕正在向更北的地方迁徙。不久，我们的菜单将变成鱿鱼薯条而不是炸鱼薯条。[26] 所以，如果你认为我们终于摆脱了欧盟，那么我恐怕要告诉你一个坏消息：你快要变成法国人了。

随之而来的还有海洋酸化。大约有 30% 人类排放的二氧化碳已经溶解在海洋里。[27] 这些二氧化碳与水反应形成碳酸，从而降低了海洋的 pH 值。① 海洋酸化也降低了海水中碳酸盐离子的浓度。这些化学离子是海洋生物体用来构建自身外壳的基石。当碳酸盐较少时，生物体需要更多的能量来构建外壳，这可能会影响它们的发育速度。想象一下忍者神龟吧，不仅它们所有的壳会变形，而且还都活不过十几岁。酸化将严重扰乱海洋生物，因为一些物种无法生存，另一些物种却会肆意生长，这反过来又会对渔业和相关产业人群带来连锁反应。它还干扰了一些鱼类和章鱼利用化学物质探测周遭事物的能力，比如寻找配偶和逃避捕食者。（你绝不会想把这两种行为弄混的，除非你真的好这口。当然，

---

①　有意思的是，PhD 当中是一个小写的"h"，而 pH 正好相反。——原书注

我也不会对两种水族之间的自愿行为作出评判。）这种酸化往往
需要数万年才能逆转。

这就把我们的注意力引向了珊瑚礁。如果让我用一种诗意的
方式来形容珊瑚礁的颜色和形状，我觉得它们就像伟大的海神波
塞冬吃了太多的彩虹糖，然后吐得海床上到处都是。我习惯把珊
瑚想象成一种巨大的动植物结合体，由成千上万个粘在一起的彩
色嘴唇组成。如今在热带水域形成的珊瑚礁，最早出现在大约
2.4亿年前的中三叠纪时期，但如今同样难逃海洋变暖和酸化的
折磨。如果海水温度太高，珊瑚就会将提供彩色部分的藻类排出
体外，它们也随之变白。珊瑚白化现象正在侵蚀巨大的活珊瑚
礁，它们本是海洋物种多样性的温床（也是许多人类的粮仓）。
2016年，一场热浪导致世界上最大最著名的珊瑚礁——大堡礁
30%的珊瑚死亡。[28] 如果全球气温升高2℃，我们将有87%的机
会再度目睹2016年同等强度的热浪，死亡将成为珊瑚的新
常态。[29]

总的来说，我们很容易把海洋给忘记，因为我们并没有生活
在海里。但因为上述的种种原因，冰川融化和海平面上升对人类
来说是十分危险的。许多地区依赖冰川提供淡水；冰盖帮助地球
保持气候凉爽；许多人住在海边，或靠海为生；一些岛国将会整
个消失。即将到来或是一定条件下已经发生的气候变化，会祸及
数百万人。

8

20 周检查

再说回你的呼吸

那是一个异常温暖的春日，我和老婆一起在公园中央撕开了一个信封。我们等不及回到家，决定当场就找出答案，因为悬念快把我们折磨死了。哦，在我继续说下去之前，我想应该提一句，我们现在正处于一场全球（疫情）大流行之中。是啊，世事总难料嘛。老实说，老婆怀孕这事儿真的打了我个措手不及。不过，种瓜得瓜嘛。我不太确定怎么表达更文雅些，大概就是如果早些知道新冠病毒会来，我和老婆可能就不"那啥了"（done the business）。不用说，我现在对生娃的焦虑又上升了几个等级。我对于这场大流行有很多话想说，但为了让气氛轻松些，我只简单讲一句：它在很大程度上抢走了气候变化的风头，这非常令人恼火。我的意思是，原本每个人都对气候变化高度关注。2019 年，新闻哪儿哪儿都是它，更不要说英国在 2020 年还要主办联合国气候变化大会。其实，我就一个意思：它抢了我们的风头。新冠病毒，你怎么敢！[①]

我之所以说这些，是因为新冠疫情导致的种种限制使我无法参加老婆 20 周的产检。我只能在医院外的公园里干等一个半钟头，任由我老婆戴着口罩单刀赴会。她和其他不得不独自经历这些的孕妇都叫人担忧。我们之所以很肯定会生个女娃，主要是因为在我们下意识想出的名字里，有很多适合女娃，但几乎没有一个适合男娃。作为一名科学家，我知道生男生女都是一半概率，但通常感觉反而比统计数据更接近真实（比如否认气候变化的观点）。所以，我提醒自己，生男生女最好还是交给专家来搞清楚。久坐易烦，于是我绕着公园走了大约十圈，后悔没有带点水来。就在我感觉已经过去好几个世纪的时候，老婆给我发短信说很快就出来了。

现在，她已经来了，手上还拿着个信封。打开后，我们在一张纸条上看见了超声医师潦草的字迹："男孩"。这种几乎全靠猜的字迹实在对不住当时周遭的庄严气氛。

我们要有个男娃了，一个雄性，一个小男孩。我和老婆四目相对，满脸惊讶，但欣喜之情却溢于言表。不过我们还需要一段时间来适应这个现实：一个男娃，一个属于我们的男娃。

回家路上，火车过道对面坐着一对可爱又笨笨的小男孩，他们在谈论一款电脑游戏，又或者是一个人，我不太肯定。这光景让我不由思考现在的青少年应该是什么样子。过去的一年里，世

---

① "你怎么敢！"（How dare you!）出自瑞典环保少女格蕾塔·通贝里在联合国气候大会上的演讲，后因为其自身行为的争议和话题性，在网上经常遭到恶搞。——译者注

界各地发生了各种罢课事件，年轻人和儿童走上街头，要求采取更多措施保护他们的未来。这场运动是一场令人难以置信的"起义"。在 100 多个国家，有 150 万人涌上街头。我原本想，或许我们的孩子也会是某个年轻的瑞典女孩，站出来怒喷成年人的不作为和不公正。不过这是不可能的，因为我和我老婆都不是瑞典人，也不住在瑞典。同时，正如我所说，我们现在有了一个男孩（我们需要一段时间来消化这个消息）。但是，我依然想知道他——我的儿子，会长成一个什么样的青少年。我想知道他是否会和朋友们一起上街游行。我意识到我这个年纪的人过去过得很轻松，成长在一个似乎与绝望和糟糕绝缘的时代。我只记得我曾担心爹妈是否会同意让我去威尼斯来一场说走就走的旅行，但现在的青少年甚至得担心威尼斯是否还能存在。我不想把一个生命带入一个其一生都得焦虑和担心地球生存状况的世界。

那天晚些时候，当"准爸爸"的角色下线，气候研究员的自己上身后，我发现自己亟须搞清楚这样一个问题："生男娃对地球到底是好是坏？"这也是我头一次思考这个问题。总体来说，生男娃可能会让气候变得更糟，因为考虑到在迄今为止的气候恶化过程中，始终是男性在掌权。我上网简单搜索了一项针对瑞典单身人士的研究，结果显示，男性平均排放的温室气体比女性多16％，尽管我确信，排放量在更大程度上取决于孩子父母的收入、生活方式等因素。但是，我娃注定将成为英国人。无论是从历史还是从环境的角度来看，英国人的口碑可是出了名的差。

要是从这一点上说，我不仅要有娃，还是一个英国男娃这件事对地球来说，实在是最糟糕不过了。此时此刻，我身上的苏格兰人 DNA 仿佛都要起来抗争了。

不过，我很快就丢掉了这些愚蠢的想法，"准爸爸"马特回到了房间，首次点开了一个"催眠分娩"（hypnobirthing）视频。这里需要先向不太熟悉这个词的人解释一下，这不是要我在老婆面前晃动怀表。这只是一个帮助应对和进行积极分娩的辅助技术，本质上是关于如何在保持情绪稳定的条件下让更多氧气进入子宫，加快分娩过程，减少分娩痛苦。这个视频其实讲得很在理。所以，我们开始照着一个在线课程学习呼吸吐纳之术、保持积极态度，以及我作为老婆的生育伴侣，为确保一切平稳和头脑冷静而应做的其他一些事项。

还有个消息是，有人愿意接盘我们的上一处房子。幸运的是，这发生在疫情封锁之前。几个星期以来，我们一直在寻找新家，而且越找离伦敦越远，只有这样才能找到一处真正能让三口之家同住的房子，而不是一个集装箱。最后，我们在一条古色古香的街道上看到了一个心仪之所，附近还有公园和乡间小径。它会成为一个美好的家庭乐园。你问是什么让我们下定了决心？因为沿路有一栋房子，窗户上挂着它的一个微型模型，房型、格局、细节都一样，只是等比例缩小了。在这个缩小的房屋模型的窗户上，还挂着这个微缩模型的微缩模型……当然，还有一些其他原因。那时我们就知道这条街与我们很合拍。

不管怎么说，我在过去的几个星期里总是焦躁不安，不知道搬家是否能够成行。因为当时的经济运行几近停滞，也没有人能离家上班。事后看来，对于所有生活服务类的工种来说，这显然不是个好年头。我压力山大。

对了，我还研究了抵消生一个娃带来气候变化所需要的数字，这又让我回到了先前那个关于生娃对气候影响的研究上来。[1]生娃引发碳排放量的最主流估算数约是每年 58.6 吨，这个数字被报纸和文章反复提及。这大约是我一年排放量的 8 倍，因为这是基于你娃、你娃的娃们、你娃的娃们的娃们等所计算出的排放量。① 另外，这个数字只是基于父母一方算出来的。不用说，光凭你自己的努力是不可能抵消这些量的。我计算过，如果我想生一个实现碳中和的娃，我需要说服我最亲密的 7 个朋友和我永远住在森林里，或者需要从现在开始每年弄死约 100 只狗。如果是那些天天叫个不停的小型犬，那就大约得 200 只。我能有足够的责任心和时间来付诸行动吗？毕竟差不多每两天就得搞死一只。而且我又该如何实践呢？我想应该做到动一次手，搞死更多狗，从而尽可能提升产出比。但可以肯定的是，如果当地有数百只狗同时失踪，那实在无法不叫人起疑。我需要更深入地思考这个问题，也许可以试着编写一串代码来实现耗时最小化和灭杀最大化。

或者我也可以试着说服更多人改用清洁能源？

算了，还是灭犬听着靠谱些。

---

① 从技术层面上看，每个父母都要对一个孩子的一半排放量负责，对孙子的 1/4 负责，以此类推。未来的每一代人预计都会有两个孩子。总额则以年为单位进行计算。——原书注

9

这鬼天气到底咋回事?

在本章节，我们会聊聊那些灾难片里的玩意：大火、飓风、洪水。这些都可以叫作极端天气，但又不像某些被瘾君子称作"极限"运动的玩意那么酷。上述几种算是我们人类相对了解的气候威胁，因为它们光听上去就很可怕，而且起势极快。比如，一场燎原野火可怕到能让人直接感觉生命受到了威胁，但是海平面上升整体就像一个悬崖在几十年里被慢慢侵蚀的过程，一天天的变化几乎很难被注意到。这有点像是抽烟几十年后要了你的命和烟头掉落烧毁房屋之间的感受差异。

洪　水

一个更热的星球意味着更多的洪水。我知道这听起来有点矛盾，但温暖的空气会导致更多的地表水蒸发，从而空气中会含有

更多的水分。这就意味着下雨时会有更多水，也意味着会有更多
下大雨的机会。总之，主打一个祸不单行。于是，强降雨的天数
增加，山洪概率提升，绝对会被淋成落汤鸡。气温每上升 1 ℃，
大气中的水分就会增加 6％—7％。[①1] 那些在高湿度环境下难以打
理发型的人可能已经受够了这一切，但是我担心事态只会变得更
糟。简单算算就知道，如果地球真的变暖 3 ℃，空气中的水分就
会增加 1/5 以上。

　　大部分降水会落在已经很湿润的地区。现在，区域降水趋势
已经出现清晰变化，在过去的一个世纪里，美国各地的雨雪量增
加了 5％。[2] 在过去的 35 年里，欧洲的洪涝灾害增加了一倍。[3] 2021
年 7 月，德国和比利时遭遇了毁灭性的洪灾。据估测，受气候变
化影响，暴雨云团的移动速度变慢，从而加剧了当地遭遇此类极
端事件的风险。[4] 同样因为上述原因，这些洪水的强度增加了
3％—19％，类似事件发生的可能性增加了 9 倍。[5] 威尼斯现在都
快和洪水画等号了。我觉得威尼斯很快就会通过一项法律，规定
所有游客在离开时都需要带走一些水。

　　季风由陆地和海洋的温差驱动。全球有四成人口生活在有季
风季节的地区，如今季风季节的特征越来越明显。[6] 2010 年，巴基
斯坦的一场暴雨致使 400 万人无家可归。2020 年，洪灾奇袭肯尼
亚，导致 4 万人流离失所。我和老婆上次度假是在 2018 年，当
时我们曾在日本一个叫热海（Atami）的地方度过了一上午。
2021 年 7 月的头三天，热海的降雨量超过了正常情况下整个月的
降雨量，然后，毁灭性的山体滑坡接踵而至，导致两人丧命。就
在我写这段文字的时候，又有 20 人被报道失踪。[7] 这里的重点在
于，随着降雨态势越发多变，我们越发难以从前一个年份推测接

---

　　①　重要提示：投资雨伞行业吧。——原书注

下来年份的降雨量。基本上，任何干的东西都会升值——饼干、理查德·艾欧阿德（Richard Ayoade）①的幽默感、你妈的圣诞火鸡。

2020 年，英国经历了史上最"湿"的 2 月，降雨量达到过往平均水平的 237%。同年的 10 月 3 日则是有记录以来最"湿"的一天，日降水量足以填满整个尼斯湖（Loch Ness）。[8] 我知道你可能对尼斯湖的大小没有很直观的感受，但它大到足以让我们疑惑里面到底有没有恐龙在游动。如今，英国冬季出现长时间极端降雨的可能性增加了 7 倍。2015 年，德斯蒙德风暴（Storm Desmond，由于气候变化，其发生的可能性增加了 59%）[9] 在坎布里亚郡（Cumbria）创下了 24 小时约 340 毫米的空前降雨量。[10]

在今天的英国，大约有 180 万人生活在洪水侵袭概率极高的地区。到本世纪中叶，假设全球变暖 2℃，上述人数将增加到 260 万；如果变暖 4℃，随着海平面上升和极端降雨导致的河流水量激增，数字将进一步增至 330 万。[11] 由于扁平足的关系，长筒靴对我很不友好，所以上述情况最好不要发生。至于我的家乡格拉斯哥，届时将变成欧洲遭受洪水威胁最严重的城市之一[12]，没有城市想进入这种另类的十佳榜单。但倘若真沦落至此，当地湿湿湿乐队（Wet Wet Wet）怕是要在名字里再加几个"Wet"。

毫无疑问，其他人为因素也助长了洪水肆虐。人们围绕水生态系统建镇造城，水生态系统也因此受到破坏。砍伐森林导致防

---

①　理查德·艾欧阿德，又译为"理查德·阿约德""理查德·阿尤阿德"，英国喜剧演员、电视节目主持人和导演，他最知名的角色为英剧《IT 狂人》（*The IT Crowd*）中的莫里斯·莫斯（Maurice Moss）。他导演的电影有《潜水艇》（*Submarine*）和《双重人格》（*The Double*）。——译者注

止洪水和山体滑坡的天然屏障越来越少，原本这些屏障可以让土壤有效吸收降雨。因此，很难区分到底哪种洪灾是气候变化所致，哪种不是，因为我们在过去一个世纪已经建造了如此多的建筑设施。不过有一点十分明确，各国需要在防洪方面投更多钱，多到超出其现有防洪系统的预测范围。如果不这么做的话，那就只能选择造一艘挪亚方舟。这似乎是一个简单些的法子，不过你还得费劲把那些棘手的野生动物都搞到船上去。

英国每年因洪水造成的损失已达 10 亿英镑。此外，还有件正常人都觉得再明显不过的事情：在高风险的洪泛区造新房不是明智之举。然而，在过去的几年里，英格兰在洪泛平原上建造的新房数量翻了一番，也就是说，整个英格兰有 1/10 的新房子造在高危地区。[13] 我甚至已经无力吐槽这种智商欠费的举动究竟可以在降智排行榜上名列第几。

有句话我自己都未曾预料会有机会写出来，但是在 2018 年，为了对抗英国的洪水，迈克尔·戈夫（Michael Gove）在迪恩森林（Forest of Dean）放生了两只欧亚海狸。我想说的是，这可不是他靠自己就能做到的——他当时毕竟是环境大臣，总不会在暗网上花一千美刀搞两只活的海狸吧。总之，在英国灭绝 400 年后，海狸又被放回野外进行试验。官方希望它们能够建起水坝，要是成功了，那么官方推出的应对洪水政策包里将会新增一项：戈夫在全国的河流里跋涉，往上、中、下游各丢一些海狸。不知怎的，我觉得戈夫脚蹬长筒雨靴，腋下各夹一只龅牙啮齿动物的形象会久久在我的梦中萦绕。

火　环

野火有一点《圣经·旧约》中"神怒"的 feel。因此，它们很容易变成气候变化影响的"代言人"（poster boy），尤其是当它们影响到西方城市和国家时。另外，火灾比洪水更适合摆拍，因为它们自带打光效果。

但其实无论是过去还是现在，野火从未销声匿迹。以前地球表面覆盖有更多的森林，野火导致的碳排放量也更高——但如今，这种碳排放量的减少却被森林砍伐的负面效应给抵消了。[14]除了气候变暖，还有其他人为因素也加剧了这一现象。从实际效果来看，有些自然燃烧其实是一件好事，因为它有利于某些生态系统，还能帮助清除废弃物。然而，在 20 世纪，由于人类社会在扑灭小火灾方面做得过于优秀，森林管理安全运动太有奇效，以至于大量易燃燃料越积越多。于是当大火烧起来，它们总是会来得很猛烈。[①] 整体来看，能发挥正向作用的自然燃烧现象已经减少很多。（这并不是号召纵火犯采取行动，所以请不要在被警察铐上的时候说你要"依靠马特博士赢得辩护"。）所以，易燃物的积聚比本应有的要多。此外，越来越多的人搬到风景如画的好地方，导致这些地方实际变成一个新的"地狱圈"。[15]

最要命的是，在热浪、干旱甚至洪水的共同作用下，这些火灾现在蔓延得更快更远，"火"季比人类以前经历的要更长。气温升高导致土壤干燥，全球 1/4 地区的"火"季都随之变长。[16] 野

---

① 对不起，我刚把那句话念了一遍。我道歉，希望我妈妈永远不要读到这里。——原书注

火会以各种方式影响我们,最直接的就是活活烧死你。除此之外,也可以让你的财产化为灰烬,让野生动物"狗带",让栖息地变成焦土,以及造成极度有害健康的烟雾吸入和空气污染,尤其是对人类的幼崽。野火还会增加洪水的风险,因为大火烧焦了地面,使其吸收降雨的能力大打折扣。

近来最严重的野火事件发生在澳大利亚,2019年是澳大利亚有记录以来最热的一年,年底的一场森林大火更是烧到了2020年。全世界都目睹了可怕的景象,10亿只动物被肆虐的大火烧死,绝望的考拉和袋鼠的照片频现新闻和社交媒体。由于气候变化,这些森林大火发生的可能性至少增加了30%。[17]森林大火产生的烟云进入了平流层,比以前出现在地球的任何东西都要大三倍。[18]

我一直试图用更幽默的方式来讲述这个沉重的话题,但是收效甚微。在我几乎快要放弃的时候,一家叫作"极客情趣铺"(Geeky Sex Toys)的公司正在出售一款"澳洲主题假棒棒",以筹集救灾资金。这玩意可不仅仅是塑料做的寻常之物:它拥有澳大利亚国家代表色同款的金绿配色;底部做成了澳大利亚地图的形状;主体的棒棒上还画了一只可爱的小考拉。为欲行好事的想法赋予了崭新的含义,给人一种不可描述的温暖、模糊的"内在"感受。

在美国,遭受野火焚掠的区域在过去35年里一直在增加。[19]没有哪个地方比加利福尼亚更能反映地球变暖的严峻现实和鲜明对比。就燃烧面积而言,加州史上最大的七场火灾都发生在2017年之后。我们都听说过洛杉矶的名流们受这些火灾影响的消息:2018年,金·卡戴珊(Kim Kardashian)和侃爷(Kanye West)雇用了私人消防员来保护豪宅,这让人看到了未来严峻的不平等景象。同年，麦莉·赛勒斯（Miley Cyrus）和苏格兰演员杰拉德·巴特勒（Gerard Butler）位于马里布（Malibu）的家宅都在伍尔西大火（Woolsey Fire）中部分被毁，大火连续燃烧了 13 天。[①]如果杰拉德继续拍电影，几乎可以肯定的是，在他即将退休的时候，他已经断断续续做了 20 年的消防员了。[②] 由于气候变化，加州在未来还将遭遇更多的极端火灾。[20]

　　松树和云杉树皮甲虫正在北美森林中肆虐，啃死了数百棵树，导致这些木头更加易燃。这种虫群的侵扰本质上还得是全球变暖的"锅"，因为天变热了，虫子在冬天不那么容易被冻死。西伯利亚和阿拉斯加的北极野火规模也越来越大。这些火灾直接影响的人口数量相对有限，但它们会融化冰雪，冰雪少了，能反射的光也会减少，由此产生的反射率效应会进一步加速地区气候变暖。此外，许多火灾发生在泥炭地和永久冻土，这意味着它们可能释放出大量古老的、储存着的碳，形成所谓的"僵尸火"（zombie fires）。

风　暴

　　飓风、台风，这些玩意就像以同名角色为主的《X 战警》系列电影一样，正让人越来越糟心。飓风和台风的强度与海洋表面

---

　　① 杰拉德是我的佩斯利（Paisley）老乡。佩斯利曾参加 2021 年英国文化之城的竞选，但输给了考文垂（Coventry）。这有点像我参加奥斯卡角逐却输给了杰拉德那样。佩斯利在不久的将来不太可能发生野火。杰拉德仍然会选择住在加州，尽管那里很容易发生野火。——原书注

　　② 鉴于杰拉德主演过许多灾难片，作者此处可能是一语双关，一方面指他可能会在电影里饰演更多类似于消防员的角色；另一方面，因为他住在加州，可能会遭遇更多的野火，所以要给自己的房子灭火。——译者注

温度有关，而海洋表面温度又正在变暖。要想形成飓风，海洋表面温度必须超过 26 ℃。等到 2050 年由乔治·克鲁尼（George Clooney）复活出演的电影《二十六罗汉》（*Ocean's 26*）[①] 上映时，飓风将会更常见到。

然而，当风暴摊上气候变化，问题就变得愈发棘手了。还有许多其他因素，比如风切变（wind shear）[②]，也会影响热带气旋的形成。直到 1970 年代，我们才真正能准确捕捉它们的踪迹，因为那时有了卫星。

那还是让科学来说话吧。光从观测数据来看，飓风并没有比以前多。尽管在 2020 年，大西洋的大风暴数量达到了创纪录的 29 次（仅仅是大西洋一地）。[21] 也许未来整体趋势将会发生变化，又或许不会。稍微有点跑题，要点在于——我们非常确定最强飓风的强度正在提升，就像丹尼尔·戴·刘易斯（Daniel Day Lewis）的演艺生涯那样[③]。[22] 海洋变暖意味着飓风源地可以为飓风提供更多能量，从而导致更多降雨。[23] 飓风仿佛是在喝海洋的"奶昔"（这可以为刘易斯的粉丝提供参考）。因此，为数不多的登陆飓风将造成更大的破坏。这些风暴还有一个可怕的属性，就是随着风速的增加，破坏力会倍数级上涨。因此，当 120 公里/小时

---

①　此处的"梗"对应克鲁尼主演的电影《十一罗汉》《十二罗汉》《十三罗汉》，主要讲述盗贼集团在全球各地实施盗窃的故事。——译者注

②　风切变是一种大气现象，指在非常短的距离内发生的风速和方向的急剧变化。——译者注

③　丹尼尔·戴·刘易斯，1957 年出生于英国伦敦，英国、爱尔兰双国籍演员。1989 年凭《我的左脚》（*My Left Foot*）、2008 年凭《血色将至》（*There Will Be Blood*）、2013 年凭《林肯》（*Lincoln*）三度获得奥斯卡金像奖最佳男主角，2002 年凭《纽约黑帮》（*Gangs of New York*）、2017 年凭《魅影缝匠》（*Phantom Thread*）获得奥斯卡金像奖最佳男主角提名，是演艺生涯晚期屡创高峰的代表。——译者注

的飓风提速至 241 公里/小时，其破坏性可以增加 256 倍。[24]

我喜欢飓风就像我喜欢咖啡那样，不过仅限于 3 级或以下。但现在强热带气旋①，比如 4 级和 5 级的比例有所增加。[25] 气候变化仿佛是飓风特供的类固醇：它会因此变得更强，变成喜怒无常、自大妄为的混球。从追踪数据来看，它们的移动速度似乎正在放缓。但是，这种减速反而增强了破坏力，因为它们会在过境之处倾泻更多雨水。

2017 年，飓风"哈维"（Harvey）袭击了得克萨斯州的大都市区，带来的降雨量是美国史上之最。它破坏了 30 万幢建筑物和 50 万辆机动车，107 人因它丧命。《美国国家科学院院刊》（*Proceedings of the National Academy of Sciences of the United States of America*，*PNAS*）的一篇文章将休斯敦的降雨状况描述为具有圣经意义。从某种意义上说，这种程度的降雨两千年一遇，因此自《圣经·新约》以来，确实可以有机会发生一次。[26]（是的，你读对了《美国国家科学院院刊》这份杂志的首字母缩略词。现在，不管你脑子里想的是什么不可描述的双关语②，只要记住，当涉及科学和探索新领域时，*PNAS* 随时准备着。）这些风暴对经济和社会造成了巨大破坏。据估测，"哈维"总计造成了价值 1250 亿美元的损失，主要来自洪水。

在世界上的其他国家，风暴造成的影响完全可以说是摧毁性

———————

① 作者此处使用的热带气旋等级应为英制。根据中华人民共和国国家质量监督检验检疫总局、中国国家标准化管理委员会发布的国家标准《热带气旋等级》（GB/T 19201—2006），热带气旋以其底层中心附近最大平均风速为标准划分为六个等级：超强台风（Super TY）、强台风（STY）、台风（TY）、强热带风暴（STS）、热带风暴（TS）、热带低压（TD）。——译者注
② "*PNAS*"的发音与男性性器官单词"Penis"的发音很接近。——译者注

第一部分　我们应该作出改变吗？　079

的，尤其是在孟加拉湾（Bay of Bengal）。2008 年，热带气旋"纳尔吉斯"（Nargis）在缅甸导致 13 万人死亡，3 米高的风暴潮席卷内陆 40 公里。2020 年，热带气旋"安潘"（Amphan）裹挟着时速 190 公里的大风奇袭印度，造成 130 亿美元的损失，而热带气旋"加蒂"（Gati）在短短两天内给索马里带来了两年的降雨量，数不尽的财产被洪水淹没，人们的生计岌岌可危。[27] 当前，选择定居沿海地区的人口数量正持续攀升，哪怕这些地区是风暴易发区。这些人还将面临海平面上升的问题。而海平面上升刚好又让风暴潮的"起点"更高，从而导致内陆面临更大的洪灾风险。

气候：妙探寻凶

当洪灾或野火发生时，一个问题常被提起："这是全球变暖引起的吗？"我的答案是：全球变暖（或气候变化）并不必然导致上述事件的发生，但会增加发生的概率。这里涉及一个叫作"归因分析"（attribution analysis）的新领域，在这个领域里，科学家们计算全球变暖是如何与单一事件的发生联系起来的。也就是说，气候变化是否在现场留下了"指纹"？或者，如果他们使用了《犯罪现场调查》（CSI）中的紫外线灯（blacklights），那么气候变化的足迹是否到处都是？从本质上说，科学家们会在排除考虑气候变化影响的情况下运行气候模型，然后在纳入气候变化影响的情况下再次运行，并观察结果差异，从而了解气候变化是否大大提高了某事件发生的可能性。世界天气归因小组（World Weather Attribution）搞了不少类似的归因研究。[28]

我们能够从中确定的一个事实是，如果排除人类的影响，像洪水这样的单一事件可能每 200 年才发生一次，但现在，随着全球变暖，它可能每 20 年就会来一次。因此，气候变化使得"水深火热"发生的概率增加了十倍。在某些情况下，气候变暖对极端天气事件的发生并没有显著影响。然而，在有些情况下，我们非常肯定，如果没有人类的影响，一些事件根本不会发生，比如2020 年的西伯利亚热浪，正是由于气候变化，其发生的可能性至少增加了 600 倍，而最有可能的数字则是 8 万倍。[29]

　　总之，气候变化正在使许多原本就吓人的事件变得更加骇人——这对任何人都没有好处，除了好莱坞灾难片的制片人。我不知道是否还能表达得更简洁些：这些事件将会给无数人造成影响终身的损失。

10

世界何日完结?

本章主要讨论气候变化可能诱发的更剧烈（尽管概率更小）的大事件。未知尽头的变暖可能会导致地球当前状态发生突变和剧变——就像电影《后天》（*The Day After Tomorrow*）的剧情：洋流突然静止，整个地球变成一个滑雪村，诸如此类。虽然这部丹尼斯·奎德（Dennis Quaid）主演的电影[①]有些夸张，但这一切并非完全是一种脑洞。

老实说，我写本章的小私心是想证明更多（灾难片）电影画面的合理性，这意味着我有望搭上奈飞的圈钱快车。在这里，我

---

① 虽然把我们自己缩小可能是解决气候问题的一个办法，就像奎德在名作《惊异大奇航》（*Innerspace*）中做的那样。——原书注

丹尼斯·奎德，美国演员、导演，主要影视代表作有《后天》、《惊异大奇航》、《天启四骑士》（*The Horsemen*）等。《惊异大奇航》讲述了男主角自愿参加一项试验，人被缩小后驾驶一座被缩小成水滴的实验舱进入兔子体内的故事。——译者注

将讨论其中的一些关键点，一旦越过这些点，可能就会引发剧烈的星球级别的"变化"（shift），并创造出一种不可逆的地球新状态。对我们来说，这种新状态可不是好消息，这相当于地球母亲给自己整了一个光头，而且还在刚刚剃光的头皮上文了一个"万"字标志（swastika）。

引爆点

我们把这些"变化"叫作"引爆点"（tipping points）[①]，这个词的严肃性在某种程度上被本·谢泼德（Ben Shepherd）主持的欢乐的英国日间同名电视游戏节目给削弱了。老实说，这个节目名在一开始甚至不够"抓马"吸睛：它应该类似于"下一站：该死的城市，居民：我们"这样的表达效果。但话又说回来，要是这个短语真的变成常用语，我就得接受主持人这么说："大家好，欢迎来到新一期的 ITV 游戏节目——'下一站：该死的城市，居民：我们'，我是你们的主持人——本·谢泼德。"

当我们讨论气候影响的时候，可能会习惯性地认为：排放量每增加一倍，危害也会增加一倍，情况会成比例地变得更糟，比如前面章节所讨论的，洪水更严重，火灾更严重巴拉巴拉。虽然有些方面确实存在这样直接的线性关系，就像《老友记》（Friends）里的莫妮卡和钱德勒（Monica and Chandler），但其他方面要复杂得多，就像罗斯和瑞秋（Ross and Rachel），或者像年轻人和《老友记》这部经典情景喜剧之间的关系。事实上，在这

[①] 这个概念是通过马尔科姆·格拉德威尔（Malcolm Gladwell）的《引爆点》（*Tipping Point*）一书进入流行文化的。——原书注

件事情上，确实存在所谓的"正反馈"（positive feedback）。正反馈，字面来看应该是个好词，但是很遗憾，这个短语的真正意思是："干得漂亮，你彻底、不可逆转地让人类陷入万劫不复，数百万人都会遭受数千年的无尽痛苦"，配上让-卢克·皮卡德舰长（Captain Jean-Luc Picard）[①] 讽刺地拍手的动图更是效果拔群。

　　无论从哪方面来看，这种正反馈效应都很难说是"正面的"。这种效应不仅能够自我强化，并且可以加剧其他更多类似的现象。它们会导致指数级的连锁反应，甚至是不可逆的阈值事件，让我们光速从一种状态被动切换到另一种状态。这有点像是你推翻一头奶牛所引发的血案：起初你推啊推，一段时间内似乎没太大动静，但最终在某一刻，奶牛完全被推倒，然后滚进了沟壑里。最后其他牛发现了它，牛群围着它们已经挂了的朋友，但是这头叫黛西（Daisy）[②] 的奶牛没有任何反应。"为什么黛西没有反应？"其他牛苦思冥想。于是，一天又一天，它们一边想，一边看着亲爱的朋友被鸟啄得四分五裂，它们的精神因此受到了创伤，于是不再产奶。农夫对此完全摸不着头脑，最后一贫如洗。这一切，都是因为你想看看推倒奶牛究竟会有什么后果。

　　我们还可以换一个比方，把引爆点想象成你在玩叠叠乐游戏

　　[①] 皮卡德舰长是《星际迷航》（*Star Trek*）系列的主角之一，由英国话剧演员帕特里克·斯图尔特（Patrick Stewart）扮演，其知名角色有《X战警》（*X-MEN*）系列的X教授。——译者注

　　[②] 此处作者使用"黛西"一名，可能来源国际动物权利组织（LCA）与知名导演达斯汀·布朗（Dustin Brown）推出的动画短片《超级奶牛》（*Super Cow*），该片讲述了奶牛黛西勇敢逃离屠宰场的故事。影片旨在让更多人了解每年因肉类和乳制品行业会丧生数百万的动物。——译者注

(game of Jenga)^① 时经常作出的选择。现在，让我们来看看其中的一些"正反馈"。

又是该死的冰盖

首先，如果气温到达一个所有冰都会融化的点会发生什么？圣诞老人当然会沦为气候难民，但这真的有可能发生吗？好消息是，世界上最大的一块冰盖——东南极冰盖（East Antarctica）暂时不打算离家出走。假设它真化了，全球海平面将上升 65 米。[1]不过，它大约形成于 3500 万年前，即使在地球比现在热得多的时候也保持稳定。哦，坏消息是，小些的冰块，比如西南极洲（West Antarctica）和格陵兰岛的冰盖，可能仍会在某个未知时刻与我们说拜拜。它们可能会融化到足以完全坍塌的地步，这将使全球海平面上升大约 6—7 米，那是三个彼得·克劳奇（Peter Crouch）^② 的身高。^③ 全球海平面上升意味着你要对曼谷、曼哈顿

---

① 也叫叠叠木、层层叠、叠叠高，是一种经典的木制益智积木玩具游戏。基本玩法是：将木块三根为一层，交错叠高成塔状，然后根据制定好的规则，抽取相关颜色或某层的木块，抽出的木块要放在木塔的顶层，在过程中木塔倒塌则算输。该游戏的一大乐趣在于想方设法给下一个玩家（也有可能是自己）挖坑。——译者注

② 彼得·克劳奇，前英格兰国脚，是高中锋的代表（身高 2.01 米），先后效力过利物浦、朴次茅斯、热刺、斯托克城、伯恩利等球队。——译者注

③ 或者四个达斯·维达（Darth Vader），如果你站帝国军的话。——原书注

和上海说拜拜，而且也不用老是在肖尔迪奇区（Shoreditch）[①] 倒腾那些奇奇怪怪的海滩酒吧了。

　　这些冰盖崩塌的可能性有多大？老实说，我们目前还不确定，但是需要密切关注。对于格陵兰岛来说，1—4 ℃的变暖就将创造出很有可能最终引发崩溃的"引爆点"。[2] 不过，最终崩盘毕竟还需时日——至少得一千年或更长，冰盖才会完全消失。（手动@奈飞：这听起来可能很慢，但我们可以用某种延时 CGI 动画和砰砰作响的电子乐来演示一下。）如果不立即作出改变，我们将留给子孙一个截然不同的世界：这个世界将比今天更像一个噩梦般的水上乐园。[3] 如果光从数据上看，格陵兰岛冰盖 2019 年的融水量就足以让整个加州浸泡在深约 1.2 米的水中。但是谢天谢地，现实中的加州还没被淹没。这就是下面一节存在的原因。

环流奔涌

　　其次，《后天》整个故事（在剧情走向超现实之前）基于这样一个真实存在的前提——大西洋经向翻转环流（AMOC）[②] 的停滞。我们或许不曾注意过它，但是每一天，这玩意都在帮助我

---

　　① 肖尔迪奇区是东伦敦的代表性区域，是英国著名的时尚潮流地，有大量的艺术人士以及时尚、创意产业在这里扎根。肖尔迪奇区还是许多伦敦流行发型的发源地，比如贝克汉姆的"莫西干头"（Mohawk）。——译者注

　　② 大西洋经向翻转环流被称为"大洋传送带"，是地球气候系统的一个重要调节系统，"经向"即南北方向，它主要是将表层的温暖海水、热量、盐分、营养物质等从赤道附近运往高纬度地区，并在那里冷却、下沉，将较冷的海水从深海运回赤道地区。这种流动有助于分配能量和热量，并调节全球变暖的影响，直接影响人类生活的气候条件。——译者注

们控制全球气候。洋流通过数不尽的海水在地球上转移着很多很多热量，多到相当于一万个核电站所能产生的能量。[4]

这种热量转移维系着全球气候系统的稳态，确保地球能量的平衡，我们正是在这颗稳定的星球上建立了人类社会。（还好，我们没有把社会建立在任何不稳定的事物上——比如股市。）但是，融冰可能带来连锁反应，它会放慢乃至截断深海环流和墨西哥湾流。为什么说这会构成一个问题？稠密、凉爽、咸咸的海水本应从墨西哥湾出发，最终在北大西洋下沉。但是，随着格陵兰岛融化产生的更多淡水与大西洋经向翻转环流混合，循环中的洋流变得更轻，下沉能力也随之变弱。

这种变化减缓了翻转环流的循环速度，并有可能最终导致完全停流。此时，墨西哥湾流将无法向欧陆输送暖和的空气，[5]这会让欧洲陷入更寒冷的冬天。苏格兰将变得更像同一纬度的其他地区，比如阿拉斯加。热带降雨也将发生变化，北大西洋的海平面将上升半米（这是其他气候变化导致海平面上升的最大值）。在英国种地或许也会成为不可能的任务。[6]研究表明，翻转环流循环已经减弱了15％。这很要命，即使你在内心宽慰自己："不怕不怕，反正我不打算搞任何农活。"

火　冰

再者，在地下深处存在着一种冰冻着的恐怖物体——泡沫。永久冻土和海底都存在危险的甲烷水合物（methane clathrates，又称"可燃冰"）。我觉得"甲烷水合物"听起来像是《神秘博士》（*Doctor Who*）^①里的二线反派，为了让这个反派的威胁更加可感，我决定还是使用它们的昵称——"火冰"（fire ice）。从本质上讲，火冰是腐烂有机物产生的甲烷气泡，在低温和高压下呈现固态。永久冻土（地球变暖速度最快的地方）融化以及海洋变暖可能会释放原先被困在地下的火冰，一旦这些气泡恢复活力并进入大气，将会造成无法估量的危害。

这就像电影《越空狂龙》（*Demolition Man*）、《加州人》（*California Man*）^②，或者其他 20 世纪 90 年代的电影，都有一个人被冷冻解冻。只是这次被解冻的并不是西尔维斯特·史泰龙（Sylvester Stallone）或《加州人》里的那个人^③，而是一个有着 1400 亿吨潜在碳储存的地方——北极。[7]更多的甲烷意味着更多的气候变暖、更多的冰雪融化，还意味着又会释放出更多的甲烷。所以，这个想法不仅有可能拍续集，而且还能拍成系列，像是《木乃伊》一样永无止境的系列。^④

目前看来，海洋火冰在近期内复活的可能性不大，但是融化中的永久冻土里的那些却很有可能。永久冻土储存的碳几乎是目

---

①　《神秘博士》是由英国 BBC 出品的一部科幻电视剧，1963 年首播，讲述了一位自称为"博士"（The Doctor）的时间领主乘坐时间机器"塔迪斯"（TARDIS）探索宇宙，并与搭档一起惩恶扬善、拯救文明、帮助弱小的故事。该剧被《吉尼斯世界纪录大全》列为"世界上最长的科幻电视系列剧"，也被列入有史以来"最成功"的科幻电视系列剧。——译者注

②　即电影《沉睡野人》（*Encino Man*），该片在欧洲上映时改为《加州人》。——译者注

③　我记不清那个人的名字了，但他和亚当·桑德勒（Adam Sandler）、史蒂夫·布西密（Steve Buscemi）一起出演了电影《摇滚总动员》（*Airheads*）。我和弟弟在 1990 年代初曾经一起从百视达（Blockbuster）租录像带看过。——原书注

④　那个男人也在《木乃伊》中出演，你知道我说的是谁了吧！——原书注

前大气碳含量的两倍。[8] 政府间气候变化专门委员会指出，根据当前气候变暖的趋势来看，3 米深永久冻土覆盖的土地面积可能会在本世纪内缩小 37% 至 81%。[9] 据估计，升温 3℃导致永久冻土融化所释放出的碳，足以使地球升温 0.5℃。[10]

森林退化

最后是亚马孙雨林的退化问题（dieback）[①]。请注意，这并不是某家流媒体巨头制作的布鲁斯·威利斯（Bruce Willis）新片。事实上，它是一类事件的统称，指的是过度升温形成的旱季延长导致亚马孙雨林逐步干涸，最终退化为热带草原。[②] 亚马孙地区有着超过 3900 亿棵树木，其吸收的二氧化碳总量占全球树木捕获总量的 1/4。[11] 因此，它被誉为"世界之肺"，但好巧不巧，这个肺似乎一天得抽两包烟。

叫人担忧的是，更长的旱季会导致更严重的火灾，接着这些地区也会退化为干燥的草原。草原能储存的碳要少得多，这种要命的退化简直堪称气候的缙绅化（gentrification）[③]。更不必说亚马

---

① "dieback"在专业术语里解释为顶梢枯死，指植物由于病害、干旱或其他环境因素而开始枯死的过程。结合英美报刊、常见研究的具体语境，经常引申译为"退化"，考虑到本书科普读物的特质，故译为"退化"。——译者注

② 小贴士：可以看看《森林泰山》（*George of the Jungle*），那个男人是这部电影的男主。——原书注

③ "gentrification"也译为中产阶层化或贵族化，是城市化过程中可能出现的一种现象。彼得·莫斯科维茨（Peter Moskowitz）在其代表作《杀死一座城市》（*How To Kill a City*）中将这种现象描述为：房租不断上涨、连锁品牌入驻、熟悉的面孔越来越少、在地文化逐渐消失；重建后旧社区的地价及租金上升，吸引高收入人群迁入，使得原有的低收入者不得不迁往条件相对较差、生活成本较低的地区生活。——译者注

孙地区还生活着土著居民和数千种物种。2021年，巴西科学家的一项研究发现，亚马孙地区现在的碳排放量已经超过了其吸收量。[12] 好吧，这也见怪不怪了。

北半球的森林也受到了类似的影响。这些森林主要分布在加拿大和俄罗斯的高纬度寒带地区，面积接近欧洲。通常情况下，这些森林将碳储存在树干和土壤里。我想，你从头开始读到这里，大概也能猜到接下来的剧情，不是吗？气温升高—野火增多—碳排放增多，然后再来一遍，如此往复于一个愚蠢但又无解的循环。森林本该是我们最好用的碳海绵之一，但现在它的状态越来越糟，就像你水斗里用久了的那块。如果没有它，我们就会失去一种储存碳的重要手段。

这些引爆点并不必然会爆，因为它们本身就充满高度不确定性。但我们知道它们可能会爆，可能会造成巨大危险就意味着我们必须确保它们永远不会真的发生。如今，我们给地球施加的压力大过历史上的任何时期。如果上文列举的这些引爆点以任何形式的组合同时起爆，我们很快就会看到灾难电影照进现实，那可不是一个人类可以简单适应的真实世界。这些引爆点也是我们得极力避免全球变暖达到临界点（超过2℃）的另一个主要原因。我们当下和未来十年所作的决定很可能决定世界的最终走向。相信我，你不会想看到引爆点真爆的。像《后天》这样的灾难片，只有当你是丹尼斯·奎德或杰克·吉伦哈尔（Jake Gyllenhaal）①

---

① 杰克·吉伦哈尔，美国男演员、制片人。代表作有《后天》、《断背山》（*Brokeback Mountain*）、《爱情与灵药》（*Love and Other Drugs*）、《源代码》（*Source Code*）、《夜行者》（*Nightcrawler*）等。——译者注

这样的主角时才会有个好结局。对我们路人来说，那是地狱。[①]

　　虽然世界暂时不会终结，但它还是可能会发生翻天覆地的变化。因此，如果让我给个建议，那就是绝不要触及这些引爆点。否则，这就是一场所有人都不得不玩的"气候叠叠乐"。这个名字也是我投稿给网飞的标题。虽然我也很乐意把它推荐给亚马逊，甚至可以用它命名一档新的 ITV 日间综艺秀。

---

　　① 即《神鬼愿望》（*Bedazzled*）里的那种地狱，该片主演是伊丽莎白·赫莉（Elizabeth Hurley），还有那个男人——布兰登·弗雷泽（Brendan Fraser）！——原书注

　　《神鬼愿望》是 2000 年上映的奇幻喜剧片，讲述了男主向女主扮演的恶魔交出自己的灵魂，以实现愿望的故事。——译者注

11

预产期

我吸入平静，呼出紧张

随时准备着。

过去我在听到"预产期"这个词的时候总是在想："哦，这说的是娃即将出生的时候。"但是，事实远非如此。[1] 没有人告诉我这个词实际上意味着长达个把月的出生窗口期。或者换种说法，虽说是"怀孕40周"，但实际上，这个"40周"的计时起点是真实发现受孕之前。所以，无论你认为自己准备得多么充分，在一切正式开始前你就已经不知不觉地失去了一段时间。

从某些方面来说，事态发展得太快，但这也很像《土拨鼠之

---

[1]　小贴士：这可以引申出一个关于生娃的主题。——原书注

日》（Groundhog Day）[①] 的剧情。现在我和老婆已经在新家住了
近两个月，谢天谢地，这次搬家至少打破了过去的单调生活，改
变了周遭环境，终于让我们开始"筑巢"。然而，我想说的是：
在一场流行病和热浪中，带着怀孕 32 周的老婆搬家并不容易。
我几乎扛下了所有重活，因为我们不想让陌生人进家门。我的一
位好友想帮忙租一辆小货车，但那个时候租车公司只剩一辆可
租。最后，他把一辆大到离谱的货车开到了我家门外，我们坐自
动升降机上上下下了大约一个小时，同时戴着飞行墨镜在上面摆
造型，假装我们在拍《壮志凌云》（Top Gun）[②]（尽管我不确定这
片子里到底有没有人拿过熨衣板）。此外，在离开上个住处前，
我还给后来人留了一个恶作剧，我在墙的不同高度处分别写下一
个虚构的孩子名字——布鲁斯特（Brewster），旁边还分别标上了
日期。看上去，这娃随着时间的推移变得越来越矮。这样一来，
他们可能会认为这房子之前住着本杰明·巴顿（Benjamin But-
ton）[③] 之类的奇人。即便为此损失一部分押金，我也会感到很
开心。

---

①　1993 年上映的奇幻片，是时间循环类主题的经典之作。影片主要讲
述了男主角在 2 月 2 日（美国传统里的土拨鼠日）这一天反复循环，最终找
到心爱之人并跳出循环的故事。作者借电影剧情来指代其妻子怀孕打破了过
往日复一日的生活。——译者注
②　汤姆·克鲁斯（Tom Cruise）主演的励志电影，1986 年上映。主要
讲述了男主角以飞行员父亲为偶像，几经沉沦，最终成为优秀飞行员的故
事。——译者注
③　出自布拉德·皮特（Brad Pitt）主演的奇幻爱情电影《本杰明·巴
顿奇事》（The Curious Case of Benjamin Button），2008 年上映。该片改编自
菲茨杰拉德（Francis Scott Key Fitzgerald）的同名小说，讲述了一出生便拥
有 80 岁老人形象的本杰明·巴顿，随着岁月推移逐渐变得年轻，最终回到
婴儿形态，并在苍老的恋人怀中离世的奇异但又温暖的故事。——译者注

新邻居非常热情，还有一些年轻夫妇和我们一起烧烤过。不过，这个地区似乎犯罪率很高，而且是与奶酪有关的犯罪，因为我们被邀请加入一个本地的 WhatsApp① 群，并被告知了臭名昭著的"牛奶悍匪"的故事：2020 年早些时候的一个早晨，一位车上被涂满奶油的法国女士按响了邻居家的门铃，她用颤抖的声音问是否有人看到了什么。一周后，这位邻居的车也被涂满了奶油。之后，又一位邻居的车的挡风玻璃上留下了"一张见鬼的奶酪切片包装纸"（群里的原话）。除此之外，这里算是一个相当平静的地区。

我们一直在为分娩做准备，并反复在线观摩催眠分娩课程。这门课很有启发性，在有干货的同时也有些可怕。我们真的学得十分投入，我老婆每天晚上都要练习呼吸技巧，并新建了一个分娩事项清单。后来，老婆说我在做梦时都会嘟囔一些积极向上的词句。我们准备了一个医疗包，里面装着衣服、灯和零食。我把医院所有的相关号码都存到了手机里。不过，当我突然意识到"会阴"并不是一个儿童游乐场的名字时，我已经和老婆就这个话题讨论了好几天，这实在是一个发人深省的时刻。

最近，我又忍不住思考生娃对气候带来的影响，我始终无法完全释怀。我们真的需要为了气候而不要娃吗？[1] 我更加仔细地读了手边关于生娃与碳足迹的研究，有两点想要说道说道。

不过，一开始，我得严肃地告诉你，下面这部分内容可能会有点偏无聊和技术向。虽然对我来说并不是，毕竟我爱搞这玩意，但你可得耐着性子听我解释。首先，不同地区的儿童碳足迹并不相同，这是各国能源系统差异等原因导致的。有项研究试图

---

① 一款即时通信手机应用程序，2014 年被脸书（Facebook）收购。这款程序在图标和功能上都和微信很相似。——译者注

为发达国家提供一个参考数值——58.6 吨，这个数值是基于日本、俄罗斯、美国三国算出的全球平均数。英国的数值与日本最为接近，估计在各国中排名靠后，约为 24 吨。美国？它可是能靠一己之力拉高全球平均数的主。

其次，更重要的是，未来尚未确定。这里我引用童年最爱电影《终结者 2》（*Terminator 2*）中的一句台词："所谓命运，全靠我们自己创造。"[1] 刚刚引用的 58.6% 来自 2009 年一项较少被引用的研究，这项研究的基本假设在于未来情况不会改变。[2] 但问题在于，碳排放量可不会乖乖待着不动。拿英国来说吧，目前的人均排放量只有 2009 年的一半左右。[3]

因此，考虑到这两点，这个数字肯定会低得多，这取决于你在哪里生娃，以及你娃所在国家未来几十年的平均排放量会发生什么变化。另外，如果你养了一个吃素的单车爱好者，那就算你赚到。于是，我决定与这项研究的一位作者当面聊聊。金伯利·尼古拉斯（Kimberly Nicholas）教授是位女性，出生于加州，人很不错，目前在瑞典的一所大学工作。[4] 她的一个学生也参加了这项研究，两人合写了这篇论文。

我首先问了她对这项研究和它引起的关注有何感想。科学家一般不谈论自身的感受，不过尼古拉斯教授这次明确表示："与

---

①　我现在意识到这不是一部特别适合十岁小孩的电影。——原书注
②　即人均排放量会维持在目前的水平。——原书注
③　然而，这项研究里的对照组国家——日本、俄罗斯和美国在碳排放方面的表现都极其糟糕，因此他们的人均排放量大概率还会维持当前的状态。我想大多数人都会同意，在未来能源系统的发展趋势下，碳排放整体会有所减少。——原书注
④　尼古拉斯教授最近写了一本很棒的书《在我们创造的天空下》（*Under the Sky We Make*），讲述了她在气候变化问题上的个人经历，与前面引用的论文风格截然不同。——原书注

开 SUV 和坐飞机不同，自由决定是否生孩子以及生几个是人的基本权利。我们非常努力且小心地呈现这些结果。"她补充道："我对研究在这方面造成的影响感到很不舒服。我的意思是，这肯定不是我们写论文的初衷，甚至不是其主要内容。"

这篇论文的观点很简单，政府规划和学校教科书总是倾向于建议做一些影响较小的事情，比如回收利用和更换灯泡，而不是做一些影响更大的事情。我的意思是，作为一名学者，如果别人拿走你的科学研究，不顾其中的细微差别，然后自顾自地乱搞，这是很难接受的。尼古拉斯和她学生的论文就是最好的例子。这篇论文讨论的问题完整解释起来十分复杂，但媒体偏偏就喜欢搞"标题党"那套。

接着，我们聊了聊她对人们在决定是否生娃时应否考虑气候问题以及这种做法是否重要的看法。她的观点很简单："没有人能通过丁克来拯救地球。我认为意识到这一点非常重要：如果不生娃，你确实可以防止在未来产生额外的碳排放，但是这对当前已经存在的碳排放无法造成影响。我们知道，目前的碳排放正在将我们推向灾难性的气候变化，亟须在 2030 年前减少一半。"

这个观点是我原先从未想过的。

她继续说道："按照目前的速度，在今天出生的婴儿会写草书之前，全球的碳预算（carbon budget）就会彻底用完。"

现在我们总算可以放下心来：生娃对气候的影响并不大。是的，它的确会产生影响，但我们迫切需要解决的是气候变化，其优先性远高于今天还未出生的婴儿可能为自己和后代产生的碳排放。气候变化的真正解决之法在于尽快脱碳（decarbonisation）和减少过度消费，而不是消减人口。所幸我们得出了这个论断，因为告诉人们是否生娃并不合乎道德。人口控制常常伴随着特定的种族主义历史以及对妇女生育权利的公然无视，但是买一辆电动汽车就不会有上述问题。气候问题并不能凌驾于道德伦理等议题之上，更不用说眼下仍然存在替代方案。我认为，我们应该从这项研究中得出的结论不是我们应该少生娃，而是应该意识到我们生活方式的方方面面会对气候造成什么影响，包括为人父母和抚养孩子的方式。当然，讽刺的是，如果学校教科书上写着这些，我们早就应该知道怎么做。

现在，我感觉所有的忧虑都烟消云散，总算可以集中精力迎接即将出生的娃了，更别提最近我们一直都在装饰育儿室，花了好几个星期才找到一个泥水匠。2020 年夏天，在离预产期不到两周的时候，我们正身陷热浪之中。自有记录以来，英国首次连续 6 天气温超过 34 ℃。那个极有礼貌、肌肉发达的年轻人本来同意帮我们刷墙，但过了会儿，他就走过来告诉我们搞不定，因为房间实在太热，涂料抹上后马上就会干到开裂。我知道这在很大程度上是"第一世界"（first-world）居民才会遇到的问题，但这绝非只对我们造成影响，还有其他人同样深受这种天气之苦，而且影响不会很快消退。就在同一天，苏格兰斯通黑文（Stonehaven）附近的一列火车完全脱轨，原因是紧随热浪而至的雷暴和暴雨造成的山体滑坡[3]，有三人不幸身亡。

等室温降下来些后，我们终于刷好了墙。甚至在预产期那天，我老婆还爬上活梯粘墙纸。[①] 育儿室及时完工，看起来很可爱。一切都准备就绪。

我们静待他的到来。

---

① 因为我俩都对我贴墙纸的位置判断没信心。——原书注

第二部分
PART 2

我们能否改变？
CAN WE CHANGE?

12

是什么导致一切都在变热?

我们怎会身陷乱局,又该如何脱困? 答案就藏在你周遭的事物里。你房门的木材是从一棵吸收碳元素的树上砍下来的,装着它的卡车,借助从地底开采的石油开到了一家使用由燃烧更多化石燃料供电的机器的工厂。[1] 你挂在门后的毛巾是用化肥浇灌的棉花制成的,化肥源自天然气,然后又用烧重质燃料油(heavy fuel oil)[2] 的船运到这里。你坐着的马桶——等一下,你为什么要在马桶上看书? 你犯什么傻? 先把手给洗洗。但洗手会导致气候变化——因为你得用热水,热水又得通过燃气锅炉加热。你说不打算洗手? 没关系,我照样能说下去。

---

① 具体情况取决于你所在的国家。现在英国约有一半的电网由低碳能源供电。因此,英国的情况与波兰不同。——原书注

② 重质燃料油大部分是石油生产中残留下来的渣油,经减黏或适当调入其他馏分油而制得。它常用作锅炉燃料、船用燃料。——译者注

　　气候变化已经被编织进日常生活的肌理之中，就像我们印象中 Etsy^① 商店里出售的、让人对其存在感到焦虑的拼布被一样。它无所不包。我们每天都会作出数百个微小的纳米级决策，这些共同推动着地球持续变暖。在餐馆里点什么吃？泡澡还是淋浴？买这本书吗？会告诉你的所有朋友和家人购买这本书吗？（说真的，买两本吧。）

　　我在这儿不是呼吁大家应该绝食或是断澡，又或者（但愿不要发生这样的事）不买我的书。这并非全是我们个人的错，更大程度是我们身处的系统所致。在系统里，有很多事是作为个体的我们很难控制的，但其造成的影响却实际很大。比如，一条正在铺设柏油路面的新绕城公路、一所正在建设的新学校、一片正被砍伐的森林。我感觉，气候变化有点像《黑客帝国》（*The Matrix*）。你说 20 世纪 90 年代更凉爽？好吧，确实是这样，但这不是重点。我的意思是，一旦你意识到气候变化就在身边发生，那么就很难假装无视然后照旧度日。为什么我使用一部 20 年来"没有人看过"的电影来作比喻？显然是因为我正在为当爹做准备。

我们处在碳排放的哪个阶段？

　　自工业革命也就是我们开始通过大量烧煤为世界供能以来，全球碳排放逐年增长。这就是为什么许多气温和二氧化碳浓度图表都以"工业化前水平"为参照点，即 1850 年前后，在我们开

––––––––––––

　　① 美国一个在线销售手工工艺品的网站，集聚了一大批具有影响力和号召力的手工艺术品设计师。Etsy 的运作模式类似于 eBay 和淘宝。——译者注

始"大烧特烧"之前。

二战以来①，全球碳排放趋势明显抬头，有一半的二氧化碳排放都产生于过去 30 年，也就是我们开始意识到气候变化严峻态势的这段时间。这有点像虽然深知脂肪和糖对人体有害，但你依然坚持每天吃满 24 个吉百利奶油蛋糖果的饮食习惯。

2019 年，全球排放的温室气体总量比人类史上的任何年份都多。虽然趋势一路上扬，但全球排放总量倒也偶有下降。比如，2009 年因为金融危机，1970 年代中期因为迪斯科——当时每个人都忙于在舞池里蹦迪（也可能是石油危机的缘故），总量有所下降。2020 年也是全球碳排放的一个剧烈波动点，因为流行病或一些其他我没有特别研究过的事情。

人们常问我新冠疫情是否可能给地球带来什么"好处"。由于很多人不用再通勤上班，互联网上的二货们贴出梗图（meme）②，他们在一张海豚下双陆棋（backgammon）的照片旁边写上"大自然正在自愈"。对此，我不得不让他们失望，回答说这只是大进程里的一个小插曲。地球还远未得救。

由于全球经济停滞数月，2020 年全球二氧化碳排放减少了约 7%。但如果我们就此认为是新冠疫情搞定了气候变化，那就有

---

① 我绝对不是在建议打更多的世界大战来解决气候变化问题。——原书注

② "meme"是网络流行语，指在同一个文化氛围中，人与人之间传播的思想、行为或者风格，常见直译有"模因""迷因"等，其表现形式可以是某种卡通形象，也可以是某种模仿行为，现在多指一些传播性很强的图片、视频或幽默图文，"表情包、段子、梗"一般被认为就是 meme。该词最初源自英国著名科学家理查德·道金斯（Richard Dawkins）的《自私的基因》（The Selfish Gene）。该词最后被收入《牛津英语词典》。此处为贴合语境，故译为"梗图"。——译者注

点像把汉尼拔·莱克特（Hannibal Lecter）[①]放弃疯狂杀戮和仅仅打个小盹混为一谈。因为他过一会儿就会睡醒，然后继续想方设法啃食你的脸。

是什么导致了气候变化？

全球范围内，能源是导致气候变化的罪魁祸首。显而易见，大多数化石燃料都是用来生产能量的，其中的最大头就是电能和热能[②]——它们就像气候变化比赛中的王牌选手：梅西和C罗（Messi and Ronaldo）。不过，化石燃料当然也有交通运输和工业生产等其他用途。我们可以将对全球温室气体排放"贡献卓著"的选手们分为以下几类：[1]

- 建筑物的能源消耗（18%）：其中约2/3是被家庭住宅用掉的，其余则是办公场所和商店。因此，我们用什么来为家庭和企业供电和供暖就变得至关重要——虽然对许多人来说，居家和办公现在是一回事。我不晓得蝙蝠洞到底算"个人住宅"还是"办公场所"，但总归也得算上，从蝙蝠侠老窝堆满杂物的样子来

---

① 汉尼拔·莱克特是由美国小说家托马斯·哈里斯（Thomas Harris）所创作的悬疑小说系列中的虚构人物，是一名精神科医生，同时也是一名会吃掉受害者的连环杀手。汉尼拔最早出现在1981年的小说《红龙》（Red Dragon）中，之后在1988年的小说《沉默的羔羊》（The Silence of the Lambs）中成为重要角色。1991年《沉默的羔羊》电影版上映，安东尼·霍普金斯（Anthony Hopkins）饰演汉尼拔，他也因此获得了奥斯卡最佳男主角奖。——译者注

② 是的，我们得格外注意，电力是能量的一种形式。这是人们容易混淆的地方。通常，这些术语被错误地互换使用。此外，电力通常被简单称为"能量"（power），这种愚蠢操作进一步混淆了术语。因此，我将停电称为"power naps"。——原书注

看，他每月的电费一定很高。

- 交通的能源消耗（16％）：飞机、火车和汽车。这些都是拍大片的好素材，但对地球来说可不友好。道路运输能耗在其中占比最高，约12％。所以，如果你认为减少家庭住宅排放的一个潜在方案是搞什么"房车上的生活"，那我恐怕要给你打个叉。航空、航运和铁路则占据了剩下的部分。

- 工业的能源消耗（24％）：制造业对全球碳排放"贡献巨大"，特别是重工业和建筑业。例如，钢铁生产的碳排放占全球总量的7％。

- 其他能源消耗（占15％）：我最初不是很肯定"其他"具体是指哪些，猜测大概是像教父母如何用iPad这样可以耗尽我心神的事情。后来搜索发现，这15％指的是未明确具体用途的燃料燃烧、化石燃料生产中的泄漏以及农业和渔业中使用的能源。

- 农业、用地变化和林业（18％）[1]："老麦克·唐纳德有个农场"[2]，那个农场排放的温室气体占了全球总量的极大一部分。其中包括来自饲养牲畜和它们的粪便处理中的排放，以及对土壤施用化肥产生的排放。当然，森林砍伐和农作物焚烧也是。

- 垃圾（3％）：垃圾场和废水处理，如臭气熏天的垃圾桶、生活垃圾、固体垃圾、无价值的废弃物。

- 生产过程和其他排放物（5％）：水泥和化学工业都会带来化学反应形成的排放物，如二氧化碳就是生产水泥熟料过程中的

---

① 这部分数字仅涉及直接排放，因此对于农业而言，比其他地方引用的数值要小。例如，当考虑整个供应链，包括能源和运输时，农业占比约为24％。不同的统计方法会给出不同的数字。在本章中，我对其进行了简化，使所有数字加起来约等于100％。——原书注

② 出自著名英语童谣《老麦克·唐纳德有个农场》（*Old McDonald Had a Farm*）。——译者注

副产品。这些"生产过程"几乎不可避免地产生排放物，这一点
和燃料化石制造能源（产生的碳排放）并不一致，也就是说生产
水泥和化学工业无论如何都会产生碳排放。

温室气体

从开飞机到供电供暖，再到种庄稼和造钢铁，这些活动都会
产生温室气体，并造成各种影响，对此，二氧化碳得负 3/4 的责
任。[2] 其中，燃烧化石燃料和工业活动造成的排放量占比高达
89％，其余部分则主要来自森林砍伐。

温室气体的"二当家"是甲烷（CH_4）。约四成的甲烷来自牲
畜及其粪便以及种植水稻，约占全球温室气体排放总量的1％。
如果你正在斗争是否应该躲在洞穴里靠吃白米饭来拯救地球，我
劝你打消这个念头，这完全行不通。有略超过三成的甲烷来自石
油和天然气泄漏，另外三成则来自垃圾填埋和土地焚烧。虽然从
当前情况来看，甲烷的贡献度不如二氧化碳，但如果按吨位算，
它的威力要大得多，影响力约是二氧化碳的 28 至 35 倍。因此，
虽然一些人认为应该把二氧化碳列为头号问题，但另一些人则更
忧心甲烷排放量的增加，认为这才更需要关注。[①]

除了二氧化碳和甲烷，剩余的温室气体主要由农业产生的氧
化亚氮和含氟气体（F-gases）组成。遗憾的是，后者并不是某个
脏词的缩写，它指的是氟化气体，比如氯氟碳化合物（CFCs）和
全氟化合物（PFCs），这些都是人造气体，常用在冰箱和空调等

---

① 我想，天然气总归更加清洁一些。我一点都没不好意思，虽然会排
放甲烷，但这就是要付出的代价。——原书注

设备中。(不过,我不得不说,如果非得简明扼要地概括本书内容,那么非"该死的温室气体"莫属。)

谁在排放?排放什么?

决定谁或什么应该为人为排放"担责"其实并不是最紧要的。更关键的是得理解我们为何会陷入现在的处境,以及找到摆脱困境的核心举措。[不过,如果我宣称:"罪魁祸首名叫西蒙·特鲁特(Simon Trout),住在莱奇沃思市(Letchworth)的铅笔路23号,邮编 LT4 2HE,我们应该找到他,然后做掉他",无疑能制造极富戏剧张力的现场效果。]但是,关于"谁在排放?排放什么?"的讨论着实有些复杂。

气候变化使"国家"这个概念变得无足轻重,因为它才不会考虑排放源究竟在哪儿。从当下碳排放量来说,中国得排第一①。2019年,全球碳排放量的28%因其而生。[3]我确定中国人不太会耿耿于怀,因为我们都知道他们在对待批评方面还是颇有胸怀。在较早期的预测中,中国有望在2025年前后超过美国成为最大的碳排放国。实际上,这在2006年就变成现实。在21世纪的头10年,中国温室气体排放量以每年近10%的速度增长。世界温度轨迹的走势似乎掌握在中国人手中。不过,虽然容易引起争议,但中国确实可能推动政策因国家利益需要而迅速完成调整。

---

① 需要说明的是,全球温室气体大规模排放从西方工业化开始。2023年,英国《自然·可持续发展》发布的研究结果显示,全球约90%的过量碳排放源自美国等发达国家。西方学者在论及碳排放责任时,往往带有西方中心主义倾向,回避了发达国家为实现自身发展而造成的大量碳排放。要公正、客观评价,应考虑各国在历史责任、人均排放和减排能力等方面的表现。——译者注

因此，中国的社会主义制度很可能发挥关键作用，拯救我们共同的未来。

老二则是美国，碳排放量占全球 13％。如果你够懂美国人，就会知道他们可能会恼怒自己只屈居亚军。然而，如果从工业革命开始算起，那么美国毫无疑问会是碳排放榜单上的"带头大哥"。其史上排放的二氧化碳总量占人类历史总量的约 25％。因此，迄今为止的全球变暖现象——约 0.25 ℃，美国得扛 1/4 的责任。实际上，中国的历史排放总量只有美国的约一半。[4]所以，各位山姆大叔，冠军仍然是你们的。

如果你将欧盟视作一个单独区域，这其实也是《巴黎协定》(Paris Agreement) 的看法，那么欧盟目前的年度碳排放量约占全球总量的 8％，算是老三。从历史排放总量来看，欧盟以 22％紧随美国之后。欧盟的这个数据并不包括英国，大不列颠自己单列第十七位，产生约 1％的年度全球温室气体排放量。[5]然而，从历史总量来看，英国大约造成了 5％的总量。愿天佑我们气体丰盈的女王[①]。

不过，这里仍内藏玄机。这些数据是基于气体排放地进行统计的，这听起来很合理是吧？嗯，这取决于你认为谁更有责任与能力来采取减碳行动，是生产者还是消费者。因为在国际贸易中，这两者常常位于不同的国家，比如在中国制造，在英国消费。气候研究界关于以生产还是消费核算排放量的辩论本就是一场旷日持久的对抗。双方争得面红耳赤，以至于有时他们会在电子邮件中仅以"谢了"作为结束，而非"此致敬礼"。实在是太不优雅了。

[①] 《天佑女王》(God Save the Queen) 为英国女性君主在位时期的国歌。——译者注

　　我所说的这种基于生产的测算方法同样为《联合国气候变化框架公约》所采用。但是，叫人惊讶之处在于，基于消费的测算方法却经常得出这样一种结论：西方国家进口活动产生的碳排放量要多于出口活动。[6] 最终，生产者和消费者都能从贸易中受益，所以共担一部分减排责任可能不失为明智之举。但这却又会使事情变得复杂。此外，喜欢同甘之人总是少的，否则 tapas[①] 就该更受欢迎。欧盟即将引入碳边境调节机制（carbon border adjustment mechanisms，CBAMs）[②]，这是一种通过对进出口货物的"碳含量"征税，从而规避排放责任的机制。

　　我们也可以换一种方式，通过人均排放量来测算碳排放情况。如果我们将一个国家的总排放量除以该国的总人口，每个人造成的碳排放状况看上去就会截然不同。全球人均碳排放量约为 4.7 吨。[7]2019 年，美国与澳洲人均排放 16 吨，中国人均排放 7.05 吨，印度仅排放 1.96 吨。根据这种算法，其他的"大排量"国家还包括卡塔尔和沙特等石油土豪国。这样算起来，美国人的平均排放量是印度人的八倍多，是中国人的一倍多。

　　现在，每当谈及人口问题，我经常听到的一个论调就是："不就是人多了些吗？"人口过多是个很复杂的问题，远比过度简化的"口嗨"（hot take）[③] 要复杂得多（我经常从那些秃头老男

<hr>

　　① tapas 是西班牙饮食中的重要一部分，指正餐之前作为前菜食用的各种小吃，通常也作为下酒菜。——译者注

　　② 这是一种针对进口货物的碳排放定价政策工具。它要求在欧盟境外生产的货物，根据其生产过程中的碳排放量，在进入欧盟市场时支付一个碳价格，以解决碳泄漏的问题。——译者注

　　③ "hot take"常见在推特（现为 X）等社交媒体，大致指的是未经过深入研究，脱口而出的一种即兴观点和意见，往往都极富争议性。——译者注

人处听到类似表达，还常带有种族暗示）。事实是全球人口正在增长，如假包换。到 2050 年，全球可能会有 100 亿人。[8] 但是，现在我们知道并不是人人都排一样的量，而且大部分人口增长将发生在人均排放量较低的国家。在英国，每多一人产生的排放量是卢旺达相同情况下的 60 倍。[9] 问题其实在于发达国家的过度消费。

平均而言，英国公民每年造成约 5.5 吨的碳排放量，如果再算上其他温室气体，总排放量约为 7 吨。这意味着每人每年向大气排放约 7000 千克的气候污染物。我知道排放超过 7000 千克气体似乎是一件容易引人注意的事情，但请相信，这一切真的正在发生。拿乘飞机托运行李打个比方，如果每人的额度是一个行李箱（不超过 20 千克），那上述情况就意味着我们每人都在毫不犹豫地往飞机上丢了 350 个行李箱。[①]

---

① 如果你坐的是瑞安航空（Ryanair flight）的航班，你的超重行李费会是 7346.50—13996.50 英镑。——原书注

13

化石燃料很糟吗？
我们就不能把它们给吸干？

在我们着手解决气候危机之前，让我们先了解一下问题的主要原因：化石燃料。煤炭、天然气和石油，这些玩意仍然是我们全球能源体系的支柱。基本上，死去的植物和恐龙是回来找我们寻仇了。还记得《侏罗纪公园》中迅猛龙学会开门的那一幕吗？事实证明它们在玩长远的游戏。聪明的姑娘们！①

---

① 好吧，从纯技术角度来说，化石燃料只是已经死了的植物，而不是真正的恐龙。作为一名喜剧演员，我允许自己用文艺的表达来讲好一个笑话，但作为一个死板的学术人士，我需要这个脚注来澄清真相。你正在目睹我的不同人格像无趣的杰基尔与海德（Jekyll and Hyde）那样被拆散。——原书注

"聪明的姑娘们"是电影《侏罗纪公园》中角色在厨房中被迅猛龙围猎时说的最后一句话。杰基尔和海德则是著名科幻小说《化身博士》（*Strange Case of Dr Jekyll and Mr Hyde*）中主角的双重人格形象。——译者注

化石燃料

煤炭

　　煤炭驱动了工业革命。这些黑炭块燃烧产生的能量轰鸣了詹姆斯·瓦特（James Watt）的蒸汽机，锻造了造船用的铁材，还在英格兰竖起了那些臭气熏天的工厂，威廉·布莱克（William Blake）在著名颂歌《耶路撒冷》（*Jerusalem*）中称其为"黑暗的撒旦磨坊"，确实恰如其分。自那时起，煤炭推动着人类迈向如今的文明巅峰，极大提高了人们的生活水平、预期寿命和血压（因为他们整天刷推特）。但是，就好比在《闪灵》（*The Shining*）里，你不该在美洲原住民墓地上建酒店那样，我们将整个现代社会建立在史前树叶压缩残骸上的举动，好似释放了一个诅咒。

　　但从制造二氧化碳的能力来看，煤炭堪称头号污染大户。举例来说，相比火力发电厂，燃气发电厂排放的二氧化碳大约能少50%—60%。全球有 2/3 的煤炭被烧来发电，也被用于制钢等需要高温加工的产业。

　　打我出生以来，全球的煤炭开采量近乎翻倍。[①] 2019 年，全球煤炭发电总量大致等于其他所有低碳替代燃料发电的总和。[1]

　　我对煤炭的负面印象形成得极早。很小的时候我就被告知，如果孩子们调皮顽劣，圣诞老人就只会给一块煤作礼物。我觉得这种做法是一种刻意的残忍，还不如啥都不给。所以，1980 年代，当我还是个幼儿时，我也曾为玛格丽特·撒切尔（Margaret

---

[①]　这类似于有越来越多的人喜欢口上讲"可能有"，但心里想的却是"本该会"。——原书注

Thatcher）关闭煤矿而欢呼，因为我觉得这能减少圣诞老人的供应商数量，诱发价格攀升，从而削减圣诞老人的购买力，最终降低我收到一块煤的机会（我从小就是一名经济学家）。或许，圣诞老人多年来一直在暗中力挺不景气的煤炭行业？不管怎样，在过去几个世纪的大多数时间里，全球的煤炭消费始终呈上升趋势，尽管它像是我工作单位的周末五人制足球队的表现一样，在过去几年似乎已达顶峰并略有下降。

煤炭消费量下降的两个国家是英国和美国（这是两个我目前绝不会用"合众"或"联合"①来形容的地方）。在 1920 年代的高峰期，英国约有 120 万人在煤矿工作。1965 年，煤炭几乎占英国能源供应的六成。然而，到了 80 年代和 90 年代，随着全球能源向天然气的明显倾斜，煤炭起到的作用开始减少。最近，风能和其他能源形式几乎完全替代了煤炭的地位：2019 年，煤炭仅为英国提供了 3％的能源。² 在许多方面，英国好比"煤矿里的金丝雀"②，一直都是煤炭开采领域的预警者。

唐纳德·特朗普（Donald Trump）经常提到"清洁煤"，并将其作为重振美国生产的手段。这种想法的离谱程度有点像是你在格拉斯哥 Garage 夜店纵享狂欢后，把凌晨 3 点下单的薯条和奶酪称为"健康外卖"，而理由只是因为拒绝了添加蛋黄酱的建议。

实际上，对于发展中国家来说，继续用煤炭发电已经没有多

---

① 英国全称为大不列颠及北爱尔兰联合王国（The United Kingdom of Great Britain and Northern Ireland），美国全称为美利坚合众国（The United States of America），都有"United"一词，作者以此调侃。——译者注

② 金丝雀对瓦斯十分敏感，只要矿井内稍有一丝丝瓦斯，它便会焦躁不安，甚至啼叫，让矿工们及早撤出坑坑以保全性命，因此以前矿工会把金丝雀带到矿井里当报警器用。所以，"煤矿里的金丝雀"经常延伸出"报警器""预警器"等意思。——译者注

大意义。首先，与风能和太阳能等替代能源相比，煤炭正变得相对昂贵。尽管我们在开采煤炭方面已经相当熟练，但这仍然需要耗费大量时间和精力，加之全球燃煤电厂装机容量的效率并没有太大提升。其次，最大的煤炭储量分布在北美、俄罗斯、中国、澳大利亚、印度等地，因此许多发展中国家都得依赖进口。

天然气

"天然气"这个名字听起来很愚蠢，但或许是营销史上最成功的品牌推广案例之一。每当我看到某物前面加上"天然"，通常都会联想到一瓶来自健康用品商店且价格不菲的必需品——荷荷芭沐浴露（jojoba bodywash），而不是一种需要点燃的气态不可再生碳氢化合物。

这个名字让它听起来像是一朵美丽、安全、柔软、值得信赖的云。有人说叫它"化石燃气"或许更为恰当，我也打算这么叫。与煤炭相比，化石燃气常被视为较低毒性的那瓶毒药，因为它燃烧时排放的二氧化碳相对较少[3]，仿佛一位杀人前先把手焐暖的绞杀犯。然而，化石燃气的开采、基建与运输也会导致甲烷泄漏，正如我前文提到的，甲烷是一个强大的恶魔。[4]

化石燃气在 1990 年代大行其道［就像美国的新奇摇滚乐队破嘴合唱团（Smash Mouth）一样］，而 30 年后，它仍然存在并对人类和地球造成无法估量的损害（就像美国的新奇摇滚乐队破嘴合唱团一样）。化石燃气在世界范围内被用于发电、工业制造加热、家庭供暖和烹饪（烧烤）。全球最大的化石燃气生产国是美国。[5]目前来看，其全球消耗量没有显示出任何减少的迹象，从 1990 年到 2018 年，增长了 70%。[6]事实上，以前化石燃气因为相对易储存的优势，使其在与电力竞争家庭供暖和烹饪等能源来源时拥有了比较优势，但随着储存和电池技术的不断进步，这种情况可能很快就会改变。

水力压裂法（process of hydraulic fracturing）[①] 使人们拥有了获取更多所谓"非常规"天然气储备的能力，然而这就诱发了一场天然气"爆炸"，从字面意思和延伸含义两方面都是如此。过去十年出现的"水力压裂"热潮为美国带来了廉价的能源。然而，这法子在其他地方并没有发展得那么快。不幸的是，对于水力压裂行业来说，比起"天然气"，他们的名字前面可没有自带"buff"，"水力压裂"听上去更像是一种下流的嘿咻运动。此外，水力压裂法还会引发地震，并向当地自然用水网络释放化学物质。在人迹罕至的地方，它确实可以充作一种有效的开采方式，可以进入更难到达、先前需巨额花费才能开采的储备区，这是它在广袤的美国得以广泛使用的一个原因。但是，正如苏格兰乃至英国政府所承认的那样，水力压裂法不太可能在人口稠密的地区深度使用。[7]

石油

我们用石油发动汽车、制造塑料、创作糟糕的环保抗议艺术作品，以及在悲伤音乐的衬托下清洗沾满石油的海鸟。这一情况到目前为止还没有真正改变。石油也被称为原油、石油或黑色汽车汁液（如果是美国人，也可能会称之为"汽油"，哪怕它根本不是气体，而是液体，实在是太无脑了）。石油被视为人类经济体系高度依赖的关键商品——这一点从全球经济因石油价格震荡而崩溃时就已经得到了证明。我们的福祉竟如此系于一种由死去

---

① 水力压裂法是开采天然气的主要形式，主要方法是用大量掺入化学物质的水灌入页岩层进行液压碎裂以释放天然气。——译者注

的藻类和浮游生物组成，需要成千上万年才能形成的物质，这似乎有些荒谬，更别提你还得在加油站排队。更精彩的是，我们甚至还拥有一个以君主专制国家为首的著名全球卡特尔——石油输出国组织（OPEC），它实际上控制着全球石油供应。这看起来像是一种合理的世界运行方式。

为了满足我们对于石油的渴望，人们的足迹已经抵达越来越偏远和恶劣的地区（如深海、油砂、北极以及更多需要进行水力压裂的地方等）。特朗普在 2021 年卸任美国总统前的最后活动之一，就是在阿拉斯加近北极地区举行钻探权拍卖。老天开眼，这场拍卖进行得非常糟糕。[8] 除了已经发生的灾难性事件，比如"埃克森·瓦尔迪兹"号油轮溢油事故[①]和"深水地平线"钻井平台爆炸事故[②]，石油行业以及在钻井平台的工作经常被涂抹上男子气概与爱国情怀，因此它们也为一些糟糕的电影提供了素材。例如，在 1990 年代，布鲁斯·威利斯（Bruce Willis）主演过一部电影，他在剧中既是史密斯飞船乐队（Aerosmith）的主唱，也是钻井平台工人——这部电影叫作《绝世天劫》（*Armageddon*），我总觉得这是部法语片。片中，有一个得州大小的小行星即将撞击地球，于是他们派遣布鲁斯·威利斯、本·阿弗莱克（Ben Affleck）和一群石油矿工登陆陨石表面去钻探——居然不是训练宇航员去

---

① 1989 年 3 月 24 日，"埃克森·瓦尔迪兹"号油轮在阿拉斯加附近的威廉王子湾中触礁，船体严重损坏，约有 4 万吨原油泄漏，数千公里海岸线被污染，海獭、海豹、鲸鱼以及其他各种鸟类大量死亡。——译者注

② 2010 年 4 月 20 日，美国路易斯安那州墨西哥湾的"深水地平线"钻井平台在作业过程中发生爆炸，随后引发大火。事故导致 11 人死亡和 17 人受伤，并造成海底井控设备严重损坏，地下原油通过失去控制的井口持续外溢，累计时间长达 87 天。泄漏原油对墨西哥湾生态环境造成灾难性破坏。——译者注

钻探，这显然是因为前者做起来更加简单。他们日常工作的讽刺意味完全被所有人忽视了。"我们该找谁来拯救世界？""我知道了，让我们求助于那些正在慢慢毁灭地球的家伙们，让他们利用技能先把地球救了，然后就可以再慢慢毁灭地球了。"

碳捕获

　　煤炭、天然气和石油行业能找到一种办法继续把生意做下去吗？嗯，确实有几种技术可以尝试，从而减少燃烧它们的人数。其中一个选项是碳捕获和封存（carbon capture and storage, CCS）。简单来说，碳捕获和封存就是你可以在排污过程中直接收集二氧化碳，然后安全存放在某处——地下、水下，或者封罐。这是应对气候变化的"吸脂手术"，一种紧腹瘦身的技术修复手段。你可以继续开着自己的煤电厂，然后只需要花一笔小钱购买专门机器来捕获所有有害排放物。对于拥有大量化石燃料储备的富有公司来说，这听起来像是一个相当明显的解决方案。对现有工厂应用碳捕获和封存技术可能是一种必要手段，否则它们将继续排放污染物。靠化石燃料吃饭的地区也更有可能支持这种方法。

　　然而，迄今为止的进展却是乏善可陈。抱歉一直使用这样的科学术语。根据国际能源署（IEA）的数据，2020 年全球碳捕获总量只有 4000 万吨，约占当年能源造成二氧化碳排放量的 0.1%，全球仅有 21 座相关设施正在运行碳捕获和封存技术设备。[9] 我想开在我办公室约 3 公里内的 Pret A Manger[①] 分店数量应该都比这多。

　　因此，令人担忧的是，许多像我这样的科学家提出的未来气

————————

　　① 　一家英国简餐品牌。——译者注

候应对方案中都假设了对碳捕获和封存的高度依赖，尽管它实际上尚未全面投入使用。国际能源署若想实现 2050 年的零排放目标，需要捕获的二氧化碳量是当前的 190 倍。①化石能源行业为何迄今还没决定大量投资一项可以无限期延长它们业务的新技术，反而将资金投入到寻找越来越多的新储备（并向其股东支付大量现金）？这个问题的答案，你和我可能都猜得到。这很可能是因为，碳排放的征收价格尚不足以打动他们。或许他们也在赌，觉得最终纳税人将为此买单。

在化石燃料的世界之外，碳捕获和封存技术将成为水泥行业的必需品，因为生产过程势必排放二氧化碳，而且我们不太可能抛弃水泥，尤其对于正在新建基础设施的发展中国家来说。因此，很明显，这项技术将在我们共同的未来中发挥显著作用。

根据国际能源署 2021 年的一份关于实现净零排放的报告，如果我们想要到 2050 年建立一个净零能源系统，我们必须停止开采新的化石燃料。[10]然而，化石燃料在全球范围内仍然可以享受政府补贴的支持，即花纳税人的钱。据国际货币基金组织（IMF）估计，包括未支付的环境损害成本在内，全球化石燃料补贴在 2017 年达到了 5.2 万亿美元，占当时全球 GDP 的 6.5%[11]，给了污染行业很大支撑。然而，更要紧的是，煤炭、石油和天然气行业的大量就业岗位需要转移到其他更清洁的长期产业中去。确保产业工人不被"毕业"，这可能是低碳转型中的最大难题。对此，世界各地的政府需要高度关注，千万别重蹈覆辙，即在没有重新培训或未为相关区域制订计划的情况下就关停了产业。最

———————

①　这个数字包括生物能源与碳捕获和封存技术（BECCS）以及直接空气碳捕获技术（DAC）。如果不算上这些，答案是 134 倍。天啊，有时候我真喜欢做一个极客科学家。——原书注

糟糕的是，特朗普等人声称煤炭产业将会回归，这纯粹是扯淡。我们需要的是一个转型计划，而不是虚假的承诺。

我非常感激工业革命以及它带给我们的一切。嗯，大部分吧。我可不想要殖民压迫和指尖陀螺，但你懂我的意思。工业革命，以燃烧化石燃料为驱动，极大促进了社会进步，并使数百万人摆脱了贫困。然而，现在是时候对这些化石燃料说再见了。我们应该心存感激，像近藤麻理惠（Marie Kondo）① 那样亲它们一下，然后把它们永远留在地底下。

温室气体清除和地球工程学

我们可以很轻松地将大多数减排温室气体的方法分为两个阵营——要么用清洁燃料和措施替换掉"肮脏的"，要么就是减少可能产生污染的活动。② 我想换一句更加精练、响亮的口号来表达这个观点，比如换掉或者停止？清理或者滚开？不管怎样，归根到底，要么是少使用燃料，要么是使用更干净的燃料。

但是，其实还有另一个选择。一个能让我们"鱼与熊掌兼得"的选择——温室气体清除。虽然这听起来像是刷在一辆大货车上的广告，但它实际指的是许多从大气中捕获有害气体然后储存它们的方法——就像在有史以来最伟大的电影之一《捉鬼敢死

---

① 近藤麻理惠，全球知名作家、整理师，《怦然心动的人生整理魔法》一书的作者。该书在全世界售出了 200 万册。2015 年，她入选美国《时代》杂志"世界最有影响力的 100 人"。——译者注

② 或者，你两种方法都用。——原书注

队》（*Ghostbusters*）中主角们对待鬼魂那样。[1]

　　温室气体可以通过自然过程或人工技术来清除。这里的自然过程是指自然界中可以实现碳汇（carbon sinks）[2]的各种元素，如植物、土壤和海洋。这些手段的种类还可以进一步扩大，诸如再植被砍伐的森林或恢复红树林等也可以算在内。人工技术包括直接从空气中捕获，也就是通过机器直接从大气中吸收二氧化碳（目前这只能在很小范围内实现）。

我们正在往楼下灌水

　　让我用一个浴缸来打个比方。[3]把大气想象成一个浴缸，水龙头是排放物的来源，水是排放物，塞孔是自然的"碳汇"介质。想象我躺在浴缸里喝着莫吉托，玩着橡皮鸭。在这幅场景中，可以把我想象成全人类。在我泡澡的这段时间里，随着水龙头的转动和塞孔的开合，水位会有些许波动，但总体还是十分合适，我仍然可以顺畅地呼吸。但过了一会儿，水龙头越开越大，浴缸里的水越来越多，排水开始力不从心。热水拍打脸颊，嘴里塞满泡泡，如果再不做点什么，邻居就会发现我手里拿着莫吉

---

　　[1]　现在回头再看这部电影，你会发现"环境保护署"（Environmental Protection Agency）在这片子里算是反派。因为在1980年代，任何形式的监管都被视为对自由市场企业家的束缚。我们应该站在那些背着质子背包的家伙这边，对有人试图检查这是否会伤害公众而感到愤怒。除了攻击环保署，他们在片子里还抽了很多烟。当你读到本书关于否认气候变化和烟草行业的章节时，你就会明白这一点。我真的很期待和我的孩子一起看这部电影。——原书注

　　[2]　碳汇是指通过植树造林、植被恢复等措施，吸收大气中的二氧化碳，从而减少温室气体在大气中浓度的过程、活动或机制。——译者注

　　[3]　气候科学家喜欢这类比。此外，我意识到用浴缸来解释水槽听起来好像我真的不懂管道，但请原谅我。——原书注

托，光着身子漂浮在水面上了。

至于脱碳问题，相较于使用碳汇，非营利组织"反转地球暖化计划"（Project Drawdown）的执行董事乔纳森·福里博士（Dr. Jonathan Foley）说得很好，也简洁得多："我试图找到更好实现碳源和碳汇平衡的方法。减少污染源是首要任务。维持和增加碳汇是第二种解决方案。如果你的浴缸漏水，淹了你的房子，在你拿拖把之前，应该先关掉水龙头。"

回归自然

维持和扩大这些天然的温室气体碳汇媒介的确重要，但作用确实有限。最好的选择还是种树，这通常被吹成一个能够拯救我们所有人的解决方案。的确，我们绝对应该拥有更多的森林——哪怕出于各种其他原因，比如支持生物多样性，以及有地方拍摄斯堪的纳维亚侦探剧。[①]

我们需要种植大量树木来吸收现在排放的所有碳。我们有足够的空间在现有森林植被基础上再添更多的树木。根据最乐观的估计，潜在的最大吸纳量约能达到 100 千兆吨碳——大约是近十年排放量的总和。[12] 不过，即使我们设法种上了这些树，一旦它们不知怎的全部焚之一炬，比如全球新近发生的这些野火，那我们该怎么办？那么我得严肃地说，我们将会彻底凉凉。我们甚至保不住我们已有的森林。也许应该先从这里开始：让《飓风营救》（Taken）系列里利亚姆·尼森（Liam Neeson）扮演的角色参与进来："如果你毁了这些树木，我会找到你，然后杀掉你。"砍伐森林对于气候变化的影响自然十分显著，所以阻止这一行为应

---

① 我发现搬到乡下的唯一缺点在于，由于多年怒刷网飞剧集，我无论在哪里散步，都会期待能偶遇一具尸体。——原书注

该是最优先事项。所以，我们百分百需要更多的树木。但是，如果你认为植树是"应对气候变化的最有效之法"[13]，那么你就大错特错了。这并没有解决问题的根本，因为我们还需要让化石燃料永远留在地底下，等等。

修复土壤是增强自然碳汇的另一种重要方法。普通的泥地、泥炭地和湿地，这些土壤的有机成分含量很高，也扮演着重要角色。在大多数生态系统中，植物终其一生都努力吸收碳元素，然后死亡并分解，最终这些碳都会返回大气中。但是，泥炭地多形成于雨水充沛地区，土地总是湿润的。你通常可以通过泥炭地科学家对优质雨靴的热衷程度来识别他们的身份。由于土壤中负责分解的微生物活得不带感，因此无法有效工作，所以那些储存在地下的碳并没有回到大气中，而是留在了地下。

虽然泥炭地可能不是吸收碳元素最有效的方式，毕竟本身就会产生相当多的甲烷，但泥炭地事实上已经储存了惊人数量的碳元素：大约 600 千兆吨。[14] 这个数量约等于全球所有森林的碳含量。因此，更重要的或许是阻止受损泥炭地因为气候变暖和干旱劣化为排放源。目前，受损泥炭地造成了大约 5％ 的人为二氧化碳总排放量。[15]

也有人甚至声称土壤可以完全解决气候变化问题。在 2013 年的一次 TED 演讲中，生物学家艾伦·萨沃里（Allan Savory）描述了全面放牧——让自由放养的牛在半干旱土地上漫游、吃草和排泄——是如何改善土壤健康并解决气候变化问题的过程。尽管这或许有可能吸收一些排放，但无法像他的建议那样，形成足以解决气候变化的规模。这里还有个纯粹的玩笑，虽然他姓

Savory（美味的），而他却在试图消灭沙漠（desert）①。但我实在提不起劲去品味这个笑话。有时候你得知道，有些麻烦不值得费神。

疯狂科学家

对于消除空气中的二氧化碳，我们还有几种技术可以选择。一种是生物能源与碳捕获和封存技术（BECCS），即将生物能源、碳捕获和封存技术结合在一起。从发音上看，"BECCS"像是一位名叫瑞贝卡（Rebecca）的上流年轻女郎的昵称，我可能是和她在大学里认识的。这种技术的基本思路如下：先种树，让它们从大气中吸收大量二氧化碳，再烧树，以产生能量，同时捕获燃烧释放的二氧化碳并将它们封存在地下，就像普通的碳捕获和封存技术一样。整个过程会多次循环，在同一块土地上种树烧树、储存排放。随着时间的推移，这个过程将减少大气中的二氧化碳并将其封存在地下。

问题在于，生物能源与食物生产可利用的土地间存在竞争关系，因此可能会推高食品价格。[16]另一种是与碳捕获和封存类似的技术，即直接空气碳捕获技术（DAC），也就是从空气中吸取二氧化碳，就像用除湿机吸收空气中的水分一样。问题是，这种方式同样相当麻烦且成本高昂。[17]

然后还有一些关于如何管理全球气候系统的建议，有些极端到一听就像来自邦德系列电影中反叛的剧本——这些通常被描述为"地球工程"（geoengineering）技术。其中一个代表性主张就是重新冻结北极，不过每当我们认为可以通过像对待 Viennetta 千

---

① 沙漠的英文"desert"与甜点的英文"dessert"在构词上很接近。——译者注

层雪冰淇淋那样对待地球时，我就有些担忧。另一个建议是通过在太空中放置巨大的镜面来减少到达地球的阳光量。是的，就像全身镜那样的镜子。

地球工程是韩国一部极为疯狂的电影（包括衍生的电视剧）《雪国列车》（*Snowpiercer*）中的情节。在这部电影中，人们往大气中注入大量反射光线的气体，试图阻止气候变化。但这一行动适得其反，反而把地球变成了一个雪球。然后，地球上剩下的所有人都生活在一列火车上。[①] 无论如何，哈佛大学的科学家们正在进行一个实验性项目，测试这个释放平流层气溶胶以冷却地球的概念。[18] 准备好买票吧。同时，我推测地球工程也是杰拉德·巴特勒（Gerard Butler）主演的大片《全球风暴》（*Geostorm*）名字的来源。如果你还没看过这片，那么简单概述一下剧情，主要说的是巴特勒设计了一个控制气候的卫星系统，以阻止气候变化。他是个英雄。但现在这个系统被恐怖分子劫持了，唯一能够阻止它的是被流放的独行侠巴特勒。先看这部电影，然后再看《雪国列车》，然后决定你是否认为地球工程是解决气候变化的明智策略（或者是虚构电影情节的好素材）。

我们可能确实需要清除大气中的温室气体，但这总归是次要的，重要的是保持化石燃料封存不动，更不要去燃烧它们。正如你将在下一章看到的，我们需要替代方案。

------

① 如果你还没看过，那这片子一定会让你大吃一惊。记得要在你反复在 YouTube 上刷《欢乐糖果屋》（*Willy Wonka & the Chocolate Factory*）类似视频之前看。——原书注

14

风停了咋办？太阳熄了咋办？

我们没人真正搞得懂电的工作原理。我的意思是，我以为我懂了，但其实并没完全懂。电可以说是我们能接触到的最接近魔法的东西。当然，我们知道《星球大战》的西斯君主并不可能真从指尖放出闪电，但考虑到我对放电的原理一无所知，就当他真能这么做吧。我的好基友伊恩是一名电工——他才是真正的魔术师。对我来说，他和他的同事们才是真正的保罗·丹尼尔斯（Paul Daniels）和大卫·布莱恩（David Blaine）[①]。

电力"目前"（刻意安排的双关语）[②] 是气候变化的一个重要原因，但这尚有转机。我们可以减少用些电（这似乎不太可能），

[①] 两人都是著名的魔术师。——译者注

[②] 原文为 "Electricity is currently（pun intended）a massive cause of climate change"，作为名词的 "current" 本身就有 "电流" 之意，但其副词形式 "currently" 只有 "目前" 之意。——译者注

或者也可以用非传统化石燃料的方法来发电。此外，我们必须确保电力清洁，因为电气化本身就能搞定很多其他污染物，比如发动汽车和供暖。让电气化净化这个世界吧，电力属于人民！

低碳发电的方法多种多样，有的较为成熟，有的尚在起步。这些方法要么是可再生的，比如风力和太阳能发电，要么是不可再生的，比如核能或焚烧某些废弃物发电（纯是个人观点，我觉得焚烧自己的粪便也可以算作可再生手段）。总体来说，从排放量来看，上述发电方法都可叫作"低碳"，虽然它们在生产过程中可能会产生一些碳排放，但相比其他化石燃料替代品来说，它们的排放量要低得多。随着我们对发电设备的原材料进行脱碳处理，比如由低碳钢制成风力涡轮机，排放量还会进一步降低。

多年以来，人们对于可再生能源有一个误解，那就是：因为制造这些能源本身就要耗能，所以它们对减排无益。此言差矣。例如，风力涡轮机的平均使用寿命大约在 20—30 年。最近的报告显示，只需用上一两年就可以抵消制造和运行它所产生的碳排放，有时时间甚至更短。[1] 在中国，风力发电产生 1 千瓦时电量的碳排放量仅为燃煤发电产生同等电量的 4％。[2] 数百名科学家一直在进行被称为"生命周期评估"（Life Cycle Assessments）的相关研究，以检查低碳电力是否真的"低碳"。所以，每当我遇到有些人觉得业内人士对上述问题缺乏深思或是检验时，我是真的觉得好笑。我猜其他许多行业也会有类似的情况发生。比如，许多病人会对医生说："但是，多运动意味着更容易饿，所以我不确定多运动是否真是一个好主意。"

大规模的清洁能源转型已经启动。据估算，到 2024 年，风能和太阳能发电总量将超过煤电[3]，成为最大的电力来源。许多国家的电力供应体系正在快速发生变化。2012 年以来，英国减少的

碳排放量中有 75％由电力部门贡献。2020 年，苏格兰供电中有
97％[4] 来自可再生能源。此外，破天荒地，英国从可再生能源中
汲取的电量超过了从煤炭和天然气中获得的总和。[5] 然而，到本世
纪中叶，英国的电力供应总量仍需增加一倍，方能满足我们的能
源需求。如果这种增长必须是低碳的，那么我们需要的清洁电力
总量将是如今的四倍。[6] 我们将不得不重新考虑采用国民参与机制
（national service），任何 10 周岁以上且有大于 5 年乐高游戏经验
的人都必须参加。好消息是，目前陆上风电和太阳能光伏发电的
成本已经比最便宜的化石燃料发电要便宜了。

太阳出来了

　　想想也是匪夷所思，早在读书时用掌上计算器键入“80085”
的那一刻起，我就已经在使用太阳能，但我却从未意识到这一
点。这让我不由回想在我们接受教育过程中，是否还经历了什么
其他成人世界事物的“青春版”。比如，以前课间挤在垃圾桶边
削铅笔，可能就是抽根烟喘口气的“青春平替”。
　　太阳能应用在过去 10 年间呈爆炸性增长，这主要是因为其成
本下降了 89％[7]，让更多人能用得起。想象一下，如果 10 年后，
一品脱啤酒从 5 英镑降到了 55 便士，你无疑会感到狂喜，你有可
能每晚都去酒吧。2010—2020 年，世界太阳能发电装机总容量增
长了 18 倍。[8]2020 年的一份报告显示，通常谨慎无比的国际能源
署居然称太阳能为“电力新王”（the new king of electricity）。有一
说一，太阳的潜力确实巨大，据估计，撒哈拉沙漠一块约 1554
平方公里区域产生的太阳能就足以为全世界供电。[9]
　　太阳能发电有不同的类型。比较主流的是光伏板，你可能已

经在邻居的屋顶上看到过，长得像是电影《回到未来》（*Back to the Future*）中布朗博士（Dr. Brown）的发明。世界上最大的光伏阵列位于印度的巴德拉太阳能公园（Bhadla Solar Park），2020年投入使用，容量为 2.2 吉瓦（GW）。在《回到未来》里，时光汽车"德罗宁"（Delorean）需要 1.21 吉瓦的能量才能穿越回过去。因此，巴德拉太阳能公园可以同时为大约两个马蒂·麦克弗莱（Marty McFlys）① 提供能量，或者为数十万户家庭供电；又或者，如果你喜欢更加传统的比喻，那就相当于约 290 万马力。[10]

显然，对那些希望控制电力供应的人来说，太阳能光伏发电同样很有用。太阳能的一个巨大优势是能够覆盖偏远地区，比如帮助撒哈拉以南非洲的人们获得电力。据估测，那里有 6 亿人尚无电网覆盖，但是却有充足的光照。我们讨论的不是那些追求时髦、主动选择自给自足极简生活的嬉皮士们，而是像生活在肯尼亚和赞比亚等国家的人们，他们渴望能用上电，但是却做不到。诸如 Azuri Technologies、Namene Solar 和 Bboxx 等企业，以及"太阳能援助"（Solar Aid）等慈善机构和"照亮非洲"（Lighting Africa）② 等公益项目，至少已经为统计意义上的数百万人提供了电力。太阳能有可能成为一个真正的人人享有之物，因为这项技术的成本逐渐走低，而且没有人可以宣称自己拥有太阳。嗯嗯，至少目前还没有。但是，保不准领英（LinkedIn）上的亿万富翁，比如贝索斯（Bezos）和马斯克（Musk）下一步就打算这么做。

聚光太阳能发电（concentrated solar power）系统也是一种技

---

① 《回到未来》的男主角。——译者注

② 由世界银行发起，旨在改善非洲照明状况，充分利用太阳能、风能等可再生能源，替代高二氧化碳排放量且相对昂贵的化石类燃料灯具。——译者注

术选项,它由一大片镜子组成,通常布置在一个巨大的场地里。这样做不是因为操作者极度自恋,而是因为这些镜子能将所有的阳光聚焦到一个中心点,然后将光能转换为热能,从而驱动蒸汽涡轮机。

答案正在风中飘

虽然英国常年有雨,发展太阳能的潜力比较有限,但作为一个岛国,英国确实拥有一种潜力巨大的可再生能源——风能。截至 2020 年节礼日(Boxing Day)①,风力发电量已经占英国总发电量的 50% 以上,创下了新纪录。[11] 不过,也许等到 10 年后,当我回顾自己这句话时,这个纪录可能会显得微不足道。英国首相鲍里斯·约翰逊(Boris Johnson)表示,他希望英国能够成为风能领域的沙特。[12] 这不禁让我想,换位思考的话,沙特能算是"XX的英国"? 或许是"不喝酒"的英国吧。因此,英国承诺到 2030 年实现 40 吉瓦的海上风电,这足以为英国所有家庭供电。英国大力发展风能确有其道理,因为大英耗能最甚的冬季,恰是风力最强劲的时节。这就像对于热带地区来说,他们可以在日照最充足的月份用太阳能来制冷一样合理。

在所有海上风电的受益者中,女王陛下无疑是最大赢家,因为她拥有不列颠群岛周围海床的所有权,可以通过出售许可证获得每年约 2.2 亿英镑的收入[13]。因此,我觉得如果把太阳能比作国王,那么风能自然就是"女王"。我希望她用这些钱对巴尔莫

---

① 节礼日是圣诞节次日或是圣诞节后的第一个工作日,是英联邦部分地区庆祝的节日,传统上要向服务业工人赠送圣诞节礼物。——译者注

勒尔城堡（Balmoral Castle）进行适当的隔热改造，以及解决一些低碳供暖的问题。保温注定是个麻烦事，或者她也可以采取一种更好的方案：搬进一个小平房。让人高兴的是，英国富有的土地贵族仍然有机会通过可再生能源获利，而不是将资金投入到绿色主权财富基金，就像挪威成功地对石油做的那样。或者，但愿这事儿只是说说而已——用来帮助当地社区。有些事情永远不会改变，但现在每个人都卷入其中。英国石油公司（BP）已经涉足风能市场，并购入了女王正在拍卖的一些沿海区域。[14]

作为一个苏格兰人，我对风还是略知一二的。我就生于一场狂风（gale，我妈恰好叫这个名字）。当前，风力发电已经成为苏格兰电力供应的主要形式，这很合理。就像因纽特（Inuit）部落有数百个关于雪的形容词，我们苏格兰人也有许多词用来描述风。事实上，2019 年上半年，苏格兰地区的风能足以为两个苏格兰供电。[15]（不过，没人需要两个苏格兰。我们该拿它们怎么办？是不是应该保留一个"好"的苏格兰，以便展示给客人看？此外，我不确定"一个苏格兰"会不会变成一个计量单位而流行开来。）

苏格兰的比阿特丽斯（Beatrice）海上风电场于 2019 年投入运营，共安装有 84 座涡轮机，每个涡轮机的桨叶长 75 米（相当于 35 个彼得·克劳奇），能够为 45 万户家庭供电。[16]2021 年，莫雷（Moray）东部海上风电场投入使用，并以 20 兆瓦[17] 的微弱优势超过比阿特丽斯海上风电场，跃居苏格兰最大的风电场。目前，一个更大规模的风电场——绿色海洋（Seagreen）海上风电场正在建设中，预计能够为 160 万户家庭供电。

目前，海上风力涡轮机的物理尺寸已经非常巨大。约克郡海岸外正在建设的多格滩（Dogger Bank）海上风电场预计将成为世界上最大的风电场，会有 600 座几乎与埃菲尔铁塔等高的涡轮机上装配有 107 米长的叶片。不过，我们只需要弄清楚它打算如何向游客收费，然后在周围设置一些专宰外地人的高价餐厅。

然而，风力涡轮机一直不受部分人的欢迎。像特朗普和普京（Vladimir Putin）都认为，风力涡轮机很不友善，因为可能会杀死迁徙中的鸟类。这确实是实话，特别是当它们被放置在鸟类迁徙路线上的时候，其中猛禽类最容易受影响，比如老鹰。在英国，风力涡轮机每年可能会卷死 1 万至 10 万只鸟。不过，据估计，猫每年会弄死 5500 万只鸟。[18] 那么，我们是不是应该把所有猫也干掉呢？应该，绝对应该。这些该死的猫都应该被关进一种定制的死牢。但是请记住，化石燃料一年会导致数百万人死亡。尽管应该对所有类型的新能源进行生态栖息地评估（包括新兴的风力涡轮机），但毫无疑问，被替代的化石燃料通过开采、爆炸和投毒等方式杀死的鸟类肯定比风力涡轮机造成的多。[19]

可再生能源的明显优势正如其名——"可再生"。风能和阳光可谓取之不尽，直到当太阳壮烈爆炸的那一天。到了那时，我们所有人都将被一个巨大的火球熔化。此外，可再生能源并不需要使用冷却水，这与渴望水源的热能发电厂明显区别开来。同时，随着气候变化，某些地方如何获取冷却水，这本身可能就会成为一个问题。[20]

但是，低碳能源选项同样不乏挑战。其中，关于可靠性的担忧是很中肯的，即当光暗了或风停了的时候该怎么办？这些都是满足用电需求峰值的关键问题，因为大家都倾向于在每天的同一时间使用烧水壶。幸运的是，很多人确实在考虑这些情况，而不是肆意安装光伏板和涡轮机。世界各地有数以千计的科学家和企业致力于解决这些问题。加州大学伯克利分校的一项最新研究表明，到 2035 年，美国可以依靠当前技术稳定满足 90％的电力需求，而无须增加消费者成本。[21]

2021 年 2 月，一个偏离正常路径的极地涡旋冬季风暴袭击得州，导致 400 万人断电，风力发电一下子变成了这场大规模停电的众矢之的。福克斯新闻频道（Fox News）和福克斯商业频道（Fox Business）在两天内抨击可再生能源高达 128 次[22]，尽管事实上，因为化石燃料和核电导致的停电次数是风力发电的约两倍。[23] 这次大停电的真正原因在于没有做好未雨绸缪，电网和基础设施都还不适应在此类极端天气下运行。

储存空间

由于可再生能源自带的变化特性，灵活的电网将是清洁能源转型的关键所在。尽管这会让人联想到田野中一排排拉着老长线的电塔，仿佛是在做瑜伽拉伸一样，[①] 但实际上它指的是电力储存、灵活需求、智能电表以及使用连接装置。[24]

储存过剩的可再生能源对于应对气候变化至关重要。电池势必成为"关键先生"，如果有谁能不知疲倦地工作，那肯定是金霸王（Duracell）的那只兔子。特斯拉也一直在建设超级工厂，我猜那里面住着一群橙色小矮人[②]，他们在马斯克这个威利·旺卡（Willy Wonka）[③] 式人物的带领下工作。2017 年，特斯拉在南澳

---

① 我要赶紧围绕这个专题开一个 Instagram 账号。——原书注

② 他们是澳大利亚人。——原书注

③ 威利·旺卡是电影《欢乐糖果屋》和《查理和巧克力工厂》（Charlie and the Chocolate Factory）中的主角，橙色小矮人是电影中的角色。——译者注

大利亚州建造了世界上最大的电池组——霍恩斯代尔电力储备站（The Hornsdale Power Reserve），我们也可以称呼其学名"AAA× 10^{-12}"电池。这个设备连接着一个风电场，可以 24 小时为 3 万户家庭供电。[25] 眼下，电池的体积正越变越大。澳大利亚的卡里卡里（Kurri Kurri）正在开发一种新电池，大小是特斯拉那款的 8 倍。[26]

还有其他的新储能方案。我有个朋友在一家名叫 Gravitricity 的苏格兰公司工作。我问他这家公司做什么业务，虽然谈话中他多次使用的"竖井"和"下放重物"等词语分散了我的注意力，但删繁就简，要点是他们仍在利用"苹果男孩"老牛顿的万有引力定律，通过在废弃矿井里丢下重物来发电。这与抽水蓄能发电类似，原理是通过水泵把水抽到山上，然后在高峰时段开闸放水，利用重力势能发电。同样地，旧的化石燃料基础设施也被用于生产清洁能源。

你的铀

我关于核能的所有知识几乎都是从《辛普森一家》中学到的。每当我看到一个核电站，就联想到它可能是由伯恩斯（Burns）先生及其助手史密瑟斯（Smithers）运营，里面还有霍默·辛普森（Homer Simpson）这样的员工。我还有一个知识来源是 HBO 电视剧《切尔诺贝利》（Chernobyl），这剧的观感就像最新一季的《辛普森一家》叫人心惊胆战。①

很多人反对核能是因为觉得它很危险，或者是将其与核武器

———————————

① 我误把《切尔诺贝利》BGM 添加到了分娩时播放的音乐列表，但幸好我及时发现了。——原书注

画等号。我认为这在很大程度上扭曲了大众对于这项技术的理解。当然，我们绝不能忘记曾经的悲剧，比如 1986 年的切尔诺贝利核事故和 1979 年的三哩岛核事故（两地也成为世界上最广为人知的地方）。当然，2011 年日本福岛核事故也相当严重。有趣的是，附近的女川（Onagawa）核电站其实面临着与福岛相似的情况，但由于在防范海啸宣传方面做得非常到位，包括建造了比实际所需更高更厚的反应堆保护层[27]，因此核电站在地震后基本保持完好。

综合来说，只要你手上有足够的铀，核能始终是一个可以提供稳定低碳电力的成熟选择。法国从 1970 年代起就约有 80% 的核电供应（不过令人惊讶之处在于，法国人在觉得吸烟很性感的时代就已经淘汰了化石燃料发电站）。然而，建设核电站耗日持久，成本更是高昂，尤其是在发达国家。一个突出问题在于，核能不同于太阳能和风能，你不可能建设大量的独立核电站，因此就没法形成规模经济，从而降低成本。

潮水高涨

由于技术问题、成本高昂或物理限制（如地理位置），还有很多其他可再生能源尚未普及。虽然波浪能和潮汐能仍未大规模推广应用，但比起风能和太阳能，它们还是更有优势，因为潮水毕竟更可预测且更稳定。如果大规模应用能够实现，那么它们就可以提供稳定的基础负荷电力。此外，在海上安装这些设备时，你还可以借机玩一把冲浪。像苏格兰北部的奥克尼群岛（Orkney）这样的岛屿就拥有世界上最佳的潮汐能潜力。关键是要想办法适应经济规律，带来经济效益。[28]

最后，还有一种方法，就是利用废物和我们能找到的任何其他资源来发电。在西班牙塞维利亚（Seville），城里到处都是树上掉落的橘子，那里的人们正在尝试一个大胆的计划——用橘子发酵产生的甲烷来发电。[29] 同样的方法也可以复制粘贴给其他水果。有句话说得好，当生活给你柠檬时，就用这些柠檬来为医院发电。[①]

人类电池农场

对于家庭用电，我们又能做些什么呢？如果你的屋顶日照充足，而且手头有钱，那么安装太阳能光伏板是个不错的主意。不然，那一大片石板除了能让鸟拉屎外，似乎也没什么其他用。我刚买下第一套房子，最终我会在有钱时，或者下一次疫情大流行或退休时安装太阳能板。目前来说，我家只有一些小型花园太阳能灯，如果你也非常想在晚上只让花园的某个特定角落被照亮的话，它们还是不错的产品。假如你租房或买不起太阳能板，将你当前的付费供能方式替换为可再生能源套餐是一个不错的选择。

科学家们甚至找到了一种用人体体温来发电的方法——是的，就像《黑客帝国》里拍的那样。[30] 看来我们的手表有望告别电池，因为我们自己就能给它们充电。这样，你就可以一边拿着 Kindle 读我的这本书，一边自己给它充电。我问伊恩他是否认为"人类电池农场"才是电力的未来？"不，显然不是。"他这样回答我。但他又补充说，成为一枚活电池，把你的能量从软弱无力的身体中抽走，总好过妻子离你而去，并跟一个 24 岁的 CrossFit 教练跑了。这的确是个值得思考的问题，不是吗？

---

① 借用自英语谚语："When life gives you a lemon, make lemonade."——译者注

15

出　生

我选择用爱生养孩子

人们总说出生日是孩子一生中最幸福的一天。我想说的是，我生命中最幸福的一天，要么是婚礼当天，要么就是任何一次去水上乐园的日子。我儿出生的那天，或许是我经历过最创伤的 24 小时。

事情其实在半夜就已经开始了，尽管我妻子并没有立即叫醒我。她在清晨 5 点轻轻推醒我说："我已经宫缩三小时了。"

我从未像那个瞬间般感觉清醒。

我们马上进行了所有力所能及的准备：试图吃点东西，做好身心准备，给家人发短信等等。但是，监测宫缩似乎很难，因为律动相当不规律。我们点开了《四个婚礼和一个葬礼》（*Four Weddings and a Funeral*）试图分散注意力，不过在接下来的几个

小时里，我想大概只看了 20 分钟。在先前的一周里，我们已经
看了很多浪漫喜剧，因为那是我们唯一能够做的。经过几轮与医
院的电话后，我们终于决定开车去医院，车程 30 分钟。

我一直怕车子不能正常发动，不记得怎么开车和去医院的
路，但幸好这些都没发生。由于在乡间小路上转错了一个弯，我
在等红绿灯时忍不住爆粗，而我妻子则努力听着耳机里教授的呼
吸技巧，尽管她不时感到恶心和疼痛。重要的是，我们到达医院
时，她没有在一辆雷诺 Clio 的后座上生娃。① 我扶着她走到医院
门口，但由于防疫要求，我被挡在了外面。

接下来，事情开始不顺起来。虽然她还没到直接住院的程
度，但是医护人员出于对她血压的担忧，所以要她留院观察。我
本以为只要用十几分钟就能帮她搞定，结果却陷入了无奈的僵
局，她不能离开医院，我也不能进去。在我妻子独自面对艰难早
产的 6 个小时中，我进不了医院，只能在医院外的停车场枯坐。
我不知道其间自己哭了多少次。我试图读一本关于气候变化的书
来分散注意力，这真太蠢爆了；我至少在车后面撒了三泡尿；我
不时和我妻子通话，在手机上看我俩的合照；我刷着推特，别人
都在忙着自己的一天，谈论一切都轻轻松松。对于我这段时间里
的行为，我妻子几个月后提醒道，虽然彼时疫情大流行，但是酒
吧照样开着。从技术上讲，我本可以去喝一杯来庆祝我儿的诞
生，但在这个过程中，我不能牵住我妻子的手——显然政府那时
的优先事务在别处。

最后，我被叫进了医院。我们两个都已经筋疲力尽，只希望
这一切能快些结束。结果证明，那时我们的进度条才刚刚读到一
半。对此我不作详细描述，只能说实际的分娩过程和我们想象的

---

① 我将在下一章中解释新能源汽车的情况。——原书注

并不一样。在后面的几个小时里，我尽可能回想各种产前冥想技巧，以帮助妻子控制呼吸和自我放松。在凌晨的某个时刻，我俩在每隔一分钟就光顾一次的宫缩中睡着了。

这不是说结果不美好，但是当娃第二天近 8 点终于降生时，我最强烈的感觉就是释然。对我妻子来说，一切总算结束了，母子的状态看起来还都挺不错。在护士的"胁迫"下，我更有幸亲手剪短了脐带。

护士："先生，您想剪脐带吗？"

我："谢谢，还是算了。"

护士："为什么你身为父亲可以不剪脐带？赶紧剪。"

这对话听上去像发生在新店开张的剪彩仪式上，而不是一个奇怪的外科手术程序中。终究是我——一个两天未眠的男人背负起了这个任务。

接下来的几个小时很美好。在很多个瞬间，我都能感到妻子是一个了不起的母亲。我感到我们彼此之间的羁绊更加强烈了。这种欣喜的感觉持续了大约 7 小时，然后我终于有机会在病房角落的懒人沙发上眯了一个小时。

抱着娃回家的时候，我甚至对他有些许敬畏。他现在也是我们小家的一分子了，这个小人会和我们一起度过余生。回想 9 个月前，那时的我站在爱彼迎的奇怪出租屋里，对妻子怀孕的消息反应平淡。现在，我却是手足无措。

在我出生的 1985 年，公众对于气候变化的意识还处于初级阶段。《回到未来》正在影院热映，大气二氧化碳浓度仅为 346 ppm。一个名为"350.org"的气候组织认为，350 ppm 应该是适合人类的一个合理的二氧化碳浓度水平——这也是该组织名字的由来。当时的电影观众看着银幕上年轻的迈克尔·J. 福克斯

(Michael J. Fox)开车穿越回 30 年前,他们还不知道在未来 30 年里地球将会发生什么变化。尽管在此之前,科学家们(包括许多大型化石燃料公司的科学家)已经关注这些问题几十年了,但这一议题直到 1988 年才真正在全球范围内引起关注。那时候,我的弟弟刚出生,我也才 3 岁。我把大部分精力和时间花在玩弄汤马斯小火车上,很多年后这种对火车的迷恋随着我对气候的关注卷土重来。当时,各党派对此还没有形成如今天这般的意见分歧。那一年,老布什总统还说:"那些认为我们对温室效应束手无策的人忘记了白宫的影响力。"要知道,他可不是什么环保主义者(tree-hugger)。

1988 年,联合国政府间气候变化专门委员会成立,旨在集合所有科研力量,推动全球各地形成统一认识。委员会于 1990 年发布首份报告。同年,英国首相玛格丽特·撒切尔在一次演讲中指出:"全球变暖的危险虽然尚未显现,但已经足够真实,以至于我们需要作出改变和牺牲,这样我们就不会以牺牲子孙后代的利益来享受当下的生活。"我对撒切尔的记忆就是,每当她出现在电视上时,我的祖母都会嘘她,我也会跟着唱起"玛吉、玛吉、玛吉,滚、滚、滚!"的口号。虽然我当时并不知道这种情绪背后的真意。我只把她当作另一位我奶奶不喜欢的老太太,就像住在对面 92 号的珍·加斯卡登(Jean Garscadden)一样。我知道奶奶不喜欢珍女士,是因为她从不修剪家门口的树篱,这让街道看起来"不优雅"。但那时我却不知道她到底为什么不喜欢玛吉。不过,那个时候,撒切尔的想法还算是前卫的。也许,在切尔诺贝利核事故后不久,人们很容易就能联想出一幅团结对抗全球潜在威胁的画面。

因此,1990 年代伊始,全球弥漫着一种乐观的论调(事实最终证明了我们的天真），即这个问题很快就能得到解决。这种乐观情绪部分可能来自《蒙特利尔议定书》（Montreal Protocol）签订之后，世界迅速采取了保护臭氧层的行动，明确禁止使用会消耗臭氧层的各类气体。但气候变化这边的情况却不太一样。1992年，各国在里约热内卢地球峰会上开始谈判，最终在1997年签订了《京都议定书》（Kyoto Protocol）。同年我开始读高中。许多人认为这将很快解决气候变化问题。正如我们现在所知，这简直就是天方夜谭，这才哪儿到哪儿啊。在接下来差不多十年间，在各种因素的作用下，一些国家在现实中无所作为或持抵制态度。1998年也曾刷新"史上最热年份"的纪录（这一年对我也是火辣，因为我献出了自己的初吻）。

2001年，我主要忙于考试。那一年，不仅有《速度与激情》（*The Fast and the Furious*）上映，同时也是当时有记录以来第二炎热的年份。当然，现在它的排名已经下滑到第二十名了（《速度与激情》电影可能也出到第二十部了）。到2006年，《速度与激情：东京漂移》上映时，中国首次超过美国成为世界最大的碳排放国。还有另一部名叫《难以忽视的真相》（*An Inconvenient Truth*）的纪录片也是许多人了解气候问题的途径。一种时代的紧迫感应运而生。同年，我第一次从大学毕业并进入金融行业工作。等到2009年我开始攻读博士学位的时候，这种紧迫感几乎消失了，因为我们既经历了哥本哈根气候峰会，也看到了一部只有名字和《速度与激情》有关的电影，这两者都极其令人失望。2013年，我拿到了博士学位，看了《速度与激情6》，这时候的全球二氧化碳年排放量比我出生时高出了75%。2015年，《速度与激情7》和《巴黎协定》两者的表现都非常出色。等到2019年《速度与激情：特别行动》赢得我由衷认可的时候，我都已经结婚了。

在我从婴儿到成人并且有娃的不长的时间里，我经历了我人生的各个重大事件，包括《速度与激情》系列的所有电影，但是，全球二氧化碳排放总量中的 55％也发生在这段时期。我不能让这种事情继续发生在我娃身上。

哦，我们给他取了名字，不过我不会告诉别人。反正我们自己也很少叫这个名字，更多是以我家想出来的一系列昵称。从现在起，我只会用我提议但被我妻子当场否决的名字来称呼他。奥斯卡·温宁（Oscar Winning），他出生的那年，我们呼吸的空气中的二氧化碳比我 1985 年出生时多了 1/5。

此刻，有一个问题依然在我脑海中徘徊：气候变化将对他余下的生命产生什么样的影响？

16

汽车真的糟透了吗？

海滩男孩乐队（The Beach Boys）在歌里这样唱道："我到处跑，到处跑。"这实际上并非是指去 Queen's Head 酒吧喝两品脱的时代啤酒（Stella Artois）和一杯青柠伏特加，而是关于人口的流动性。

现在我们的行动范围比过去要广得多，从比喻意义上看，世界确实变"小"了。这对地球带来了极大的影响。在英美这样的国家，个人交通常占到个人对气候影响度的大约 1/3，汽车则是我们日常生活中从 A 点移动到 B 点的主要方式。[1]

我在 35 岁时买了第一辆车。（是我 35 岁，不是车。）

虽然我是《速度与激情》系列的铁粉，但是坦白来说，我却称不上特别喜欢汽车。① 我知道有人爱极了它们，但对我来说，它们只是一种实用的工具，就像楼梯那样。我真的不理解，既然有那么多关于汽车的杂志，为什么就不存在《楼梯世界》（*What Stairs?*）杂志②。驾校训练更是我在世界上最讨厌的事情，每当我的教练在外面按响喇叭，表示自己到了的时候，我就会感到身体泛起阵阵痛苦。这种感觉就像巴甫洛夫反应一样如影随形，现在我只要听到喇叭声，身体就会在一阵痛苦中紧绷起来。不过，这本来就是喇叭的用途，所以这也没什么不好。

尽管上了那么多可怕的驾驶课，我还是因为行驶速度太慢而挂了科目考，因为我不确定其中有一段路是不是有 60 英里（约96 公里）/每小时的限速，所以我只开到 30 英里（约 49 公里）。因为确保安全而挂科，真的叫我有些难以释怀。出于固执，接下来的 7 年我都拒绝再考驾照。后来，我和我弟弟共用一辆家庭汽车好几年，但我们对它都缺乏足够的关注，我也因为担心会不小心按到喇叭触发恐惧而敬而远之。我刚刚还想起来一件事，我爸爸让我弟弟穿西装去考驾照。是的，我没开玩笑，我爸觉得这样会让他看起来像一个正派的 17 岁青年，不像其他那些对交规置若罔闻的年轻飙车党。结果是我弟弟照样挂科。

最终，我搬到了伦敦，那里不需要汽车，尽管到处都是汽车。我有时很想知道伦敦坐在汽车里的人都要开到哪里去。如果你停下问他们，他们可能会说："我真的不确定——这只是我们一直以来的做法。现在，赶紧麻溜地开走！"

---

① 我知道这就是人性的矛盾之处，就像又爱又恨也是人性。同时，我刚发现速激系列中有好几部真的很愚蠢。——原书注

② 《汽车世界》（*What Car?*）是英国乃至欧洲的知名汽车杂志，创办于1973 年。作者此处化用了杂志的名称。——译者注

在儿子出生前两个月，我又搬离了城市。到对口的医院没有快速公共交通手段可用，开车也得要 30 分钟，我和妻子都不愿意在行将分娩时步行就医。我一直为交通手段和当一个新爸爸而担心。我们能够及时赶到医院吗？如果娃在家需要紧急送回医院该怎么办？我甚至担心没有车该如何让他入睡，毕竟我爸过去总是把开车带我四处晃荡作为一种催眠手段（所以，在我一岁之前我的碳排放量就已经很高了）。

所以，历经种种之后，我终于屈服了，并进行了一些关于如何做一名合格"司机"的研究。然后我关闭了电影《赛车总动员》（Cars），因为它并没有像我想象的那样有帮助，至于《赛车总动员 2》更是毫无用处。你大概认为我会就此吸取教训，尽管我开始喜欢上了闪电麦坤（Lightning McQueen）①。事实上，我从所有的研究中真正学到的是：《赛车总动员 3》真的是一部被低估的好片。

我决定找一位交通专家咨询下。吉莉恩·安纳布尔（Jillian Anable）是利兹大学的教授。她是这样解释自己的研究的："如何改善我们混乱的交通系统？你要知道，在这个系统里，那个价格不菲、由高强度钢和塑料制成的盒子一天里往往只会派上一小时的用场，并且车里唯一的那人还经常被堵得纹丝不动；在这个系统里，坐五分钟公交车到路的另一端的费用比买一杯三重浓缩大杯拿铁还要贵。"原来，要想研究我们交通系统的弊端，需要有一定幽默感才能 HOLD 住。不过，安纳布尔教授还是给我指了一些有用的研究方向。

---

① 《赛车总动员》中的主角，是一辆红色跑车。——译者注

到处都是车！

目前，6700 万英国人大约拥有 4000 万辆汽车。[2,3] 这几乎意味着每一个人拥有 2/3 辆汽车，就像《摩登原始人》（*The Flint-stones*）中的汽车一样。那些担心外来移民接管英国一切的人，其实更应关注的是汽车。据估计，全球有超过 10 亿辆汽车。数量多到如果你尝试一辆接一辆排起来，要么被勒令停止，要么会得透纳奖（Turner Prize）①。我直到最近才真正意识到汽车究竟有多么普遍。大多数车都处于空闲状态。平均每辆车的一生中只有 4% 的时间处于使用之中。1/3 的私家车不会每天被使用，其中 8% 的车更是一周内不会被用到[4]。真是一群懒虫。虽然它们在家吃灰总好过开上路制造碳排放，但是如果它们从未存在那就更棒了。汽车早已开始主导我们所在的社会环境。室外，到处都是面包车、大巴车、红车、蓝车和停着不开的车。② 室内，电视上的新车广告不断，BGM 则是美国新浪潮摇滚乐团汽车合唱团（The Cars）的歌，广告间歇则是吉米·卡尔（Jimmy Carr）和艾伦·卡尔（Alan Carr）③ 主持的节目。

道路运输对环境的破坏主要体现在两个方面。其一，从全球范围来看，它是温室气体排放的一个重要原因。其二，从地区范围来看，它经常成为空气污染的主要来源，也是人们互喷"你瞎

---

① 透纳奖是以英国著名画家约瑟夫·马洛德·威廉·透纳（J. M. W. Turner）的名字命名，颁发给 50 岁以下英国视觉艺术家的年度奖项。该奖于 1984 年设立，现已经成为英国最著名的艺术奖项。——译者注

② 这真就是我描述汽车的方式。不，伊恩，我真不知道你的现代汽车长什么样。——原书注

③ 这两位名字里都有"Car"（汽车）。——译者注

啊？把眼睛大啊，马古先生（Mr. Magoo）!"[1] 的诱因。运输车辆导致的温室气体排放有部分源于制造阶段，但主要还是来自于车辆前部的内燃发动机，其本质是通过燃烧化石燃料产生小型爆炸推力，这就是汽车前进的动力原理。在发展中国家，道路运输产生的温室气体排放正在上升，在富裕国家则更是排放的最大源头。在英国，自 1990 年以来，电力和工业部门的排放显著减少，但道路运输（排放）却像杰里米·克拉克森（Jeremy Clarkson）[2]一样顽固，几乎没有任何改变，仍然对环境持续输出伤害。现在，虽然能源整体使用效率提高了，但是更多的汽车数量和驾车出行却抵消了这种积极效应，导致交通运输稳坐英国排放量最大部门的地位。

柴油车与 SUV 的丑闻

试图搞清楚哪种内燃机汽车最糟糕是一件越来越难的事情。到底是汽油车还是柴油车？或者说所有带有私人牌照的车辆都很糟糕？有一段时间，柴油车更受推崇，不仅是因为其产生的温室气体较少，被普遍认为比汽油车更环保，更是因为享受到了税收优惠，深受各方欢迎。但是，代价是造出了一辆产生更多氮氧化

---

[1] 马古先生是 1949 年由美国联合制作公司（UPA）动画工作室创作的卡通人物，他家财万贯，不仅高度近视，而且还有些糊涂，经常做出一些奇特的举动。——译者注

[2] 杰里米·克拉克森，前 BBC 著名主持人，长期主持汽车节目《疯狂汽车秀》（Top Gear）。其主持风格幽默风趣，但是常语出惊人，招致很多抗议和反对。——译者注

物（NO_x）和细颗粒物（PM2.5）的车子，这些都会导致空气污染。[1] 后来，汽车行业在 2015 年经历了所谓的"柴油门"（Diesel gate）丑闻。简单来说，就是大众汽车在实验室测试中造假，通过程序干预，人为降低了氮氧化物排放量，以便柴油车能通过验收标准。但在现实生活中，这些柴油车在路上会造成更多排放。大约有 1100 万辆汽车安装了这些作弊程序[2]，其中 850 万辆在欧洲。[5] 这让顾客认为他们的汽车比实际上更干净。

这起丑闻已经对大众汽车造成 300 亿欧元的损失。[6] 这是大众汽车发展史上的一大污点——考虑到它是由纳粹创立的，这实在是意味深长。有趣的是，马萨诸塞州的剑桥市已成为美国第一个强制在加油站油泵上贴黄色警示标志的城市，类似于香烟盒上的标签，警示标志上印着以下文字："汽油会对人类健康和环境造成极大影响，包括气候变化。"[7] 我认为这种做法应该贯彻到底，并且像香烟包装上的癌变肺部图一样，在泵机的侧面添加展示气候变化造成环境破坏的各种图片。不过，要在一个画面中塞进近 80 亿人可能相当困难。

在过去约 10 年里，全球 SUV（运动型多功能车）拥有量的增加加剧了气候变化。我相信 SUV 是"如此不必要的车辆"（Such Unnecessary Vehicles），这仿佛是《鲁保罗变装皇后秀》（*RuPaul's Drag Race*）参赛者会说的话。2010 年，英国人拥有 20 万辆 SUV，10

---

① 空气污染与气候变化虽然不同但密切相关。空气污染更倾向于局部化，其中的许多污染物会对人类环境造成伤害。比如，对人类健康有害的煤烟。这些物质相互作用，通常引起气候变化的因素也会导致空气污染，反之亦然。——原书注

② 根据调查发现，大众汽车生产的搭载涡轮增压直喷柴油发动机的市售车型与送检车型采用了不同的动力控制程序，在排放数据上造假以通过排放测试。——译者注

年后增加至近 100 万辆。[8] 平均而言，SUV 比中型汽车多消耗 1/4 的能源，[9] 并且自 2010 年以来，它们在全球碳排放量增加"贡献度"榜单上排名第二，仅次于电力。这种情况很可能是一种趋势所致，即随着时间的推移，汽车越造越大，仿佛我在新冠疫情封锁期间的腰围。其实上述两者全无必要。在欧洲，1/3 的新车是 SUV，在美国则有一半。[10] 2018 年，英国售出的 SUV 数量是电动车的 37 倍。[11]

安纳布尔教授说："这里需要作出明确的权衡：我们如果能让车更小、更轻，就不需要限制行驶里程。"

这些大块头破车已经成为荒谬的社会地位的象征符号。你永远不会看到我花时间和金钱去获取一种象征符号，不然我就枉称博士。越来越大的车辆似乎是另一种没必要的美国进口货。SUV 被认为"安全"，但这很大程度上取决于指的到底是谁的安全。这就有点像持枪权。人们总说"我们需要保护孩子"，但事实上，开着这辆小型坦克般的车送六岁的娃去学校时，你几乎看不清路面。

很多人似乎没有意识到，在当地小学外空转的 SUV 是如何影响孩子们的健康，并为他们带来一个气候变化的未来。还好，家长们已经开始认识到这些影响并愈发关切。像伦敦的 Mums for Lungs 这样的组织，正在致力于宣传和提高人们对城市道路运输污染以及对儿童成长影响的认识。此外，在曼彻斯特附近的泰姆赛德（Tameside）地区，一群捣蛋小孩装扮成警察，给在学校周围开车空转的家长们开出假停车罚单，因为他们发现当地空气污染水平超过了法定限制。[12] 这真的很棒，也产生了较大的积极影响——只要他们长大后不想成为交通管理员就好。

把"锅"扣到消费者头上虽然很容易，但问题在于这些庞大的汽车就像超大份升级套餐，被有意推销给他们。对于汽车厂商来说，SUV 是最有利可图的型号，因此它们不断推出吸引人的融资套餐，并且广告费越投越多。在法国，汽车厂商针对 SUV 的市场营销预算比普通轿车多 40%。[13] 最近，智库 New Weather Institute 和气候慈善机构 Possible 联合发布的一份报告呼吁禁止大型汽车广告，因为污染严重。我们不需要这么大的汽车。2020 年的一份报告发现，英国有 15 万辆新车因为太大而无法适应标准停车位。[14]

就个人来说，我判断一辆车是否太大的标准在于能否将它塞进一顶露营帐篷。下面容我多说几句。那是 2012 年，我在尼斯湖附近的一个音乐节上演出，这个音乐节被非常贴切地命名为"RockNess"。许多喜剧演员被指定在后台的一片露营区集合，那时我正盘算着怎么整活。一位名叫雷·布拉德肖（Ray Bradshaw）的喜剧演员和朋友有一个巨大的帐篷，因此我策划了一个计划，看看是否能在他们不在的时候，将某人的车开进那顶帐篷。我清理了他们帐篷里的东西，然后帮助司机将车倒进去。车子完美地卡进去了。接着我们拉上帐篷的拉链，事了拂衣去。后来消息传开，当他们晚上回营地取毛衣的时候，那里"恰好"聚集了一大群吃瓜群众。不用说，他们受到了相当大的惊吓。至今，这仍能算是我整过最有意思的活。实在比这本书好太多了。

有车一族该怎么办？

即便有车，你仍然可以做很多事情来减少开车产生的碳排放量。首先，以正确的速度行驶。尽管每小时约 88 英里（141 公里）可能是穿越到过去的理想速度，但它对其他任何事情来说都不是一个适宜的速度。开车上高速的大多数人都想尽可能快地抵达目的地，但这同样伴随着经济和环境的双重成本。因为如果以更高的速度行驶，在相同距离条件下，汽车需要更多的燃料来抵抗风阻。将最高时速降低至每小时约 55 英里或 60 英里（88 公里或 96 公里）能够有效减少排放，并且节省油钱。

　　另一条建议是别在车内空转。如果你打算静止不动超过 10 秒，最好还是先把引擎给熄了。因此，"得来速"（Drive-throughs）① 是一种效率低下的做法。大家还是走进麦当劳吧。我知道，对着一个盒子说话然后从窗户里取餐的感觉确实挺神奇的。但如果你真的想吃，那就来一段经典的"醉汉行走"，晃晃悠悠地穿过得来速的车道，假装自己是一辆车。

　　保持汽车尽可能轻（light）也是好事。我说的"轻"不是"亮"②，那会耗尽电池。我的意思是说不要在车里装满哑铃。显然，如果你车里坐满了人，那就更好了，因为这样可以分摊碳排放量，但是额外重量会降低引擎效率。同时，还需要保持轮胎气压充足，因为低于推荐的胎压值也会影响效率。③

　　共享出行工具是明确有效的解决方案。在通勤高峰期，路上的大多数汽车都只有一位司机和四个空座。这是对资源和金钱的巨大浪费。当然，我理解每个人都喜欢有自己的空间，特别是当他们刚醒不久，未必想要与一车闲杂人等进行尬聊。但是，如果你每周能共享出行一两天，这将减少你对气候产生的影响。现在

---

　　① 　常见于肯德基、麦当劳等快餐店的一种商业服务方式，即顾客驾车进入购餐车道，不需要下车就可以进行点餐、付款、拿取产品，之后驾车驶离购餐车道。——译者注

　　② 　"light"同时有"质量轻""光线亮"的意思。——译者注

　　③ 　但是，为什么轮胎上螺帽盖这么难拧开而且很容易掉落？可以考虑推出一个叫作《犯罪现场调查：轮胎气压》的电视节目。——原书注

共享一辆汽车总好过 30 年后躲在地下掩体里共享一个马桶要好，不是吗？你可以通过 Liftshare 和 BlaBlacar 等网站给自己安排上。另一种共享出行方案是借驾驶课之便进行通勤：你甚至可能足够好运，搭上一个穿西装的 17 岁男孩的便车。

共享车友俱乐部正随着 Zipcar 和 Co-Wheels 这样的 App 蓬勃发展，在年轻一代中备受欢迎。拥有"所有权"似乎更多是老一辈的愿望，而年轻一代只是想实现自己从 A 点移动到 B 点的"服务"。住在伦敦的最后一年，我搞了一个 Zipcar 会员，这有助于我踏上深夜的 A&E①之旅。（我很想把 A&E 称作一个肖尔迪奇区的时髦俱乐部，但事实并非如此。不过，那儿的优点在于没有塞满毫无医学常识的小白，而且药品质量好得多。）美国的一项研究表明，使用上述汽车共享计划的人可以将其交通碳排放量降低 51%。[15] 问题是它们仅适用于相对规模较小的人群，并主要集中在较大的城市，而且这些方案对汽车所有权也并未产生什么影响。这些方案的最终目标可能是实现点对点的共享，即我们基本上都可以把汽车挂在一个 App 上以便出租，就像爱彼迎那样。如果你可以使用街上所有的汽车，你可能会重新考虑自己是否真的需要买一辆。此外，你还可以探查到自己的邻居在车里听什么电台。

总的来说，这还不够。安纳布尔教授表示，最重要的是鼓励人们少用汽车。但这真的很难，她认为这主要是因为人们对汽车有瘾，当她向人们建议少用汽车时，别人总是用别有深意的目光打量她，好像她建议"应该喝自己的尿"一样。安纳布尔教授还提议建立全球首个汽车成瘾者匿名互助组织。"我们可以让人们

---

①　A&E 全称是"Accident & Emergency"，在英式英语中，是急救室或急诊室的意思。——译者注

尝试'七步戒断法'（seven-step programme）。一旦他们成功靠腿走上七步，接下去就可以循序渐进地采取十二步戒断、二十五步戒断。一旦汽车成瘾者实现了二十五步的目标，甚至有可能发现自己已经能走到当地的商店了。"所以，就像"无肉星期一"（meat-free Monday）[①] 那般，或许我们需要再搞一个"清洁交通星期二"（clean-transport Tuesday）？

快骑上你的单车

与此相对的是，打造人们愿意乘坐的更好的公共交通就显得至关重要。公共交通在与个人交通工具的竞争中总是处于下风，因为从根本上说，我们内心深处排斥与他人共享东西。公共交通要想获得认可，必须更便宜、更方便，这是个既要又要的难题。不过，如果你认真寻找，会发现公交出行从各方面看都是一笔好买卖。就像 Megabus[②] 提供的标准配置套餐不额外增加费用。本地火车的票价要便宜得多。城市有轨电车同样很有用，尽管它们本质上是只能沿直线行驶的公交车。

"主动出行"（Active travel）[③] 是一个时髦的称呼，指的是步

---

① "无肉星期一"也称"周一无肉日"，是 2003 年由广告人希德·勒纳（Sid Lerner）与约翰斯·霍普金斯大学彭博公共卫生学院合作启动的活动，号召民众每逢周一食素，达到健康及保护环境的目的。目前该活动已经发展成为一项全球性活动。——译者注

② Megabus 是英国两家较大的客运公司之一，相比另一家公司 National Express，Megabus 提供的车子设施稍差一些，但票价更便宜一点。——译者注

③ 交通术语，也可译为"慢行出行"，即不靠其他动力，自主实现位移的出行方式。——译者注

行、骑自行车或电动自行车等方式,旨在吸引那些为健身品牌工作的人参与气候行动。这些选择的附加好处是对你的健康和钱包都有益。不过,那些选择主动出行的人常常不得不忍受汽车的尾气,尽管这种情况会随着电动车的普及而有所减少。在城市里骑单车短途出行是一个十分有用的快速解决方案。英国能源研究中心最近的一项研究表明,仅仅只需将城市中每天一次的驾车改为骑车,可以将一个人的碳排放量每年减少半吨。[16] 伊恩曾和他老婆为了追求一种奇特的浪漫,购买了一辆双人自行车,他们现在已经离婚了。伊恩只能一个人骑着它去商店。这是人类已知最悲伤的景象之一:一个人骑双人自行车。或许他需要一个双人自行车共享方案。

买不买电动车,这是个问题

如果你正在考虑买一辆新车,那又该如何是好?首先要搞清楚,你真的需要一辆车吗?虽然"无车社会"的想法或许只是一种幻想,但我们确实需要减少车辆总数,不过这很难做到。如果我们不能谈论走了什么什么路才到达目的地,那么我们在喝喜酒时真的没啥好和旁边人聊的了。

如果你真的要买,那应该买什么呢?好吧,事实证明,埃隆·马斯克在有件事上的观点是对的。不,不是那次骂潜水员是恋童癖的事儿,和新冠疫情也没关系。他曾经说,汽车行业的未来属于电动车。我们驾驶的汽车正在发生变革。下一部《变形金刚》电影可能讲的就是擎天柱用三个小时来充电的故事。预计到2020年代中期,即使政府不再给予补贴[17],电动车仍将成为市场上最便宜的选择。据估算,到2030年,欧洲电动车保有量将多达 4000 万辆[18]。届时，福特公司也计划停止在欧洲销售非电动汽车。[19]

一些国家在这方面已经遥遥领先。比如挪威，政府制定的巧妙税收优惠政策使电动车变得更便宜，销售的新车中有超过一半是电动车。[20] 有趣的是，挪威流行乐队 A-ha 早在 1980 年代就开始用电动车了。[21] 我向你保证这绝不是我的段子。1989 年，这个乐队的两个成员在瑞士买了一辆改装成电池供电的菲亚特车，并把它运回了挪威。这辆小车时速只有约 45 公里。由于当时官方尚未出台电动车的行车规定，于是他们自己制定了规则并注册为柴油露营车。然后他们开着这辆车到处跑，拒绝在收费站支付任何过路费，因为认为应该鼓励更多人开电动车。他们因此被罚款 30 英镑，但拒绝支付。最终，这辆车被没收了。后来他们又在拍卖会上以 20 英镑的价格买了回来，因为现场没人愿意买它。再然后，这支当时的当红乐队又开着这辆车在奥斯陆（Oslo）到处跑，继续拒绝支付过路费。这种情况反复发生。从那以后，挪威政府对电动车真的免收了高额的注册费和过路费。这支 1980 年代具有影响力的合成器流行乐队的远见卓识，被认为在挪威电动车的早期普及（对我而言）中起到了重要作用。①

英国已经承诺从 2030 年开始禁止销售新款汽油或柴油汽车，这是朝着正确方向迈出的一大步。在我看来，唯一的问题在于，如果现在就禁止柴油汽车，那么下部《速度与激情》电影势必"扑街"。

---

① 1984 年，A-ha 乐队发表歌曲《带我走》（*Take on Me*），歌曲随后迅速攻占英国乃至欧洲各大排行榜，1985 年在美国登上公告牌百强单曲榜（Billboard Hot 100）。作者在原文中化用了歌名：playing an instrumental role in Norway's early EV uptake (on me)。——译者注

一个老生常谈的争论焦点是："电动车也有排放！"有些人认为，事情有可能因为电池或是电力来自化石燃料而变得更糟。这个论点通常是某个家庭聚会上从未做过任何研究的叔叔辈提出的，或者是来自付钱买一些质量参差不齐的"研究"报告的传统汽车公司。[22] 简单易懂的事实是，就当前来说，欧盟区域的电动车全生命周期排放量平均约是同规格汽油或柴油汽车的 $1/3$。[23] 电动车生产阶段的排放量有可能高于内燃机车，但这会被后续行驶过程中节省的排放量所抵消。同时，随着电网逐步实现脱碳，电动车的排放量还会继续减少。

与鲍勃·迪伦（Bob Dylan）不同，公众对汽车"电气化"显然是持支持态度的。资深且知识渊博的气候运动家詹姆斯·比尔德（James Beard）告诉我，选择电动车将为消费者提供更好的使用体验，因为它们不需要像内燃机车那样频繁地维修。[24] 比尔德说："事实证明，如果你不需要定期在汽缸里制造一系列小规模的爆裂燃烧，那么维护就容易多了。"作为一个对汽车构造和原理一无所知的人，这确实有点吸引我，因为我再也不会在与机械师讨论燃油泵和化油器时总是感到力不从心。

不过，他也强调，油电转型意味着会有许多人失去劳动机会，这确实是一个问题。至于其他依赖化石燃料的行业，更需要对如何公平地让产业工人转行进行更多思考。相比于其他发动机零部件生产国（比如德国），我们英国人受到这方面的影响不会太大。因为我们的主要产品就算是电动车也需要，比如车门和车窗。

各种新车正按照电动车的思路，从零开始重新设计，而不只是将新部件塞进当前的内燃机车架构了事。比如，特斯拉的车辆基本上就是完全重新设计，大众汽车也正在采取相似的做法。

当然，技术难题在于咋充电。基本上，如果你有私家车道，那么，这都不是事儿。你的生活将会变得更美好，因为你将永远不必再去加油站，不用在付油钱时还要装得很酷，一边内心重复"8号泵、8号泵、8号泵"，一边在脑子里想着"他们问的时候随意地说出来就行了"，然后你走向柜台，工作人员问"先生，您加什么油？"时，你就冲着他们的脸大喊"8号泵"。事实上，如果需要的话，你甚至可以用汽车电池来为自己的房子供电，或者可以出租充电器给那些没有的人。装作自己拥有一个加油站是我和弟弟小时候非常喜欢玩的一个游戏。现在，由于他有一个私家车道，他已经圆了儿时的梦想。

然而，如果你像我一样没有私家车道，还是有很多其他选择的，比如改装为充电桩的路灯柱，还有超市和工作地点的停车场等提供的充电服务。乐购（Tesco）已经承诺在英国600家超市安装免费充电桩。[25]这本质上就像咖啡馆用免费Wi-Fi引诱你进店一样。在接下来的几年里，扩大充电网络将是重中之重，尽管这个网络已经比大多数人意识到的要好。[26]

有一些折中的选择，比如插电式混合动力车（PHEVs）和自充电混合动力车。可以理解，有些消费者会犹豫不决，不想直接从一个极端跳到另一个极端，而是更喜欢过渡性的中庸之道。同时，曾经有一段时间，这些混合动力车是城市中最绿色的选择，因为那时还没有厂家生产纯电动车。现在，看起来混合动力车反而成了两者缺点的集大成者。当插电式混合动力车运行由100%可再生能源充电的电池的时候，它们可以非常环保。否则，它们的工作效率极其低下。

"当不用电池运行时，它们可能是你能设计出来的最低效车辆"，比尔德如此说道。电池的额外重量意味着车辆本身就得烧更多的汽油，造成了辣眼睛的燃油成本和污染。据比尔德说，如果你有一辆纯电动车，你可能得每周或每两周充一次电。"如果你有一辆插电式混合动力车，你可能得每隔一天充一次电，以确保使用的真是电池而不是发动机。"路上很多的插电式混合动力车是公司车辆，所以许多使用者不用自己付油钱，对额外造成的排放也毫不在意。

拥有一个家庭似乎成了我们克服对汽车痴迷的障碍。

最后，我买了一辆二手的汽油车。我之所以没买电动车，是因为没那么多钱，而且即使我有幸能停在自己家门外[①]，我也没有地方充电，因为充电线得从我家拉出好几米，还要穿过人行道。我花了四天时间研究汽车，那是我一生中最糟糕的几天。现在我拥有了一辆雷诺 Clio，它有着我能找到的最小排量引擎，在上坡时简直是龟速。在儿子出生后，从医院开车回家无疑是我一生中最恐怖的旅程。[②] 我大约只睡了一个小时，还得开在黑暗的乡间小路上，靠着导航回到我们只住了两个月的家，而车后座上还坐着我见过的块头最小的人。

我不知道我的儿子是否还需要学习开车。等到了 2037 年，会不会街上只有无人驾驶汽车，就像那个吓人的儿童电视节目《布鲁姆》（*Brum*）[③] 一样？如果《霹雳游侠》（*Knight Rider*）[④] 中的 KITT 终将成为一辆大众车，那么我们最好现在开始留起哈

---

① 虽然我确实考虑过在房子里开一个夏威夷酒吧，并让行人在楼下跳林波舞（limbo）。——原书注

② 再加上有次我在希腊坐出租车的经历。——原书注

③ 英国儿童电视剧集，1991 年首播，讲述了一辆名叫布鲁姆的小型老爷车的冒险故事。——译者注

④ 著名科幻美剧，1982 年首播，主角拥有一辆具有高度人工智能与先进装备的汽车 KITT。——译者注

塞尔霍夫（Hasselhoff）[①] 那种造型的胸毛。我希望我的儿子不会
像我一样害怕驾驶课，最好是将来不再有这种课程，实际的驾驶
测试只包括从远处读对车牌号这一个科目。然后，你被要求下载
一个 App，这样就算过关。不过，英国车辆管理局（DVLA）仍
要收你 100 英镑的考试费。

[①] 哈塞尔霍夫，《霹雳游侠》男主角的扮演者。——译者注

17

我还能去度假吗？

不用说，去度假是一件美妙的事情，几乎是我们大多数人生活中唯一想做的事，因为我们可以暂时逃离平凡的生活、糟糕的工作和疯狂的国度。如果你和我一样生活在英国，那么离开这个潮湿、灰暗的岛屿，去度上一周或两周的假期，透过一副 4 英镑 H&M 太阳镜，仰望天空中巨大的红色火球，一手拿着一杯冰镇 Cerveza①，一手拨弄着一堆搞不明白的硬币，那绝对是你一年中的巅峰时刻。哪怕是第一天就全身晒伤，也不会让你感到沮丧。

然而，飞行或许是你能干出的最耗费碳的活动，也是你在"阳光、沙滩和嘿咻"之外，还可以增加二氧化碳排放的手段。伦敦到纽约的往返航班的碳排放量跟巴拉圭居民人均一年的量相当。[1] 伦敦到柏林的往返航班相当于三年不回收垃圾的碳排放量。[2]

---

① 西班牙语中的啤酒。——译者注

那么，我们是不是都需要放弃心爱的阿尔加维（Algarve）年假？或者，还有没有一些更容易让人接受的方式（无意中的双关语）①，比如创造一群能够飞翔的超人？

　　度假过程中的一些活动，比如品尝椰林飘香鸡尾酒、乘坐酒店电梯、为母亲购买高价纪念品等方式确实会产生一定影响。2018 年的一项研究发现，粗略来讲，旅游业占全球碳排放总量的8％。[3] 但在这 8％ 中，贡献度最大的部分无疑是个人选择的出行方式，飞机出行尤甚。恕我直言，无论你在酒店里重复使用多少次毛巾，这种举动就像往风力发电机里嘘嘘——只有你自己会注意到影响（和气味）。事实上，只要你一年乘坐飞机往返一次以上，那么坐飞机很可能就是你对气候变化年度贡献最大的单一变量。

低碳飞机！真的吗，你不是在说笑吧？②

　　很遗憾，对于长途旅行，除了坐飞机，我们没有什么其他选择。毕竟绝大多数人没时间划独木舟往返巴巴多斯（Barbados）度年假，更不用说这样干的前提是要有足够的上肢力量、划独木舟的能力或是自己有条独木舟了。我们距离电动飞机还有些距离，而且瞬间传送等技术也还只存在于科幻中。就算能成为现实，我们很可能只会得到一堆廉价的传送器，你会在传送过程中

---

① 原文使用的是"get on board with"，较多解释为"上船、登机等搭乘公共交通工具"。——译者注

② 此处英文原文为："Shirley, you can't be serious?"作者引述了 1980 年美国喜剧电影《空前绝后满天飞》（*Airplane*!）里的一段经典对白——男主泰德·斯泰克（Ted Striker）对鲁马克医生（Dr. Rumack）说："Surely you can't be serious"（你肯定不是认真的吧），鲁马克博士回答说："I am serious—and don't call me Shirley"（我是认真的，别叫我雪莉）。——译者注

弄丢身体部位："抱歉，先生，我们不小心把您的睾丸送到布达佩斯去了，您需要一些免费的替代品吗？"

10 至 20 年后，乘坐电动飞机进行国内旅行或短途旅行可能会成真，这对于在欧陆旅行来说是个好消息，虽然电动高铁也能承担类似工作。但我们需要从今天开始减少碳排放量，而且飞机完全依靠电池驱动实现飞越大洋的可能性似乎并不大。所以，尽管某些长途零碳飞行存在可行性，但这可能需要你在 6 个不同机场换乘接驳，才能完全依靠电动飞机飞抵曼谷。所以，还是回到泰坦尼克号上吧。

使用生物燃料（以植物作为燃料）是另一个经常被吹捧的选项，并且确实有其好处。然而，要快速扩大规模从而提供真实有效的减排帮助是非常困难的，同时也会伴随着许多问题。在许多地方，种植生物燃料作物意味着势必与种植人和动物的粮食作物争夺土地。你可能必须要在度假和两周的吃饭问题间作出选择。生物燃料还可能诱发大规模森林砍伐，因为需要腾出地方种植。这明显不是一个有利于气候的情况。[4]

航空公司难道不应该采取行动吗？

的确，航空公司和石油公司已经在低碳认证和新型解决方案方面做了很多积极的尝试。

比如，爱尔兰瑞安航空在广告中宣称自己是欧洲碳排放量最低的航司。[5] 从技术层面来说，这的确是句实话，尽管同时它又是欧洲碳排放量最高的航司。让人费解是吗？瑞安航空声称自己的碳排放量最低，主要是因为他们尽可能让每架航班都塞满了人，由于上座率高，每位乘客的人均碳排放量自然就变成最低了。[①]
这就像一个杀手声称自己是"最不坏"的大规模杀手一样，他虽
然杀的人最多，但都是一次性杀死的。

　　不过，你可不要误会。航班尽可能多装载乘客是一件好事，
或许你可以在这一点上找到些许安慰。当你的腿被前座的椅背挤
压，而旁边还紧贴着一个汗流浃背的胳膊肘时，至少你可以安慰
自己在为减排"尽一份绵薄之力"。但是，如果不是因为把每个
人像沙丁鱼一样塞进机舱以降低成本，从而拉低票价，人们也不
太可能像现在这样频繁乘坐飞机。果不其然，爱尔兰广告标准局
（Advertising Standards Authority）对瑞安航空提出了异议。现实
中，瑞安航空已经成为欧洲碳排放总量前十名的企业（这是头一
回有非煤炭行业的企业挤进前十）。你可以把这个榜单视为一种
末日版的《流行音乐之巅》[②]。

　　2019 年，英国石油公司在一次广告宣传中提出了这样一个问
题："香蕉皮能变成飞机的燃料吗？"往好了想，这种想法可能是
一种乐观主义态度，往坏了想，就是一种虚伪的绿色洗白
（greenwashing）。虽然食物废料确实可以充当一部分生物燃料原
料，但要形成可用规模仍然任重而道远，而且当前的可用废料还
远不足以提供我们实际所需的航空燃料。此外，我一直以为让我
飞起来的是我吃过的那些烤豆，而不是那些我没有吃的。[③]

　　事实上，当前唯一可行的解决方案就是减少人们乘坐的航班

---

　　① 　这其实就是个老掉牙的"增加分母"的把戏。——原书注
　　② 　《流行音乐之巅》是英国 BBC 的一档现场直播的流行音乐节目，于
1964 年 1 月至 2006 年 7 月播出。——译者注
　　③ 　烤豆（或称"焗豆"）是欧洲传统食物，营养丰富，富含纤维，因
此对消化系统有益。但是，它容易导致胀气（flatulence），让人放屁（make
you windy）。这里，作者应该是借用放屁这个梗。——译者注

数量。据估测,到 2037 年,乘坐航班的人数将翻一番。[6] 遗憾的是,尽管提高航班使用效率可以降低碳排放量,但这种改善效果总是远远落后于航班的增速。[7]

我在此推荐一个减少飞机乘客的简易之法。请耐心听我把话说完,有些人就是害怕坐飞机,是吧,那么我们只需要让更多的人害怕坐飞机就行了。我们可以让座位上方的氧气面罩在整个飞行过程中都在乘客面前晃来晃去;或者仅提供一种娱乐方式——看《天劫余生》(*Alive*)[①];还可以搞些真蛇在机舱里。哦,对了,还得让婴儿们哭闹不休。怎么做到这一点?向他们的脸上吐烟。[②]

我想,在某种意义上,易捷航空(EasyJet)和瑞安航空[③]实际上可能真就是最具环保意识的航司,因为它们多年来一直试图让人们对坐飞机失去兴趣。

探底价格与高空名流

飞行的一个主要问题是它实在是太便宜了,即使不考虑对气候的伤害。你曾经是否纳闷,为什么飞柏林的机票和去曼彻斯特的火车票竟然一个价格?然后默认地认为:"我想世界就是如此",接着返回预订机票 App,又一次把登录密码给输错?实际上,你百分百正确——机票真就不应该那么便宜。

---

① 1993 年上映的灾难片,改编自英国作家皮尔斯·保罗·里德(Piers Paul Read)的报告文学《活着:安第斯幸存者的故事》(*Alive:The Story of the Andes Survivors*)。——译者注

② 请告诉我你读过前面关于热浪那一章。——原书注

③ 两家都是廉价航空公司。——译者注

与你支付的汽车燃油税不同，航空业并不对喷气燃料征税。[8]
实际上，在法国的黄马甲抗议者看来，相较于开车的人，航空业
不公平地获取了巨大的税收优惠。[9]此外，你买机票不必支付增值
税，而你购买电影票却得付。这是大约五十年前，政府为了帮助
航空业起步而作出的必要让步，但多年来航空游说团体竭力让这
种优惠延续了下来。这实在是一种不合理的便宜。我真的得管住
自己的嘴，虽然我正试图劝阻人们坐飞机，但却发现自己不停地
谈论那些低廉的价格。不知怎的，我们需要让飞行变得不如在博
格诺里吉斯（Bognor Regis）①度两周假那么有吸引力。如果真没
有实现这一目标的激励措施，我们可能只能等待气候变化把博格
诺里吉斯变成阿马尔菲海岸（Amalfi Coast）②。这是一个两难局
面③（《第二十二条军规》其实是一本关于飞机的书）。

这里有一个解决方法：征收"飞行常客税"（frequent flyer
levy）。这是一种对年度内每次飞行（自第一次之后）④进行征收
的递增税。例如，以你第二次坐飞机缴的税为基数，第三次缴的
税翻一番，第四次再翻一番，以此类推。对一年只坐一次飞机的
人免税可以帮助保护多数人每年进行的家庭度假，又能使那些最
高频使用额外航空旅行的人即富裕人群付更多的钱。这背后的逻
辑在于大多数人其实并不经常坐飞机。在英国，15％的人坐掉了

---

① 英国西萨塞克斯郡伦（Arun）区的一个民政教区和海边度假地，处
于英格兰南岸。——译者注

② 意大利南部的度假胜地。1997 年，联合国教科文组织将阿马尔菲海
岸列入世界遗产名录，称之为"绝美而典型的地中海风光"。——译者注

③ "Catch-22"是一个英语俚语，用来描述一个看似无解的困境或矛盾
的情况。它源自约瑟夫·海勒（Joseph Heller）1961 年出版的同名小说《第
二十二条军规》，该书也是黑色幽默类小说的代表作品。——译者注

④ 这指的是你第一次返程航班，即允许你回来，而不会让你一直留在
阿利坎特（Alicante），尽管我觉得那也不会太差。——原书注

约 70% 的航班。[10] 小部分富裕人群坐了大部分航班，是大多数损害的主因，这谁又会想到呢？如此看来，征递增税似乎也很公平，他们应该支付更多的费用来解决这个问题。交通运输研究者朱利奥·马蒂奥利（Giulio Mattioli）博士解释说："如果我们正努力以一种公平和正义的方式减少碳排放量，那么我们就应该在政府对别人家庭供暖或通勤征税之前，先对某位大佬一年内的第三次出国度假征税。"

有钱人喜欢坐飞机。最近一份来自清洁交通非营利组织 Transport & Environment 的报告显示，2005—2019 年，欧洲私人飞机碳排放量增加了 31%。[11] 其中近 1/5 由英国贡献。与商业航班相比，私人飞机每名乘客的碳排放量得高出 5—14 倍；与火车比则要高出 50 倍。[12] 报告的作者建议，自 2030 年始，1000 公里以下私人航程只允许由以绿色氢能和电力为动力的飞机执飞。这些航班缴纳的税费可以用于为改进低碳航空旅行进行的研发工作，加速其他航班实现低碳化，使其能更早惠及其他人。

这种富裕的生活方式极有影响力，以至于现在都出现了所谓的"意见领袖"（influencers），就我所知，这些人的工作就是通过在 Instagram 上发帖，逐步搞垮社会。

一项针对包括詹妮弗·洛佩兹（Jennifer Lopez）、比尔·盖茨（Bill Gates）、艾玛·沃特森（Emma Watson）、马克·扎克伯格（Mark Zuckerberg）和帕丽斯·希尔顿（Paris Hilton）等名流飞行习惯的研究显示，2017 年，盖茨在其中高居碳排放总量的榜首，其飞行总时长为 356 小时，排放了 1629 吨二氧化碳。[13] 这主要是因为他坐了许多国际航班。这些也被他的网上追随者看在眼里，要知道，他可有 4600 万推特粉丝、2000 万脸书粉丝、300 万 Ins 粉丝。紧随其后的是帕丽斯·希尔顿和詹妮弗·洛佩兹。艾

玛·沃特森的碳排放量最少，仅有 15 吨，这大概是因为她大多
数时候都是坐的飞行扫帚。

英国人出境游的次数高于任何其他国家。[14] 这导致了英国出现
旅游赤字（tourism deficit），这意味着英国游客在国外花的钱要比
入境英国的游客花的钱多。所以，减少出境游将有利于英国经
济，以及那些制作照相景点板的人。

旅行的有趣方式

2018 年，我决定开始多坐火车，少乘飞机。根据欧洲环境署
（European Environment Agency）的测算，与相同距离的飞行相
比，火车出行的碳排放量约低 20 倍，尽管这个数据视不同情况
差异很大，但火车的碳排放量更低是个不争的事实。[15] 乘飞机从
伦敦往返马德里一次创造的碳排放量，你乘火车得来 6 次才能实
现。[16] 不过，这趟火车旅行的花费可能比坐飞机更多。因此，我
们需要专门的政策来使火车旅行更具吸引力和更方便。例如，法
国正禁止短途国内航班，同样的旅程坐火车也只要 2 个半小时。[17]

我曾经坐火车去意大利出差。无论如何，我都更喜欢坐火车
而不是飞机，因为在飞机上，你就像住进养老院，这倒不仅仅是
因为你随时可能挂掉。首先，食物会同时放在一个小托盘上端上
来，窄小的桌板，很少的餐点，狼吞虎咽地吃。在火车上，你可
以去自助餐车，可以想伸腿就伸腿。另外，还有插座可以用，所
以我喜欢带一个慢炖锅，仅需 5 个小时，我就可以为 C 车厢
（Coach C）的每个人送上一份摩洛哥鹰嘴豆炖菜，里面加有少许
姜黄、肉桂，再撒上辣椒粉。老实说，在那趟火车上唯一可能炸
裂的只有你的味蕾。飞机上还有那些居高临下的安全视频："这

是怎么系安全带……这是一个哨子。"在火车上，广播就会说："那儿挂了把斧头，那儿有个窗户。请自己搞定。"这才是我喜欢的交通方式。在我 30 岁生日那天，我和老婆坐喀里多尼亚卧铺列车（Caledonian Sleeper）[①] 从伦敦去往苏格兰高地，在餐车的老式酒吧里品着威士忌，假装自己是某部肖恩·康纳利（Sean Connery）版邦德电影里的一个角色。

《环球竞速》（*Race Across the World*）等电视综艺展示了不乘飞机旅行的魅力之处。至少，我们需要 Z 世代在欧洲多些火车环游，而不是去泰国当个背包客。好消息是，年轻的英国人表示他们愿意支付额外 1/4 的费用，让自己的假期更加环保。[18] 如果年轻人想通过旅行找到自我，那么何不尝试在诺维奇（Norwich）[②] 找找看呢？ The Man in Seat 61 这样的网站能帮助你规划铁路旅行[19]，而像 Snow Carbon 这样的公司则可以为你安排火车滑雪假期。

免税地狱

鉴于气候状态岌岌可危，反对机场扩建似乎是一个明智之举。在可以将资金用于发展国内高铁的情况下，却额外大兴土木以适应不断增长的航旅需求，这是反直觉的。现在，几家机场声称正在减少碳排放量或实现净零排放。例如，代表着约 500 家机

---

① 英国著名的夜行列车，整体呈现复古风，有英国最美卧铺火车之称。——译者注

② 又译为诺里奇，英国东英格兰地区的中心城市，毗邻风景优美的海滨地区，周边有英国最大的湿地保护区，被公认为英国"最绿"的城市。——译者注

场的国际机场理事会欧洲分会（Airports Council International Europe）已经设定了 2050 年的净零排放目标，但这不包括飞机自身的排放。他们设定的目标中涉及拥有和运营机场的碳排放量大约只占 2％。[20] 这有点像是夸你拥有最素食的屠宰场，因为那里的牛只吃草。

　　另外，我可以把话说满：机场本身就是这片绿色星球上能想到的最糟糕的粪坑。要是地狱真存在，我想它会是一片无休止检查行李、焦虑每克重量的登机口排队带。地狱的工作人员首先要通过透视仪查看你是不是在打包行李后摇身一变成了毒贩，然后，你要穿过堆满昂贵商品的无尽过道，这些商品不知怎的让你觉得它们很廉价，毕竟它们标着"免税"。最后，你找到了登机口，等上几个世纪终于上了飞机。你走到机尾、拉开帘子，却发现自己又回到了机场入口，被迫重新开始。这就是地狱。

我不能只"抵消"自己的航班吗？

　　对于有负罪感的乘客来说，一种常见的解决方案是"抵消"航班。"碳抵消"（Carbon Offsetting）① 是指你支付减少碳排放的费用来抵消你从某些活动中产生的碳排放。你可以通过付钱给一家公司种一大片树林来"抵消"你坐飞机产生的碳排放。这听起来很棒，不是吗？话也没错，从目前来看，这总好过什么都不做。我自己也有过相关举动。但从长远来看，这绝不是全社会应

---

　　① 即企业、个人和其他实体通过购买碳信用，达到减少或清除相关温室气体排放量的目的，从而弥补、抵消其在其他地方的排放。"碳补偿"一度也是常见的译法，但结合文中语境和现实情况，这里译为"碳抵消"。——译者注

该采用的方式，而且究其本质，这种举动完全无意义。另外，如果不飞到世界的另一端亲眼看看，你也很难证明这些树确实种了。

碳抵消作为一种方法存在诸多缺陷。首先，你必须足够有钱才能做到这一点。其次，极难证明作为抵消部分的碳减排究竟是有意为之还是本就能实现。同时，这些抵消是否长期有效呢？再者，我们需要在眼下就真实地减少碳排放量，而不是将来——但这恰是许多抵消选项所做的事情，你想想，等一棵树生长并吸收碳元素到底需要多久？我想作为个体，你可能不应该进行抵消。在我看来，除非你钱真的多，否则不值得这么做。你可以捐款给气候非营利组织或其他团体，从而帮助改变整个体系。

因此，相比清晰明了的不坐飞机，碳抵消的积极影响更加不确定，更像是一种补救措施而不是预防措施。

往池子里撒尿

我懂，对那些家人住在世界另一端的人来说，要他们完全放弃坐飞机终究有点超现实。尽管对一些人来说，这可能会变成一个好借口："抱歉，老妈，我圣诞节不能去帕姆阿姨家，你懂的，都是因为天气，简直了！"但是，从英国人乘坐的国际航班来看，只有1/4的人是为了看望亲朋好友。[21]对其他人来说，他们应该把那些小长假里的便宜城际短途航班扔进垃圾桶。出差三天也坐飞机有什么意义呢？出国搞单身趴更是一个坏主意，哪怕不考虑气候问题。对于那些年假更长的人来说，为什么不每隔一年出国，或者坐火车出行呢？也许我们需要一些不坐飞机的激励计划，像是搞个"非航空里程"什么的，让人可以把铁路里程换钱花。

有一件事可以大大减少飞行次数，那就是全球规模的流行病。当直面危险时，观察世界如何适应和改变是件很有意思的事情。在疫情之前，几乎所有人都无法想象无人坐飞机的情形。近些年的疫情已经表明，当我们意识到自己处于真正的危险之中时，我们会改变过往的行为。如今，随着气候变化的阴影逐渐笼罩，我个人希望能推动人们认识到自己确实有能力以不同方式行事。商务旅行就是我认为会发生巨大变革的一个领域。

我已经三年没坐飞机了。我可以想象，当某天我儿子被征召进飞机上的尖叫婴儿俱乐部时，我大概会跟着再坐飞机。显然，带他去看世界上的美妙文化和景色是一件令人高兴的事情，这也是我非常想体验的（当然，去一个不错的水上乐园也很叫人期待）。但是，我们肯定不会频繁地冒险远行。除非绝对必要，否则不坐国内航班是一个很好的行为准则。

实际上，就在"飞行丢脸"（Flygskam）① 运动兴起的 2019 年，瑞典的航空旅客人数出现了下降，德国国内航班也有类似的趋势。[22] 这并不是说我们应该鄙视或羞辱坐飞机的人，完全不应该这样，但是，如果我们可以分享自身少坐飞机的故事来推动转变社会规范，这无疑是有益处的。有些人会为自己坐飞机的习惯辩护，认为不应该咬住航空业不放，因为它不过是个小角色，占全球二氧化碳排放量比重也就 2.5％。然而，这是一种误导。

首先，由于飞机产生的水蒸气（比如尾流）和其他非二氧化碳温室气体能够造成较大的增温影响，航空业至少应该对全球变

---

① 也有译为"飞行羞耻"等。——译者注

暖负 3.5％甚至是 5％的责任。[23] 但更重要的是，相比其他正设法减少自身对气候影响的产业，航空业的温室气体排放量正在快速增长，没有任何迹象表明这种情况会在近期内改变，这就意味着随着时间的推移，其在全球排放总量中的占比将越来越高。此外，如上文所述，航空旅行主要是富人的玩意。正如马蒂奥利博士优雅地指出："说它（航空业）只占 2.5％，所以我们不应该太担心，这种话有点像是说：'我知道在泳池里撒尿是不对的，但除了我和我的朋友，大多数人都不会这么做。尿液占池水的比例又不会超过 2.5％——这有啥大不了的？'"

18

开始的几周

这将是我最大的成就

初为人父的头几周过得如何？嗯，那是毫无停歇的疲惫。我完全想不起来今天是星期几，白天于我已经毫无意义，我只知道夜晚一片黑暗、充满恐惧，而且很漫长、非常漫长。但我和老婆的内心却比以往任何时候都充实。

一位好友在我儿刚满两周时来访，我们坐在花园里喝茶吃饼干。那是一个晚夏的清晨，气候凉爽，天已放亮，我们闲聊着，手上还抱着个裹得严严实实的娃。能和一个真人说话真好。这位朋友就是小奥斯卡遇到的第一个真人，之前只有戴着口罩的护士和他外婆。好友说，她阿姨把照顾刚出生的娃描述为"最美好的活受罪"（the best kind of living hell），这真是我听过最恰如其分的描述。如今，它如影随形，最美好的活受罪！

现在我已经很清楚我儿会对气候变化带来什么影响（提示：这实际上不是啥值得关注的事情），现在我准备改为关注气候变化会对我儿造成什么影响。除此之外，我几乎无暇考虑什么气候变化的事情。我要么太嗨，要么太忙，要么太累，生活一下子一片凌乱。我们俩每天的状态基本上是"度分如日"。这段时间里，待在家的是"奶爸"马特·温宁，"气候研究员"马特·温宁显然暂时下线了。① 这一定就是大多数普通人的日常状态：太忙了。如此一来，我也正好有理由，在不知不觉中忽视威胁人类的存在。对于"奶爸奶妈"来说，到底如何主动作出有利于环境的决定呢？其实，这对我来说有些困难。这就是为什么我们要努力让任何有利于气候的决定变成简单、默认的选项。不过，什么事都是说起来容易。我想知道，截至目前，生娃是否影响了我们俩的个人碳排放？总体来说，我们开车去医院的次数确实变多了，但同时，我们几乎没时间洗澡。

小奥出生后，我极度害怕返岗上班，尽管由于新冠疫情，通勤对现在的我来说只需走到前厅，然后打开房门。这比我通常挤一小时地铁要快得多，虽说我是个迟到惯犯。我对居家办公无比感激，因为这意味着我能更多地看到他。更加幸运的是，大多数人的陪产假只能休上两周，我却有六周！不过，就算休完两周，就算不是你亲自上阵生的娃，你仍然无法全力工作。头一个星期里，我们俩不得不每天辗转于三家不同医院接受各种检查。接着我们又遇到了一些哺乳的小问题，小奥不得不因此再次入院一晚。我们很幸运，我岳母能够留在我们家帮忙。我们知道，有些带娃的夫妇不仅在休产假期间无法得到任何帮助，而当爹的还不

---

① 我喜欢把"气候研究员"马特·温宁看作另一个更严肃的我。——原书注

得不在两周后立刻开始"搬砖"。这实在太惨了。

在岳母离开后，我们俩迅速成为一个精密配合、有纪律的团队，不惜一切只为生存。我买了一些可循环使用的尿布，但很快就发现，虽然气候研究员马特·温宁有着预设场景与良好意图，但现实生活中的马特·温宁在面对裤衩漏屎、满是粪便的宝宝时还是会大喊"别这样啊"。之后，有位友善的朋友送了我一本名叫《突击队员爸爸》（*Commando Dad*）①的育儿书，这还真是一位前突击队员写的。起初，我对此持怀疑态度。现在，我彻底同意，开展军训可能是为迎接新生儿所能做的最佳准备。毕竟，带娃真像一场极端挑战——你会承受感官攻击和睡眠剥夺，尤其是当我们俩在漆黑中被尖叫声惊醒。天哪，那些尖叫。他为啥在尖叫？啥时候才能结束？我自认和老婆已经成长为一支相当坚强的团队，但显然她才是最坚强和冷静的。我很高兴和她一起经历这一切。我对她既感到敬畏，又有些羡慕。她不仅能通过喂食平息他，而且还找到了一首特定的歌曲，能在他激动不安时用美妙的歌声让他平静下来。反观我自己，大多数时候只能反复说"请"这个字，希望他会以某种方式掌握英语并理解我。我还有一个他喜欢咬的大鼻子，至少从这点来看，我还算有用。

给他剪指甲更是无比艰难。没有人告诉我到底该怎么做。你要剪的东西是一根小小小人类手指末端上渺小的身体组织。当然，我有次不小心剪到了他的手指，这可以算我人生中第二痛苦的一天，仅次于他出生那天。

---

① 中国友谊出版公司曾引进出版了该作者的两本书，中文书名为《跟老婆一起带孩子做游戏》（*Commando Dad：Mission Adventure：Get Active with Your Kids*）、《跟老婆一起带孩子（0到3岁）》（*Commando Dad：Basic Training：How to Be an Elite Dad or Carer from Birth to Three Years*）。这里为了突出该作者的突击队员身份，所以书名采用直译。——译者注

然而，在他出生的头几周里，还发生了令人难以置信的事情：我儿子见证了苏格兰队成功晋级一项重要的足球比赛。① 这是我 22 年来都没遇到过的，而他只用了两个月。我想说的是，他并没有真正意识到这件事情的神奇之处。那天，他大部分时间都趴在我身上睡觉，然后，当终场哨响，我还是"不小心"把他弄醒了，我抱着他在房间里欢天喜地、上蹿下跳。虽然确切来讲，他生于英格兰，但他的忠诚已经属于那件深蓝色的球衣了②。我对此十分肯定。我单方面宣布他是世界上最幸运的吉祥物，并发誓以后要和他一起看苏格兰队的所有比赛。（另外，只要我操作得当，他就不会知道英格兰也有自己的足球队。）

不管怎样，现在我已经回到了自己的工作岗位。坏消息是，办公室同事告诉我全球气候变化肯定还会持续。原来，不管你念不念它，它就在那里。在每天琢磨这个问题至少十年之后，我终于想通了。我重返工作岗位，就像小心翼翼把脚趾重新探入小家庭之外的世界。对我们所有人来说，这确实是一场巨大的变化。新家庭以外的任何事情都会让我感觉很新鲜，但也有些陌生。而"气候研究员"马特·温宁正慢慢回归现场。看他如何在这个勇敢的新生婴儿世界中争取一席之地，将会是一件很有趣的事情。

---

① 在 2020 年欧洲杯预选赛附加赛中，苏格兰队以点球大战战胜塞尔维亚队，21 世纪以来首次晋级欧洲杯决赛。——译者注
② 苏格兰队的球衣是深蓝色的。——译者注

19

我是否需要再穿一件毛衣?

处理暖气片,这是每个父亲都必须经历的成人礼。我也决定全力以赴,在冬天到来前换好小奥房间里的暖气片。这些东西已经在地板上躺了两个月,我的自尊和残余的男子气概也随它们一起躺在那里。幸好,我们的邻居乔尔(Joel)出于同情慷慨相助,只用三分钟就教会了我如何操作。他留给了我一把钥匙,说:"用这个来放掉暖气片的空气。"我想这值得我叫他声爸。乔尔也是位"奶爸",我知道不应该和别人作比较,但我担心他已经比我更像个爸爸了。

我们的房屋

人们总是忘记了自己的家和建筑物都是气候问题的组成部分。这就像他们忘记了德瑞博士(Dr. Dre)那样,而埃米纳姆

（Eminem，惯称"阿姆"）① 也没有费心提醒他们。据估计，英国大约有 2800 万户家庭，都需要供暖和热水，[1] 国内大约有 68% 的建筑排放均来源于此。[2] 尽管我很享受当一个叮嘱小孩天冷穿毛衣的父亲角色，但你可以要求别人穿毛衣的数量毕竟是有限的。

目前，大约 85% 的英国家庭的天然气供应来源于天然气管线网络，这个网络将天然气——不好意思，应该叫"化石燃气"——输送到你我家中。[3] 其他 15% 的家庭想必要么是在挨冻，要么是用与世隔绝的自满感来感动自己。总体而言，英国人消耗的能源中有 44% 用来供暖。[4]

化石燃气产生的热能会传导给暖气片，随后这些发热的白色金属再将热量辐射到房间里供暖。这种取暖方式的效率主要取决于建筑物的密封程度。热量会在空气流过建筑物缝隙时流失，又或者通过非绝缘建筑材料渗漏出去。因此，在那些老旧、通风、非绝缘材料打造的房屋中，你最终需要使用更多能源才能保持室温。这就是为什么用绝缘材料铺满你家屋顶是个好主意，而不是让它空着。或者我们也可以选择更糟糕的做法，比如说在你家房顶上面打开一个通往地狱维度的巨大气旋。这样不仅你的燃气费用会飙升，你自己也会螺旋升天。

实现脱碳供暖（decarbonising heat）会带来许多额外好处，比如更加舒适的房屋、更多的工作岗位，建筑内部的空气质量也会更好，以及你再也不需要忍受一氧化碳检测时报警器发出的刺耳警报声。对于英国来说，这也意味着减少对天然气进口的依赖。

然而，尽管脱碳供暖确实很好，但由于前期成本高昂，加上

---

① 德瑞博士和阿姆都是美国说唱界的传奇人物，德瑞博士发掘并培养了阿姆，将其签到自己的唱片公司，阿姆也从德瑞博士身上学到了很多，两人的关系可谓亦师亦友。——译者注

这实际上是在干涉人们的私家住宅，这件事情因此变得难以推行。有人呼吁英国政府在 2025 年前正式禁止新安装燃气锅炉，类似于禁止新增汽油和柴油汽车的做法。[5] 不过目前，政府仅是要求到 2025 年，新建房屋禁止新装燃气锅炉。这显然早该实施了。

对于那些认为此举不可能实现的人来说，这里有很好的例子。爱丁堡城堡（Edinburgh Castle）改造工程花费了约 50 万英镑，成功减少了 30% 的能源消耗和 40% 的碳排放。[6] 仅仅 5 年，省下来的钱已经抵消了成本，现在算下来，已经额外多省了 30 万英镑。很明显，这样做确实能带来改变——只要能预付现金。这就是为什么政府干预（预付现金）必须照顾到那些靠自己无力支付的人们。

更热的国家则面临着相反的问题：用技术来给房屋降温。这里有一个鲜为人知的事实，即《救命下课铃》（*Saved by the Bell*）里的那个角色，他的名字写全了实际是"空调斯莱特"（Air Conditioning Slater）。① 然而，我们英国人家中耗能的方式与科威特存在着不少相似之处。例如，我们会在冬天离开家时故意开着暖气，以防管道冻坏。同样，中东地区的人们会在夏天去考文垂等气候凉爽的地方度假时，也不关家里的空调，以防家中的塑料熔化。

空调设备加速全球变暖的方式主要有两种途径。其一，目前全球建筑约有 1/5 的电力用于制冷。[7] 其二，与冰箱类似，空调设备使用了被称为碳氟化合物（fluorocarbons）的温室气体，如果

---

① 《救命下课铃》是 1989 年播放的美国家庭喜剧，其中有个角色叫"Albert Clifford Slater"，简称"A. C. Slater"，作者此处借用"Air Conditioning"进行玩梗。"Saved by the Bell"本身也是一个习语，大致意为"千钧一发之际得救""因最后时刻的干预而得救"。——译者注

这些气体泄漏逸出,将对地球升温带来极为强烈的影响。预计到 2050 年,全球的空调需求量将增加两倍。[8] 我真心希望电力能更多地来自可再生能源,否则就意味着要更多的化石燃料、更快地变暖和更多的空调,我认为这就是空调行业所说的"致命利润"(deadly bonanza)[①]。即便在英国这种阴冷的地方,一个像样的风扇现在都成了必不可少的家用电器。

我简单看了看能源绩效证书(Energy Performance Certificate, EPC)[②],和你分享一下有关家里能耗的情况。我的新家评价等级为"F"。"F"代表着冷得要命,仅次于最差的"G",算是第二糟糕的。至于"G",我觉得是评给山顶上被风吹得残破的公共厕所。我们的房子离那种程度只有一步之遥,可能只是稍微糟糕一点,但也可能好很多,毕竟房地产商评价这房子有全方位的潜力。不过,在看到《冰雪奇缘》(Frozen)里艾莎(Elsa)的冰雪皇宫的评级是"E"的时候,我还是破防了。老天爷啊,这种程度都能有"E",实在叫人没法忍。不过,我想我还是应该像艾莎唱的那样:随它吧(Let It Go)。

要有光!

让我们先从一个极其成功的案例说起。相较于传统照明,LED 照明能节省约 75% 的能源,浪费的热能也更少,使用寿命更

①　之前我说过可以投资雨伞,其实还应该加个投资空调。将来某一天,能够同时主导这两项业务的公司将会统治世界。——原书注

②　能源绩效证书是一份有关房产能源效率等级信息的文件,显示了一个房产的能源效率如何、二氧化碳排放量,并提供改进建议。该证书按照从 A 到 G 的等级对房产进行评级,A 代表最节能,G 代表最不节能。证书有效期十年,重新装修后可再行评估。——译者注

是前者的 25 倍，而且同样可以照亮我们的生活。[9]2017 年，LED 照明帮助全球减少了约 5 亿吨的二氧化碳排放。这对减排是一个好消息，但对漫画家来说却是坏消息，他们可能得想个新画法来表示某人想出了一个主意。

LED 灯不仅能在我们家中发光，还能为企业节省资金，减少运营成本。12 月某天的凌晨 3 点，当你身处一个 24 小时营业的阿斯达超市（ASDA）时尤其有用，那时的 LED 灯光比夏至日光还要明亮。起初，LED 灯的表现确实难堪大用，但随着技术的进步，现在它们的照明效果与其他类型的灯几乎没有什么区别。其他灯具制造商对此甚感恼火。印度最近也迎来了 LED 发展的黄金期，LED 灯泡使用量从 2014 年的 500 万只激增至 2018 年的 6.7 亿只。在此期间，每只灯泡的价格从约 4.50 英镑降至 0.78 英镑，这促使许多印度家庭将俚语中的"便宜如薯条"（as cheap as chips）改成了"便宜如发光二极管"（cheap as light-emitting diodes）。LED 灯泡的广泛使用每年为印度省下的能源甚至可以为整个丹麦供电。[10]

还有一种节省能源的方法是离开房间时关灯。不知为何，我总是有个奇怪的坏习惯，每次从浴室出来后总会忘记关灯。或许我只是不想让泡澡的美好时光结束。然而，在其他时候，为了节约能源，我更乐意坐在一片漆黑的客厅里，凝视着深渊。

隔温与能效

许多家庭住房就像 Windows 操作系统——并不算是一种精妙的设计，但我们用也就用了。我在伦敦大学学院（University College London）的同事们自制了一张能效地图——伦敦建筑存量模型（London Building Stock Model）①。它展示了整个城市的建筑物，并按能效进行了等级划分。¹¹白金汉宫的得分很高，这让我感到惊讶，因为我总觉得女王这个年纪的大多数人会把恒温器开到最大。但也许当天气变冷时，她不会调高暖气，而是在壁炉火堆上再添一条柯基。国王十字车站的评分很低，这并不让我感到意外，我到那儿从未感受到过温暖的迎接。这张地图意味着住在伦敦的任何人都可以查查自己家是否比邻居的要好：一点健康的竞争有助于拯救地球。你或许会对偷看邻居的行为感到不屑，但在伦敦，与他们交谈反而会导致更多的反感。

即使你暂时不打算换新锅炉，我们也可以采取许多其他措施来使房屋更节能。例如，只要将恒温器温度稍稍调低即可，我仿佛已经能觉察到父亲抠门的 DNA 在我体内流淌。最近，我开始摆弄恒温器，将它在 0.1 ℃的刻度间调来调去，以期获得舒适的室温。然而，这种烦琐做法终究得有个上限，智能供暖系统倒是可以帮助你，让你不受强迫症所困。

房屋的隔热性应该更加完善，这样一来，我家这种老房子才能以更少的能耗实现保温。墙壁和阁楼的隔热层可以发挥作用（相当于给房屋穿上了一件额外的毛衣）。此时，正值隆冬，我在前厅敲击这些文字，这里布满裂缝，真是冷得要命。前门上方还有一个单层玻璃窗板，信箱关不严实，门框四周也有缝隙。我既没时间也没技能去修缮，所以我只能像养老院的老人一样披着毯子坐在这儿。费伊·韦德（Faye Wade）博士（后文会详细介绍）建议我在门前挂上厚厚的窗帘。她最初是建议我换个新门，但这对目前的我来还是"超纲"了。窗户也可以起到保温作用，我是

---

①　详情可见以下网址：https：//maps. london. gov. uk/lbsm-map/public. html。——译者注

说双层或者三层玻璃的那种，绝不是那糟糕的 Windows 操作系统。

我们如何让更多人接受上述这些改造呢？这并不是啥惹火的话题。我认为我们需要《粉雄救兵》（Queer Eye）[①] 来拯救我们的房屋。让一群打扮华丽的 Gay 进入我们的房屋，对其进行改造，使我们的生活更加美好。不过，这次改造不应该导致你情绪上的变化，除非你会因为节省的能源费用而落泪。就我个人而言，我真会。让 Fab 5 对数百万栋房屋逐一改造可能太花时间，所以找些替身可能是更好的选择。或者，我们可以让他们说服（气候变化）怀疑论者，给气候变化否认论者也来一场"粉雄救兵"。但我可不保证结果。

我觉得得拿出些更加撩人有趣的手段，因为我们需要加快推广能效提升措施的速度。为了达到英国政府制定的气候目标，我们每年需要对 54.5 万个阁楼、20 万个空心墙和 9 万个实心墙进行隔温改造。2019 年，我们只分别实现了上述目标的 5％、21％和 12％。[12] 虽然卡戴珊姐妹（The Kardashians）结束了她们的多季真人秀，但或许这节目有朝一日可以《与卡戴珊姐妹的阁楼隔温计划同行》[②] 回归。我的意思是，如果说有谁应该露脸做些啥，那就是金·卡戴珊。如果她能像对玻尿酸产业做贡献那样对待房屋隔热改造，我认为这真有可能扭转局面。

超高效节能建筑的基石是"被动式房屋"（Passivhaus，又称为"被动式超低能耗建筑"）概念，即建筑几乎不需要额外的采

---

① 网飞出品的一档真人秀，由五位主持人组成的"神奇五人组"（Fab 5）和一位在服装、室内设计等方面有改造需求的素人一起录制。Fab 5 中的五人都是同性恋者。——译者注

② 此处作者借用了《与卡戴珊姐妹同行》（Keeping up with the Kardashians）节目名称。——译者注

暖或制冷手段，这是来自德国的一种设计。（这不应与"被动攻击性房屋"相混淆——那种我成长中经历的房屋。）通过使用这些标准，布鲁塞尔已经从拥有最多低能效住宅跃升为高效节能建筑的典范。[13] 有人算出在被动式房屋中需要养多少只猫咪才能实现采暖目标：17.35 只。[14] 尽管如此，为了现实操作性，你还是得养 18 只。同时，考虑到之前关于可再生能源章节中提到的"猫杀死鸟类"问题，也许这应该作为对猫的惩罚——被利用来为我们的房屋供暖？我们可以给猫咪准备滚轮，直到它们筋疲力尽倒下。从经济角度来看，使用猫咪为你的被动式房屋供暖的费用将是用天然气的 20 倍。但你绝对能从中获得大量的社交媒体流量。①

　　住房能效提升面临的一个主要问题是房东。当你租房时，不会有动力去改善你生活的房子，因为你不拥有它。房东们也不会主动去做减少租金的工作。这就是我们所说的市场失灵，这是一种委婉的说法，意思就是目前没有人愿意这样做。因此，政府需要行动起来，干预住房租赁市场，以确保能提供低碳和适应气候变化的住房。政府在这方面需要采取更加果敢的措施。或者，我们干脆拉黑"房东"这种职业。这就是为什么我一直质疑那些用"我们只有一个家"的说辞来谈论气候变化的人。排放最多的人通常有两个家，他们并不理解只有一个家到底意味着什么。大多数年轻人根本没条件考虑置业。人们总是指责千禧一代将积蓄花在牛油果吐司上。但你得知道他们为什么这么做，那是因为在这些网红餐馆里，餐点通常是放在石板上端出来的，如果他们能收集足够多的石板，就可以着手建造自己的房子了。如果还能找到一个可以在配电盒上做火腿蛋松饼的地方，那你就赢了。

---

　　① 不过，不要在狗子身上使用相同的套路：它们的气味更重，打开窗户会流失更多的热量。——原书注

供暖（不是指那部电影[①]）

这里可以用我之前提过的数字来做一个快速计算，并对英国脱碳供暖问题规模进行粗略估计。如果 2800 万户家庭中有 85%使用化石燃气，那么大约会有 2300 万台锅炉需要在 2050 年前完成更换。自 2022 年开始，我们有 1456 周的时间来搞定这项工作。我算了一下，接下来的 28 年里，每周需要用低碳替代品替换大约 15800 台锅炉。我很愿意帮忙实现这个目标，但我已经谈过我在机械安装领域的能力了。我们需要的是一支乔尔的突击队，我的意思是"父亲们的突击队"。就在我写到这儿的时候，我们仍然在新建连接到天然气管网的锅炉与燃油加热的房屋。这真是极端愚蠢，要么是建筑和天然气行业还没有完全理解这一变革的规模，要么他们已经理解了，但是仍想要从一个濒死产业中榨取最后一点利润。但无论哪种情况，巨变即将来临。

我们应该靠什么来供暖呢？我询问了我所知领域内最酷的供暖专家：理查德·洛斯（Richard Lowes）博士，他之前曾在埃克塞特大学（University of Exeter）搞研究，现在则在一个名为"睿博能源智库"（Regulatory Assistance Project）的非政府组织工作，并且运营着一个叫作"Heatpunks"的 Instagram 账户。一个公务员曾经形容他为"英国脱碳供暖领域的坏小子"。洛斯告诉我一个好消息，那就是位于较低纬度的国家只需要对水进行加热：

---

① 这里应该指的是 1995 年上映的美国犯罪片《盗火线》（*Heat*，又译为《烈火悍将》），由迈克尔·曼（Michael Mann）执导，阿尔·帕西诺（Al Pacino）、罗伯特·德尼罗（Robert De Niro）和方·基默（Val Kilmer）主演。——译者注

"从北非到西班牙北部，处理起来相当容易。你不需要提升空间温度，只需对水进行加热即可。技术上相当简单。你那儿日照更强，太阳能比我们这里还要便宜。要做的只是扩大规模和进行调控而已。"然而，我们这些位于较高纬度的人，却有着更大的供暖需求。

在英国，热泵（heat pumps）似乎是减少供暖系统碳排放量最经济的途径。[15] 这玩意本质上是冰箱的反向设备，外观有点像安装在你家窗外的空调外机。① 热泵可以从地面、空气或水中产生热能。它之所以能成为一个主要解决方案，已经可以形成规模运行是最重要的原因。如果现在全面应用，全英国的供暖排放量将减少至原来的 1/3，随着电网变得更加绿色低碳，这个数字还会越来越低。然而，目前安装这些装置依旧相当昂贵，英国每年仅能装上约 3 万台。相比之下，天然气锅炉的安装量则达到了 160 万台。英国气候变化问题委员会（Committee on Climate Change，CCC）建议，为了实现净零排放目标，在 2030 年前，每年需要完成 100 万台热泵的安装目标。[16]② 据该委员会估计，约有 1000 万户家庭已经具备安装条件，另外 1000 万户家庭经过适当改造也能实现安装。英国政府已承诺到 2028 年每年安装 60 万台热泵，这个年份虽然听起来仍然像是遥远的未来，但实际上它就

①　你可能会认为炉子和冰箱才是完全相反的东西，但实际上它们是天敌，这是完全不同的概念。——原书注

②　这是一个独立机构，专门向英国政府就气候问题提供建议。现在的正式名称其实是"气候变化委员会"（Climate Change Committee），而不是"气候变化问题委员会"。因为人们总是叫错，所以他们干脆在 2020 年改成了现用名。不过我从来没有叫错过，因为我博士论文中的重要部分就是关于这个机构的。但我刚刚回头查了一下，发现在 300 多页里，我将其称为"气候变化问题委员会"多达 39 次，因此我拒绝使用正式的新名字，否则我过去所有努力都将毫无意义。——原书注

像下周三一样近。如果你今天能找到水管工，那么他们大概就会上门来安装了。

我们可能要从现在起禁止新装锅炉，并结合补贴安装热泵来推动这一进程。自 1980 年代以来，热泵在瑞典已经得到广泛应用，并与集中供暖（district heating）并行。集中供暖是指将城镇中的中央热源分配到周围社区，对于密集住宅区来说，这确实是最佳解决方案。丹麦采用集中供暖已经颇有时日。英国大约有 1/5 的住房具备集中供暖的条件。如果地方政府能够发挥重要作用，那么供暖问题有望在一定区域内得到解决。

氢气是另一种供暖选择，或许可以被视作对当前供暖系统干预较少的一种方式，即用可再生电力制造的绿色氢气来替换目前的天然气。氢气正在苏格兰法夫（Fife）的 300 户家庭中进行测试。然而，当你深入了解后，就会明白靠氢气作为主要供暖渠道存在显著缺点，它的能效明显较低，而且制造绿色氢气所需要的电力是热泵的四倍。[17]

"如果我们没有现成的天然气基础设施，他们甚至都不会考虑去做这件事。"伦敦大学学院能源研究所（UCL Energy Institute）创始主任塔吉·奥列斯钦（Tadj Oreszczyn）教授说。氢气适用于你无法电气化的任何事物，因此它非常适用于产生初级钢铁制造和工业加工所需的高温热量，同时也是可再生能源发电过剩的一种储存选项——但这显然并不适合为低温房屋供暖。这就是为什么使用绿色电力的热泵系统最有现实意义。热泵还有一个优势，就是有些系统可以双向使用，即同时可用于制冷。我们可以像在酒店里那样，既有冷气也有暖气。只不过，希望我们别枉费 20 分钟去摸索怎么使用，最后不得不打电话向人求助。

现在，这听起来好像有很多耗资巨大的工作要做，但是如果我们现在不着手，那么当世界变得更热时，我们将不得不改造我们所有的房屋使其还能住人，就像我们以前做过的那样。1970年代，在北海发现大量的天然气储量之后，英国从"煤气"转而使用"天然气"。"煤气"听起来是一个极具古风的名字，但是和大多数老物件一样，它很脏，由煤炭制成。此外，"很多工作"实际上正是我们现在都需要的，因为宏观经济在经历了一场疫情引发的衰退后正处于复苏阶段。到2030年，预计英格兰低碳供暖领域将产生16万个就业机会，以及另外14.5万个在照明、隔温和控制系统等服务领域的就业机会。此外，至少还会有一个该死的装暖气片岗位，可能是为一个叫乔尔的人准备的。

　　问题在于我们是否具备承担这样一项庞大任务的技能。我询问了在爱丁堡大学认识的建筑环境研究员费伊·韦德博士："我们是否有足够人手来完成接下来十年内所要做的工作？"她的回答非常简单："没有。"我真希望我没去爱丁堡问这一出。

烧菜和用火

　　如果我们不在房屋中使用天然气，那么不仅供暖需要采用电力，烧菜也得完全用电。过去，炊具要么使用燃气线圈，要么使用电热线圈。由于小小蓝火苗形象的绝佳营销和我们刻在DNA里的钻火偏好，人们确实更倾向于选择化石燃料。但是，在家里用天然气烧菜是一个愚蠢到极点的主意。直接在厨房里燃烧化石燃料会产生二氧化氮和其他室内废气，这对小婴儿来说非常可怕。我的新家装了一个天然气灶，由于没有抽油烟机，每次烧菜都必须打开窗户，即使在冬天也是如此，这会让我担心自己真是一个糟糕的家长。不过，市场可以提供一个更好的选择：电磁炉。它是未来，因为它不仅能效感人，而且不会让你吸入不必要的室内废气。我只需要卖出足够多的书，就能买一个电磁炉。

说到室内废气。我们新房的前厅里有一个漂亮的小型柴炉。每次用它，我都颇感兴奋，假装自己是简·奥斯汀（Jane Austen）小说中的角色，在某个下午，自己砍柴回家，在晚上为家人生火。事实上，在我们那条古雅小街的连排房里，几乎每栋楼里都有一个柴炉。你沿路走来就能闻到它们的气味。这些建筑都很古老，可能源自爱德华时代，这种复古小屋氛围是我们喜爱这栋房子的原因之一。很显然，在看房子时，我没有戴着我的环保思维［就像印第安纳·琼斯（Indiana Jones）①的帽子，很难一直戴着］。结果是，家里有产生煤灰的柴炉确实是个坏主意。我们只是习惯于这种遗留自往昔岁月的残余，那时开放式的煤炭火炉才是常态。即使我自己也是在一个这种炉子边长大的，我承认它很可爱，但我也可能会英年早逝。所以，有赢有输，不是吗？所以我们决定，这个柴炉只在每年的几个特殊寒冷场合用一次或者根本不用。

我用那个小巧可爱的钥匙放掉了暖气片里的空气。一旦暖气片重新挂回墙上，就会连带降低水压。之后，我花了一些时间学习如何重新给锅炉增压，这还是有记忆以来的头一遭。这种锅炉用小黑齿轮来设置定时器，你得拨动一段嵌在表盘里的小锯齿。真令人惊讶，人类在许多领域的创新都是层出不穷，但在某些地方，我们却说"算了，小黑齿轮用用得了"。不管怎样，我还是让暖气和热水回归了，暖气片也没发出异响。我顿感自己总算还有希望成为一名好父亲。为此，我专门给乔尔发了条短信。

---

① 系列电影《夺宝奇兵》中的主角，由哈里森·福特（Harrison Ford）饰演，其典型形象特征为头戴牛仔帽、腰挂长鞭，一身牛仔装扮。在整个系列中，几乎看不到他不戴这顶帽子。——译者注

20

我应该吃素吗？
我不确定我是否想吃素！
我必须吃素吗？

"我不吃最后一口。"据我妈说，这是我小时候的口头禅。无论何时，我总是拒绝吃下任何一顿饭的最后那几口。我那时并不知道，作为一个金发的苏格兰小男孩，我坚定不移地拒绝吃完一顿饭，竟在无意中为气候变化做出了贡献。

"食物是你的命。"这应该成为一句响亮的口号。和世界上大多数人一样，我是个吃货。嘴巴塞得满满显然是最棒的人生体验，但我也喜欢烧菜和逛超市。我有时会拿起一盒蓝莓，看看价格，笑出声来，然后把购物篮扔向墙壁，头也不回地去当地的灌木丛里自己找蓝莓。

但我们的咖啡、橙子，甚至我们的鱼肉晚餐，都受到了气候变化的威胁，连葡萄酒也不例外。如果全球温度上升 2 ℃，全球 56％的葡萄酒产区可能就不再适宜种植这种植物。[1]

　　然而，我们的饮食习惯在应对气候变化的努力中同样至关重要。

　　全球食品供应链大约占了人类全球温室气体排放的 1/4。[2] 这是我们直到最近才逐渐搞清的一件事，因为它真是相当复杂。我们需要养活迅速增长的全球人口，张嘴吃饭的人从 20 世纪初的 20 亿狂飙至现在的近 80 亿。据预测，这个数字到 2050 年将会接近 100 亿。[3] 因此，如何养活地球人变得非常重要。我们需要确保所有人活得健康，同时尽可能少对地球产生影响。此外，人们的饮食习惯也在改变。经济增长使得许多家庭摆脱了贫困，并改变了人们的购买偏好，导致了高级牛排和哈瑞宝（Haribo）Tangfastics 软糖等消费的增加。这是一个难题。据估计，2000—2050 年，我们在 50 年内需要生产的食物与人类过往历史中生产的食物总量相当。[4] 我不会给这个冷峻事实裹上糖衣，因为它本身就需要砍伐更多的森林来种植甘蔗。

食物腐朽，欲望腐朽

　　在应对气候变化方面，最简单可行之事就是少浪费些食物。如果把食物浪费当成一个国家，它将是继中国和美国之后的世界第三大排放国。[5] 它几乎也注定将是最恶臭的国家。全球生产的食物中有 30％被浪费，这估计会产生约 8％的全球温室气体。[6] 这种产出比极高。因此，不买不需要之物是解决方案的重要一环——而且还能为你节省钞票和时间，保证双赢乃至三赢。

　　但是，这同样说起来容易做起来难。我知道我任凭香蕉在碗里变黑变烂有多差劲。就我个人而言，我认为阻止我们浪费食物的最佳发明已经随处可见：湿垃圾桶。不管食物过期多久，我都会吃完它们，只为了不接近那令人作呕的变质食物黑洞。只要朝里面瞥一眼，你就永远不会再想浪费食物。一旦装满，它看起来就像是电影《变蝇人》（*The Fly*）给人的感觉，只不过主角杰夫·高布伦（Jeff Goldblum）变成了腐烂的西葫芦。那难闻的气味也超过了人类鼻子应该嗅入的极限。有一次我妻子正好手里拎着它下楼梯，不小心把它泼在自己身上，于是她被隔离了一个月。

不过，你湿垃圾桶里的食物垃圾其实很有用，因为许多地方政府会把它烧掉用来发电。把垃圾变成燃料听起来很赞，但是如果有一天我们发生了事故——某种"垃圾桶核事故"，我们需要直升机向电厂的核心部件投风倍清（Febreze）来去除臭味怎么办？

如果你没有湿垃圾桶，那么堆肥是比直接填埋更好的减排方法。虽然充分利用废弃物确实很好，但治本之策终究在于少浪费一些。我们可以通过提前计划来做到这一点。如果你有太多的食物，试试多使用冰箱或者创造性利用剩菜。比如，复活节彩蛋千层面就在我家引起了轰动。

如果你经常在餐馆就餐，那么减少食物浪费就会变得更加困难，因为菜量很难控制。你可以用"狗袋"（doggy bags）[①] 带走剩菜，但是这需要你对一个陌生人说"给我狗袋"，这总让我感到有点不适。餐馆也需要加入减少食物浪费的行动，这也是为它

---

①　即打包袋。据说以前西方人不好意思把在餐馆吃剩的菜带回家，就跟服务员说"I will take it home for my dog"。久而久之，"doggy bag"就成了"打包袋"的代名词。这里为了表现作者所感到的窘境，使用直译。——译者注

们节省成本。我们必须摆脱"菜越多越好"的外出就餐理念。当涉及食物时，质量往往比数量更重要。在美国，菜量往往都很大，牛排都快和 SUV 一样大了。无论是从环境角度看，还是从减少非必要卡路里摄入来说，我们都需要作出改变。

不同的饮食文化传统会使情况变得越加复杂。在某些文化语境中，盘子有剩菜可能是出于礼貌，表示自己已经吃得很饱。贫困也会加剧这些问题。在发展中国家，缺乏冷藏设施或基础设施条件不够，食物往往在被送上餐桌前就已经变质。

我现在已经开始使用一些应用程序，比如"Too Good To Go"，比如"Olio"，前者可以让你从附近的商户以很便宜的价格买到本该被扔掉的食物，后者则可以让你分享食物。好消息是，英国每人浪费的食物量在过去三年里已经减少了 7%，其体积能装满 10 个皇家阿尔伯特音乐厅（Royal Albert Hall）。[7]（说实话，这肯定比每年的轻音乐会有意思得多。）这些改变是现实可行的：丹麦在五年内已经将浪费食物量减少了 1/4。[8]

这不仅仅是个人的责任。在欧洲浪费的食物总量里，家庭只占约一半的责任。[9] 整个食品链同样重要。由于形状不规则或其他纯"颜值"的原因，欧洲有 1/3 的水果和蔬菜被各方拒绝。[10] 所以，请不要再因为外形而羞辱西兰花了。

食物！荣耀的食物！

当然，你决定放进嘴里的食物也同等重要。从肉类消费转向以更多植物为基础的饮食方式可能会带来重大影响。专家学术团体 EAT Lancet Commission 推荐了一种最能兼顾人体健康与可持续发展的食物组合，起名为"星球健康饮食"（planetary health diet)。[11] 这并不是说每天都要来点玛氏食品（Mars）①，我说的是地球。研究表明，这种饮食方式可以在地球资源边界内养活 100 亿人。具体是啥？看起来和地中海或日式饮食非常接近。这确实不错，我们也总把这些地方与长寿联系在一起。这种饮食方式要求你每餐的一半是美味的水果与蔬菜，其余则是全谷物、植物蛋白质（比如坚果和豆类）②、不饱和植物油、少量乳制品、肉类以及淀粉类蔬菜。所以，少肉少土豆，多甜菜多番茄（less meat and potatoes and more beet and tomatoes）。③

　　我尝试过当一个纯素食者。周一，我做到了不吃肉；周二，我带妻子去吃豆腐；周三，我们一起料理阔恩素肉（Quorn）食品；周四到周日，我们就只能吃坚果烤肉。④ 老实说，我觉得这确实太难了。我的拿手好菜主要是鱼肉意面和加了鱼的意面。此外，我和其他"Five Guys"拥趸一样喜欢吃汉堡包。所以，纯素，我是真的坚持不下去。但我确实大幅减少了肉类和乳制品的消费。现在，我大概每周吃一次鱼，每两三周吃一次肉，而不是之前的每周两三次。我的妻子会做一道很棒的照烧豆腐，但我需

---

　　① "Mars"有"火星"之意。——译者注

　　② 我认为，豆类是豆子的高雅说法，不过"亨氏（Heinz）烘焙豆类"听起来并没有那么顺耳。——原书注

　　③ 这个笑话只有用美国口音读出来才有意思。另外，番茄在分类上是一种水果，而非淀粉类蔬菜。但如果是辣椒和土豆写在一起就不押韵了。如果脚注比笑话还长，那这可能不是个好笑话。不过，我还是要把它留在这里，这样你就能理解我所经历的漫长而曲折的写作过程。——原书注

　　"meat and potatoes"与"beet and tomatoes"押韵，辣椒"chilly"就不押韵。——译者注

　　④ 我不知道克雷格·大卫（Craig David）是不是素食主义者。——原书注

　　克雷格·大卫是英国流行歌手，歌曲《七天》（7 Days）是他的代表作，收录在他于 2000 年发行的首张专辑中。——译者注

要会烧更多蔬菜类的菜品，而不是只会一个腰果炒菜。现在市面上有很多植物性的替代食物。在烧烤聚会上，我会选择 Beyond Meat[①] 的植物汉堡肉和琳达·麦卡特尼（Linda McCartney）[②] 的非肉香肠。下一步就是从实验室培育出来的人造肉——口感会像真正的肉，本质上说它确实是"真肉"[12]。昆虫食品是另一个潜在的替代方案，吃蛾子将是我报复它们过往毁掉我毛衣的最佳方式。

我儿出生后两周的时光还说不上太坏，因为我岳母和我们住在一起，她又是个鱼素者（pescatarian），所以我们吃得很不错。但她离开后，一切都原形毕露。接下来的几周里，我们总算是靠着个把月前的冷冻食品、外卖和英国好邻居乔尔带来的剩余烧烤活了下来。虽然速度不快但是趋势很肯定的是：我家调整后的每周食肉计划已经帮助减少了不必要的购买和浪费。

肉——你身边的温室气体制造者

吃肉对气候不利主要是因为以下几个原因：

其一，作为消化系统的副产品，反刍动物（这种动物有好几个胃，比如牛、羊和鹿）会通过打嗝排出甲烷，这是一种有害的

---

① 植物肉与人造肉类领域较为知名的企业，成立于 2009 年。名流投资人众多，包括比尔·盖茨、莱昂纳多·迪卡普里奥。——译者注

② 由披头士乐队灵魂人物保罗·麦卡特尼（Paul McCartney，也是一位素食主义者）已故的妻子创办的素食品牌，主营无肉香肠、肉丸和汉堡馅饼。——译者注

温室气体。① 正如前文提到的，甲烷在释放后的最初 20 年内，吸收热量的能力约为二氧化碳的 80 倍（这可不是件好事），只不过它在大气中的持续时间没有那么长（这倒是好事）。[13]

目前，大规模养殖家畜作为食物的方式终究是不可持续的。尽管如此，一些团体关于畜牧业对气候变化影响的描述却有些言过其实。比如，纪录片《奶牛阴谋》（Cowspiracy）声称该行业制造了 51％ 的全球温室气体排放。[14] 这一数字其实来源于一份未经同行评审的报告。真实的数字大约是 16％，不过这个数字依然大到需要我们严肃对待。[15] 最近，这部片子的制片人又推出了《海洋阴谋》（Seaspiracy），这是一部关于渔业问题的纪录片。许多人指出，这部纪录片实际上应该被称为《阴谋的海洋》（ConspiraSea）。我不会看这片，因为想不出一个绝妙的双关语的后果可能远比电影揭示的任何内容都要糟糕。

其二，反对食用肉类也因为动物们常常被喂食本来可以直接用来喂养人类的植物。相较于直接食用植物，为了养育那些最终会被大快朵颐的家畜，我们还需要耗费更多能量去种植大量作物。农场里的家畜们常常被喂食从拉丁美洲进口的大豆，这背后可能隐藏着森林的砍伐，因为种豆子需要清除树木以腾出新的农业用地。据估算，1970 年代以来，亚马孙雨林已经损失了 1/5。[16] 这里说的"损失"（lost）并不是忘在了沙发背后，而是指被夷为平地。最近的一项研究估计，从巴西亚马孙和塞拉多（Cerrado）地区流向欧盟的大豆中，有约 1/5 产自非法砍伐的土地。[17]

---

① 没有人会告诉你，写一本书意味着要整整一年都坐在那儿——最后发现你每晚为了提神而吃的一根梦龙纯素杏仁雪糕，打出了四个胃份的嗝。——原书注

如果我还想吃肉怎么办？

其实，某些肉在生产过程中产生的碳排放量要远低于其他一些。不幸的是，那些哞哞叫的"美味造肉机"目前仍是最糟糕的选择，毕竟它们是一种会不停打嗝的生物。不过，事情显然还有更复杂的一面。

散养放牧的牛（即草饲牛）通常比工业化集中饲养的牛对环境要更友好些。首先，因为要放牧，所以这些草原通常不能改种农作物。其实，一些研究已经表明（见本书第 13 章），放牧可以提升当地土壤吸收碳的能力。其次，散养放牧不会像工业养牛场那样产生大量牛粪，这些会产生甲烷的物质常常会流入当地水系。然而，想仅靠草饲牛满足目前的牛肉需求是非常困难的，哪怕我们把目前所有的不毛之地都放上牛。何况，草饲牛也会制造甲烷。如此一来，减少牛肉消费或许是有必要的。

在未来，用海藻喂养牛可能会是一个解决方案，研究已经表明这能让它们打出的嗝里少些甲烷。[18] 但这毕竟还是将来时，你应该不会那么快看到牛群在海滩上啃食海藻的奇观。所以，我们只能少吃些红肉，并尽量选择高品质的草饲本地牛肉。

那么其他的美味动物呢？嗯，尽管鸡类需要吃饲料，但相对影响较小。相比于标准的肉食型饮食，以鱼类为主的饮食方式对碳排放造成的影响更小些。[19] 但是，渔业还存在许多其他可持续性问题。这不是我的长项，因为我可没看前面那部取了个愚蠢名字的纪录片。

那我非得纯吃素吗？

嗯，从排放角度来看，纯吃素和爱吃素的差别并不大，只能说前者略占优势。减少肉类消费是起点也是重点。我们不妨先从少吃红肉入手，然后逐步减少家禽和鱼类，最后如果可行的话，尝试成为素食爱好者或素食主义者。许多体育明星已经选择纯素食，包括维纳斯·威廉姆斯（Venus Williams）、刘易斯·汉密尔顿（Lewis Hamilton）和埃克托·贝莱林（Hector Bellerin）[①]。但如果你觉得实在没法不吃肉，那也不必勉强。对大多数人来说，这更像一段旅程，而不是一夜变异。现在年轻人吃的肉确实越来越少，虽然这可能与环保关系并不大，更多是因为他们从小看《小猪佩奇》（Peppa Pig）长大。

减少肉类消费也能给你带来额外的健康益处，如降低心脏病发病率。[20] 据估算，纯素饮食每年可以避免全球 800 万人过早死亡，并减少大约 10 亿美元的健康支出[21]——人均一下，这够你在全食超市（Whole Foods）买三四份藜麦烘焙食品。

作为一名学界中人，咖啡简直是我的命，所以我调查了喝一杯咖啡的碳排放量。我发现，如果喝拿铁（因为你就是一个大宝宝，像爱犯困的小娃娃一样，你需要一大杯温暖的牛奶），那么你产生的碳排放量大约是喝浓缩咖啡的两倍，比喝馥芮白高62%。[②][22] 相较之下，浓缩咖啡对环境最友好，仿佛意大利人注定

[①]　分别是女子网球界名宿"大威"；七届 F1 世界冠军得主，F1 史上第一位黑人车手；西班牙足球运动员。——译者注

[②]　但我想念拿铁。——原书注

能找到另一个理由来沾沾自喜。①

　　我在饮食方式上作出的结构性改变主要是减少乳制品摄入。我老婆对乳制品过敏，她一直以来都只喝豆奶，其排放量是牛奶的 1/3。[23] 我也试过豆奶，但实在说不上喜欢。现在，我只喝燕麦奶，但当我用它来泡燕麦片时感觉非常奇怪。你知道，燕麦加燕麦的操作，让我感觉自己是世界上最苏格兰的男人。我对燕麦爱得如此深沉，以至于想把燕麦磨成液体，然后再倒在其他燕麦上。我超爱燕麦的！但有一说一，喝燕麦奶对环境很有好处。[24]

欧洲萝卜跨境而来

　　你可以作出的另一个有益于气候的选择是吃应季水果和蔬菜。通常来说，吃本地食品是最好的，尤其是那些非大棚菜。如果你担心阿斯达超市里食物的空运里程，那就买那些不需要空运进口的果蔬，这样对气候变化更有益。换句话说，不要买那些拥有自己"常旅积分"（frequent-flyer points）的番茄。不过，在某些情况下，如果某些果蔬来自于天然就能更高效生产它们的地方，那其实反而会更好，尤其当它们只通过水路或铁路运输时。但是，为了避免把问题搞复杂，一旦你在选择上有疑问，那就尽量从本地供应商买，或者干脆自己种，这真的太嬉皮士了。

　　不过，更宏观的食品供应体系也必须改变。我们需要调整农业生产方式，制造低碳肥料，这种肥料可以通过可再生能源（当前的肥料主要用化石燃气生产）的电解反应来生产。在理想的世

---

　　①　这一章也许应该就减少食物和饮料排放给出一个简洁的答案："当个意大利人。"——原书注

界里，公司应该在包装上标注食品的碳足迹，这样消费者就能作出更好的选择。有些公司已经进行了尝试，包括阔恩素肉和全球食品巨头联合利华（Unilever）。[25]

事情正在起变化吗？嗯，法国一直在讨论让素食菜品成为公共食堂的必备选项，并在学校引入每周一天的无肉日来减少肉类消费。[26] 如果法国人真能做到，老天有眼，其他地方就都能做到。所以总的来说，少浪费，少吃肉，并努力抵制进口桃子。

下面，我会教你怎么做一道经典素食。自从被前妻绿了，好基友伊恩每天都会自己做。

菜名：豆子盖吐司

第 1 步：打开一罐豆子。

第 2 步：将豆子倒在锅里，打开炉火。

第 3 步：在脸书上翻看前任的照片。

第 4 步：把几片吐司放进烤面包机，打开电源。

第 5 步：在脸书上找到你和她的最后一张合照，然后盯着看。那是在科林（Colin）的派对上。她看起来兴致很高，不过，你记得那件衣服是你给她买的，非常适合她。你盯着她的眼睛，想搞清楚那时她是否已经动了分手的念头。突然，叮！切片吐司从烤面包机里弹了出来，惊得你回到了现实。

第 6 步：将豆子盛在一个盘子里。

第 7 步：把一片烤吐司放在豆子上面。

第 8 步：再反盖一个盘子在上面，然后整个倒过来。

第 9 步：现在你就得到了"豆子盖吐司"和两倍的洗碗量，这会让你觉得前任好似从未离开。

21

为什么我们有那么多东西?

熊孩子总是需要很多额外的东西。显然,这些并不是他们从娘胎里带来的——毕竟他们没法在子宫里用亚马逊下订单然后让邻居代收。我的意思是,一旦他们来到这个世界上,父母就得给他们准备很多必需品。

包括那些针对胸部打造的稀奇古怪的玩意。长期以来,我对吸奶器可谓知之甚少。事实上,我差不多一无所知。我也根本搞不清啥是防溢出膜,啥是吸乳护罩。如果我在益智问答节目《智多星》(Mastermind)中选择它作为我的专业题,我会得零分——可能还会收获主持人约翰·汉弗莱斯(John Humphrys)几个仿佛看弱智的眼神。好在我朋友安迪(Andy)就职于一家高端吸奶器公司。他能够为我们弄到一台尚未拆封的二手吸奶器,卖家是一个笨到甚至不清楚怎么开盒的人。当安迪开始细致讲解这款型号如何优于其他对家的"胸部榨汁机"时,我插问了一个吸奶器在生产和使用寿命中产生碳排放总量的问题，然后我们就在 What-sApp 上进行了长时间的讨论。他说他在搞清楚后会联系我。现在回想起来，或许那时我只需要礼貌地说声谢谢即可。

被塑料淹没

我们买的东西、送的礼物，我们的商品、产品和财物，我们的小玩意儿和小饰品——这些都对地球造成了影响，因为只要制造东西，就需要消耗资源和能源。但是在日常生活中，我们往往会忽略这一点。我们在意的是闪亮的新品，而不是它的生命故事（除非我们在看讲述拟人化手机故事的皮克斯电影）。

当我们想要把这些东西都扔掉时，废弃物回收体系就会跟着变得越发复杂。首先，会产生一个"混合垃圾桶"（bin-bin）。你知道的，那个"鬼见愁"（No-Man's-Land bin）的垃圾桶，用来放所有还没被专门分类的东西。它曾经是我们丢垃圾的唯一选择，最原始的"垃圾桶"，如今它有了一个新名字——"混合垃圾桶"。显然，还得有一个食物垃圾桶，正如我之前提到的，它很重要但也很有害，我不会多花哪怕一秒钟去回忆那个臭气熏天的噩梦。

然后是回收问题。换如今，《喋喋不休》（*Yakety Yak*）这首歌就不会被创作出来，这倒不是因为其中有什么冒犯的内容[①]，而是如今的报纸和垃圾要分不同的日期集中回收。我现在九成的业余时间都在为垃圾回收而忙碌。每天都仿佛《土拨鼠之日》一样重复，垃圾总是越堆越多。我把要回收的废弃物放到房子外

---

①　除非你本身就是个话痨。——原书注

面，然后回到室内，发现房间里居然还有，这就像那些卡通片里，有人把他们讨厌的猫带到很远的森林里，然后一回到家就发现它已经自己回来了。只不过这次不是猫，而是空的燕麦奶盒和尿不湿盒。最近有一次，我忘记赶在回收日前把垃圾放出去，而我们屋外的大垃圾桶要每两周才收集一次。我当时简直要气炸了，破防到流泪。我想说的是，虽然当时我已经连续几个月每晚睡不到三小时，但我还是止不住为回收垃圾而流泪。

幸运的是，金属罐头、废纸和硬纸板都算是极易回收之物。我想对账号"欧洲瓦楞纸板工业"（European Corrugated Board）的粉丝们大声道出我的感谢，毕竟他们在推特上关注了我。① 我们已经开始使用 Who Gives A Crap 这样的公司的产品来满足我们所有的厕纸需求。他们使用回收来的纸质材料和无塑料包装，并且用 50% 的利润为那些用不上厕所的人们建造厕所。②

坏消息则是，我们的食品和商品都被大量的塑料所覆盖。全球有 42% 的塑料被用来包装。[1] 塑料确实是极其重要的公共议题，相比对气候变化的影响，它们更多带来的其实是海洋污染。我们

---

① 瓦楞纸板业，那就是我的目标受众。糟心的是，上次我查看时，这个号的粉丝比我的多约 1000 人，这让我想直接走向深海，而且在未来的几十年里，这样做会越来越容易。——原书注

② 希望他们一旦解决了这个问题，就可以一起搞定英国的洗手间危机。你显然会问：什么危机？嗯，就是选择走进哪扇门上厕所变得越来越像一场智商测试。最近，我在酒吧想上洗手间时，就不得不在两扇画着"鹅"和"小号"的门之间作出选择。为什么要用这些令人困惑的图标呢？这可不是有兴致开脑洞的时候。我的意思是，从前的厕所，"穿裤子的人"画在一扇门上，"穿裙子的人"画在另一扇门上。现在，两扇门上都画着西装，但是差别仅在于衣襟是左扣还是右扣。而最糟糕的情况非主题餐厅莫属。比如，一家鱼主题餐厅会在门上画一个锚和一只章鱼，然后有群人站在外面叫道："我不知道这是什么意思——我要尿在自己身上了！"——原书注

不得不承认，世界上的塑料多到惊人。2015 年，全球共生产了超过 3.8 亿吨塑料，相当于全世界 2/3 人的总体重。[2] 想象一下，如果我得一次性把那么多废弃物拿出去，怕是真的会哭死，3.8 亿吨还只是一年的数量。因为过去几十年的积累，目前，地球上的塑料总重量大约是所有生物体重的两倍。[3] 这就是为什么太平洋上会有一个三倍于法国面积的垃圾带。[①][4] 而可爱的面包房却远没这么多。

　　所有这些塑料都能活上千年。你刚才丢进垃圾桶的包装袋可能有机会亲眼见证霸子乐队在歌曲《公元 3000 年》里的预测是否属实。如今，人们已经在鱼类和鸟类体内发现了塑料，这种情况有点像带点暗黑风的健达奇趣蛋，甚至在子宫里的婴儿体内也能找到塑料。[5] 随着新一轮的生命循环，很多年后，你可能会在一份麦当劳麦香鱼里发现几十年前开心乐园餐附送的玩具零件——不过值得庆幸的是，自 2021 年 1 月起，麦当劳就已经停止给英国和爱尔兰的开心乐园餐附送塑料玩具了。[6]

　　仅靠当前的技术，有许多塑料制品注定无法回收，其中的大部分最终只能填埋了事。也有许多塑料被用来焚烧以产生热能——2019 年，英国垃圾焚烧的碳排放量比烧煤还要高。[7] 同时，你在塑料产品上找到的那些小符号多数没有意义。我的意思是，它们确实能告诉你这是什么类型的塑料，但它们却被设计成回收标志，并且故意印在甚至是不可回收的物品上。为什么？是为了让你感到心安，为了让你觉得这世界仍是一片安全之地。一切都被温柔相待。但事实并非如此。

　　当然，塑料确实实现了许许多多特定的使用目标。它们带来的好处远远超过了任何潜在的危害，如医疗急救设备、安全头盔

---

　　①　这片垃圾带也叫"垃圾洲"，主要由漂浮的塑料垃圾组成。——译者注

以及食物保鲜。但是，你刚刚网购的那把新剪刀，它并不会很快"变质"——那么，为什么刀柄非得用塑料包裹呢？

一次性塑料使用量的激增显然是人有意为之。早在 1960 年代初，塑料行业就梦想着未来的恐怖场景。以下这段话直接摘自 1963 年在芝加哥举办的全美塑料大会（National Plastics Conference）："诸如锡罐或纸盒等一次性使用的包装，并不是以几千计的一次性市场，而是按十亿计的长期市场。你们在包装领域的未来……的确就在垃圾桶里。"[8]

那还是进垃圾桶好些。石油化工产业制造的大量塑料不过是拿化石燃料提炼的副产品赚钱的新手段。如果我自己能把"副产品"卖给那些其实并不真正需要的人，我也会暗自窃喜。[①]

有一些举措能够发挥一些作用。不提供包装袋的商店如雨后春笋般涌现，一些超市也在尝试这类方式。像泰瑞环保（TerraCycle）这样的回收机构非常擅长处理那些不能正常回收的特殊物品。对塑料进行化学回收也是一种选择，就是要将它们分解成基础的化学成分，这样就能从旧塑料中制造新塑料（而不是用更多的化石燃料），最终形成塑料生产闭环。不过，目前这种方式由于成本过高且缺乏激励措施而鲜有人尝试。此外，还有用玉米淀粉等可生物降解材料来制造包装的方法。[9]

按常理来说，既然我从事气候变化相关工作，那肯定会关心废弃物的回收利用，并且对各种可回收物品了如指掌。但我真心想说：我对回收利用一点都不上心。即使在自己家里，亲戚朋友也会问我这个塑料小玩意或那个金属小东西是否该扔进可回收箱。我其实根本不知道，所以只好随口说说。我想我从来不知道正确答案。人们对此关注是件好事，不过最好不要让他们知道：

---

① 我想网上应该有这样的地方。——原书注

其实回收并没有大多数人想象中的那么重要，免得煞了风景。这可能只会减少约 3％的英国人均碳足迹。[10] 你拼尽全力连续五年做好回收工作，但其效果也就相当于少坐一次从伦敦往返纽约的航班。当然，我绝不是反对你这么做，但也许你应该更关注那些更高效的方式。另外，其实你并没有回收任何东西，你只是在无偿承担一些收集自己并不真正想要东西的前期工作。

我絮叨半天无非是想表达，我并不关心你做什么。认为个人有责任做好分内事并对废弃物进行回收利用，这是又一次厉害的公关骗局。[①] 塑料工业希望你相信回收的重要性，因为这能让他们继续生产下去。如果你觉得自己已经有所作为，那就不会有动力推动更多立法，从而迫使他们作出改变。

我确实关心公司、产业和政府的所作所为。塑料生产商应该对其产品整个使用周期产生的碳排放负责，供应链中下游的企业同样应该摒弃不必要的包装。塑料包装也不是非买不可。（除非你是那种买星战玩具还不拆封地收藏的人，否则最大的混球非你莫属。）政府应该通过立法确保行业对自己产生的废弃物负责；作为个人，我们能做的主要是用实际行动告诉企业这种行为已经不再被接受，我们希望他们作出改变。

现在来看我们的最后一个垃圾容器——便便桶。是的，这事关尿布，到底是用一次性还是可重复使用的材料来兜住娃们小屁屁流出的无尽棕色物，这是一个难题。有正确的答案吗？一个婴儿在习惯主动如厕前，大概会用 5000 个一次性尿布，如果换成可重复使用尿布，则必须用高温洗涤。英国政府 2008 年的一项研究发现，其实反而是一次性尿布的碳排放量更低些[11]。这一统

①　你可能已经注意到，涉足化石燃料的各大公司往往都拥有优秀的公关能力。——原书注

计数字基于 60 ℃的洗涤温度和每 4 次洗涤中有 1 次在烘干机中烘干。然而，过去 13 年来，机器效率的提高和更加绿色的电网改善了可重复使用尿布的碳排放。如果你习惯使用晾衣绳或晾衣架，那么可重复使用尿布可能是更好的选择，特别是可以留着生二胎时用。① 不过，我和老婆曾混合使用一次性和可重复使用尿布。这又是一个难题。在为碳排放忧虑的同时，你还会被粪便困扰……这有点像决定是用纸巾擦手还是用烘手机。②

T 台上的碳

尿布是我们首次涉足时尚界的尝试，但远非最后一次。一些研究表明，服装产生的碳排放量约占全球排放总量的 8%—10%，但这个数据似乎被高估了，因为它重复计算了农业、化学品、电力和运输等部门的排放量。此外，有个事实是：即使在寒冷刺骨的 12 月，高档设计师的潮服店也同样大门洞开。所以，2%—3%的排放量似乎更为准确些。¹² 原来，有跑道的航空业与有 T 台的时尚业都对地球有害。

服装行业规模巨大。一方面，让-保罗·高缇耶（Jean-Paul Gaultier）告诉富人们每季都要戴一顶新贝雷帽；另一方面，廉价的快消时尚快速崛起。当然，任何大规模生产并迅速丢弃的行为都会造成灾难性的后果，就像我们在塑料制品中看到的那样。

倒是也有些应对之策。有一个延长牛仔裤的使用寿命并节省洗涤费用的小窍门：将它们放进冰箱。只是你得记得先把口袋里

---

① 目前我家还没这个打算。——原书注
② 答案似乎既不是用纸巾擦，也不是用烘手机吹，而是把湿手在衣服上擦干，因为这不需要任何能量，但是我一直被教导这很恶心。——原书注

的借记卡拿出来，否则你的银行账户会被"冻结"。当然，二手服装和慈善商店都是很棒的选择，如果这些地方能够提供更高质量和多样选择的衣物，那无疑将会吸引更多人。此外，你也可以在 Loopster 等网站买卖二手衣服。小奥斯卡的大部分婴儿服都是二手淘来的，或是其他娃已经长大的父母给的，他们早已迫不及待要清理阁楼空间。我认为这就是未来的发展方向。有例子显示，一些有气候意识的青少年开始定期互相交换衣物，并使用 Nuw 和 Swopped 这样的"慢时尚"应用程序，为他们匹配身材相仿、穿着得体的人。还有一些大牌，比如 Gucci、Levi's、Patagonia，甚至阿斯达这样的超市，都在推出二手销售平台。

　　牛仔裤和 T 恤的最大碳影响来自生产环节，不过美国的牛仔裤是个例外，那里过度的清洗和机器烘干会使得裤子在使用环节产生的碳排放量更多。[13] 减少洗衣次数、调低洗衣机水温，甚至用冷水清洗，这些方法不仅可以节约能源，同时也有助于延长衣服使用寿命。我真的考虑过穿上所有衣服去洗一次冷水澡，主要有三点理由：（1）可以减少排放；（2）洗衣机一直在洗我儿子的衣服，所以我根本没机会洗自己的衣服；（3）这会让我感到活力四射。此外，我们还可以用晾衣绳。在夏天，我们可以用它和天上那个免费的橙色大火球来晒干衣服。不过在冬天，就只能对着它们吹气了。原来，让烘干机无处可用对于地球来说是个好消息。根据《一根香蕉的低碳生活》（How Bad Are Bananas）这本书里的说法，用 40 ℃ 的水洗衣服会产生约 590 克二氧化碳当量，但使用烘干机会使这个数值上升到 2000 克二氧化碳当量。[①14]

---

　　①　这能提供一个儿童玩具创意：翻滚先生的烘干机（Mr. Tumble's Tumble Drier）。——原书注

有利环保的白色家电

白色家电并不是我们日常高频次购买的家用物品，但一旦需要购买，选择就显得尤为重要。搬家时，我们不得不购置这些东西，最糟心的体验就是等待它们的到来："感谢您订购新冰箱，温宁博士。它将在今天早上 8 点至今年 6 月的某个时间点送货上门。"

冰箱特别勤勉，因为它们和大多数喜剧演员一样，总是处于开机状态。除了消耗大量电力，冰箱还需要额外的制冷剂，一旦制冷剂泄漏，就会对大气层造成极大危害，因此必须安全处理。此外，冰箱又和汽车一样，在功率不断提高的同时，体积也在不必要地变大。拥有一个大冰箱一直是我儿时的梦想，里面要装满三箱佛罗里达风味的 Sunny D 橙汁。

我和老婆现在还第一次拥有了洗碗机，这绝对是一个意想不到的收获。它只用了我洗一个碗和一个勺子一半的时间就搞定了所有碗碟。如果你只在洗碗机塞满时打开它，即便考虑到制造过程中产生的碳排放量，通常洗碗机的碳排放量也比手工洗的要低。因此，请确保洗碗机装得越满越好。我以前之所以直接拒绝去伊恩和他的前妻家，就是因为不喜欢他们摆弄洗碗机的方式。他们会在每顿饭后就打开洗碗机。有一天，我去他们家，他搞了盘"豆子盖吐司"，然后就打开了洗碗机。那时候，洗碗机里就只有一个锅、一个盘子、一个木勺和一个叉子。我于是拒绝以后再上门做客。①

---

① 当然，他离婚后，现在已经没有洗碗机了。——原书注

　　然后就是我们购买的其他东西。有了娃之后，我们多了这些东西：婴儿车、消毒器、奶瓶、让娃看起来像魔鬼的红色夜灯。儿童玩具通常由塑料制成。我记得儿时曾对麦片盒里的玩具感到非常兴奋，现在才意识到它们都是糟糕透顶的一次性废品。我不是什么狂热的环保主义者，也不会建议你只给孩子一个叫作Sticky 的毛绒玩具。①

　　还有一个折中的做法。BuyMeOnce 是一家评估并销售旨在终生使用的产品的公司，包括婴儿服装和配饰。我老婆发现了一个名为 Whirli 的玩具订阅服务，现在小奥斯卡的所有玩具都是通过它搞来的。这意味着如果孩子对玩具不再感兴趣或者长大了，你就可以把它送回去，家里也不会有一大堆玩具散落各处。此外，这也能减少排放。小奥目前最喜欢的玩具是一只蓝色的猴子，我们给它起名叫 Lisa，因为他总是试图把它撕碎。②当他不断啃咬Lisa，并且很少睡觉的时候，我脑海中好几周都是蠢朋克乐队（Daft Punk）的《幸运星》（Get Lucky），但是在副歌部分我把歌词改成了"我整夜都在啃猴子"。

　　一个主要问题是，制造商似乎在产品中植入了折旧这个要素，以至于我们已经有了商品会定期被替换的预期。

　　我祖父母那代人保留着不浪费任何东西的习惯。当然，他们关于性别、种族和性取向的观点有时可能容易引起非议，但他们一直坚持使用和修理生活物品，直到它真的面目全非。不浪费是一个被不同政见群体普遍接受的观点。"减少消耗、循环使用、重复利用"仿佛成了一种咒语。最近，它被重新打造成"循环经

────────────

　　①　不过，我绝对会用纸板箱让他玩耍——这样我就不必着急把它们弄去回收站了。——原书注

　　②　你得看过电影《房间》（The Room），才能理解这个梗。——原书注

济"，因为要让有钱人听你说话，你就得谈论经济，而且圆圈这种标识看起来莫名很酷。

显然，循环使用是更可取的做法。但是，如果你儿子把牛奶吐在你刚刚过保修期的笔记本电脑上，而你正在赶一本书的初稿，却不知道如何修复它时怎么办？幸运的是，在应对气候变化的斗争中，还有一个"R"可以增加助力。欧盟、英国以及美国的一些州正在推广所谓的"维修权"（right to repair）。这将使商品更具耐用性、更便于维修成为法定要求。在欧盟，制造商将必须为大型家电提供十年的备用零件。我意识到，当人们谈论权利时，通常是指言论自由或身份平等。我不确定如果马丁·路德·金（Martin Luther King）的梦想是折腾烘干机的滚筒，他的演讲是否还会产生同样的影响力。但这仍然很重要，因为制造商将不再能够给消费者挖坑。瑞典已经出台了一个减半白色家电维修费用的税收优惠政策。[15] 其他积极的动向还包括"回收你的电器"（Recycle Your Electricals）这样的活动，以及"维修咖啡馆"（Repair Cafés）的兴起。英国广播公司电视第一台（BBC One）甚至推出了一档名为"修理店"（*The Repair Shop*）的节目，但我还没看过——我需要他们先修好我的电视。

本 书

那纸质书又如何呢？嗯，"小玻系列翻翻书"（*Spot the Dog*）①

---

① 儿童绘本，作者为英国著名插画家艾力克·希尔（Eric Hill）。1980年，希尔观察到自己两岁的儿子迷恋上了平面广告中的小翻页，于是编了关于一只叫小玻的狗的故事，并创作了带小翻页的图画书——《小玻在哪里？》（*Where's Spot?*）。此后，以小玻为主角的系列翻翻书陆续出版，并被翻译成65种语言，在100多个国家发行。——译者注

的页数还没有这本书多，所以对地球更友好——而且小奥斯卡似乎更喜欢它。他只看了这本书的一小段落就说这是危言耸听的左翼宣传，并称呼我为托派分子（Trotskyist）。长期以来，书籍一直高度依赖造纸业，但最近的情况已经发生改变。实体书和电子阅读器哪个对碳排放的影响更大呢？嗯，你必须少买大概 40 本纸质书籍才能确保电子阅读器真的更具（环保）可持续性。[16] 但是，对社会和地球最有益的其实是图书馆。如果你从别人那里借阅了本书，我必须给你点赞。话虽如此，我还是会在你方便的时候上门收取 16.99 英镑，这也是本书的推荐零售价。我家的书架上现在有很多很多关于婴儿的二手书，通常的情况是，凌晨 4 点，当小奥斯卡在梦中发出一种听起来像是猫踩到刺猬的声音时，我们就会惊得跳起来翻书找原因。

互联网

计算机和互联网既会产生碳排放，也有助于减少碳排。Zoom 和 Skype 通话有助于减少人们因为出差开会而产生的交通排放，新冠病毒肆虐以来，这些软件工具得到了更加普遍的使用。然而，计算机也依赖于世界各地耗能巨大的数据中心。据估算，这些数据中心使用了全球 1% 的电力。[17] 有机构估计，比特币行业消耗的电力甚至超过了比利时整个国家。[18] 我原以为"比特币挖矿"（bitcoin mining）只是一个单纯的术语，但目前它真的涉及大量的实际煤炭开采。埃隆·马斯克也在最近要求特斯拉公司与比特币划清界限。之后，《比特币杂志》（*Bitcoin Magazine*）在官推上写道："当气候激进主义者要求你解释比特币'惊人的高能耗'时，问问他们没有比特币的未来会是什么样？"[19] 这问的居然是没有比特币的未来，而不是没有珊瑚礁或马尔代夫的未来。

我们最该做的就是不断要求微软、亚马逊、谷歌、苹果、脸书等大型互联网公司尽快公开能源使用情况，以期早日实现100％使用绿色能源。你也可以多用 Ecosia 搜索引擎，每进行 45 次搜索，网站就会替你种植一棵树。它属于那种平衡利润和目的的 B 型公司，Who Gives A Crap 也是。在支付成本和税收之后，Ecosia 会将 61％的利润用于植树，16％用于投资绿色产业，23％用于广告，而股东则一分钱也分不到。[20]

使用谷歌来查找你正在观看电影中脸熟的演员名字也是一个不错的选择，因为它 100％使用可再生能源来提供电力。平心而论，谷歌的报告是公开且相当详细的。例如，根据所披露的数字，谷歌排放的二氧化碳从 2017 年的 330 万吨当量增加到 2018 年的 1500 万吨当量。这种增长实际上是一件好事，因为谷歌扩大了其核算排放量的范围。[21] 这应该成为更多公司的标准操作。微软提出在 2030 年之前实现"负碳排"（carbon negative）的目标，并表示将在 2050 年前抵消其自 1975 年以来的所有碳排放。脸书声称其自身运营环节已经实现净零排放，并计划在 2030 年前实现整个供应链的净零排放。但是，在 2020 年上半年，他们同样在美国投放了 800 万次否认气候变化的广告，也不清楚他们对此有没有设定目标。[22] 苹果和亚马逊也各有其值得称道的目标。毕竟，如果你赚到了世界上所有的钱，你确实可以做任何你想做的事。

重金属

制造业向来是碳排放问题中的"老大难"，而我们个人对此能做的却很有限。鉴于重工业与气候变化的高度关联性，它其实有权独享本书的一整个章节，但我实在写不出它的观察式段子（observational jokes），所以我就长话短说。

钢铁业大约造成了全球碳排放总量的7%，这主要是因为目前将铁矿石锻造成钢铁的主要方式依然需要烧大量的煤。要解决这个问题，我们需要大力推动利用电力的钢铁回收工作——尽管我不确定摩天大楼到底应该丢进哪种颜色的垃圾桶。此外，绿色氢能看起来是一个对钢铁制造业很有帮助的新技术。

水泥业是另一个重污染行业，其产品被广泛用于建筑和道路。鉴于生产方式，水泥必然会产生来自化学反应的碳排放，这反过来又要求在全球范围内大规模部署碳捕获和封存技术。我发现很难编出一个关于水泥的扎实笑料，这是真的难。同时，我们也普遍认为，行业内的大多数人（比如水泥制造者？）都固守旧习。①但愿我最终能就这话题造出一些有深度的段子。

我收到了安迪关于那个高级电动吸奶器的后续回复："马特，通过购买二手吸奶器，你可以减少25公斤的碳排放量。"这真是个好消息。一分钟后，我又收到了一条："但是，如果你像普通美国人那样使用，而且有两个孩子的话，你将会产生14公斤的碳排放量。"那时，我就下定决心绝不当美国人。不过，我对于是否生二胎还没想好。我想到了那14公斤，又想到了各大公司制造的数百万吨碳排放量，最后还是把注意力转向了手头的工作：家里有一整箱废弃物亟须送去回收站。

---

① 实际上并非如此。大多数水泥行业从业者非常支持实现零排放转型，并且人都相当友好。——原书注

第三部分
PART 3

我们会改变吗？
WILL WE CHANGE?

22

三个月

你个混球，你能搞定

随着小奥斯卡人生首个圣诞节的临近，我不由开始想象他一生都会经历什么样的圣诞节，我很好奇我们家会形成什么样的过节传统，以及这周给他定的牛奶是否会有布鲁塞尔芽菜（又称"抱子甘蓝"）的味道。我是如此盼望圣诞节，盼望到直接买了一棵真正的圣诞树。显然，要是你想抵消每年买一棵真树产生的碳排放，就得使用一棵塑料树至少超过 12 年。但是，最佳方案其实是搞一个盆栽的真树，这样你就可以每年持续培育并重复使用。或许明年我就会付诸行动，以前之所以未曾想过这法子，是因为我作为一个成年人，直到今天才拥有了自己的小花园。如果你没有，也可以在市场上找到一些提供租借树木并回收重栽的服务，同样非常方便。不过，不管怎样，我知道得还是晚了些，现在的我已经费力拖着一棵矮胖的小树回家了。

在小奥出生后的三个月零一周，我第一次真切感受到气候危机的现实与把一个生命带入这个世界的责任之间发生了冲撞。在此之前，气候变化几乎从未跃入我的脑海：我一直忙于消毒奶瓶和换尿布，即便这个话题偶尔冒头，也只是以一种冷淡抽象的学术型方式现身。

过去的三个月仿佛一场风暴，交织着亲密联系、思虑担忧与边干边学。我很快就变成了《三个奶爸一个娃》（*Three Men and a Baby*）里汤姆·塞立克（Tom Selleck）的角色，主要是因为我没时间好好刮胡子。老实说，我可能更像片中的特德·丹森（Ted Danson）。我们慢慢适应了一种新的生活节奏：清晨时分，我们懒洋洋地躺在床上。闲暇时光，我用婴儿背带挂着他探索新的散步路线，闻着他那可爱小脑瓜上的味道。洗澡时间则是他爱的欢乐时光。我一直试着逗他发笑，因为那是我和老婆听过最美妙的声音。我每晚在睡前给他读一段"小玻系列翻翻书"里的故事，试图找到新方法来增加故事剧情的紧迫感——小玻把泰迪熊弄丢了。① 大多数晚上，小奥睡着的时间总是刚好让我俩在白天还能维持基本的生理功能——好吧，其实也并没有维持得很好，他也不是每晚都给我俩这个机会。但我俩不能抱怨。我的意思是，就算抱怨，情况也不会好起来。

于是我悟了。现在，我正在网上看《柳叶刀人群健康与气候变化倒计时报告》（Lancet Countdown on Health and Climate Change）的发布活动。2020 年，我首次成为这份年度报告的作者之一，报告理所当然地研究了人群健康与气候变化之间的重要联

---

① 此外，我老婆注意到小玻只有两只拖鞋。我们聊了很久，试图理解这是为什么。——原书注

系。由于只需要开展网络直播就行，所以我离开办公桌，坐到了客厅的沙发上，一边听着耳机里传来的 Zoom 直播，一边观察我的新家庭。

在几分钟的介绍和闲聊后，讨论进入了主要议程。

> 91%因环境空气污染造成的死亡发生在低收入和中等收入国家。

当我听着主持人宣读这些可怕的数据时，我老婆正站在我面前，帮助小奥在有一张地球地图的游戏垫上站直身体。

> 由使用煤炭引发的空气 PM2.5 导致的过早死亡人数正在迅速下降，从 2015 年的 44 万例减少到 2018 年的 39 万例。

她带着小奥在游戏垫上"环游世界"，而小奥则发出咕哝声，翻译过来就是：他很是受用。此刻的我则正在思考世界各地的婴儿。

> 但是，在此期间，PM2.5 引起的总死亡人数却略有增加，从 2015 年的 295 万例增至 2019 年的 300 万例。这迫切需要我们采取更多行动。

我耳边的冰冷数据和眼中的温暖家景形成了鲜明对比，忽然之间，某种东西触动了我，我不禁哭了出来。不是那种不停地啜泣，只是一阵情感的波动。仿佛是对生命脆弱的真切感受带来了一两滴眼泪，然后这种感觉稍纵即逝。

好了，我知道你现在在想什么："马特，这已经不属于喜剧范畴了，你这又是哪一出呢？"我只是想说句老实话，有时候，我的生活总有些古怪，总有问题颇为棘手，生活中的趣味有时也很难寻觅，尤其是现在我已经有太多会担心失去的东西。这种感觉可能国民医疗服务体系（National Health Service）的工作人员也会有。作为一名气候变化研究者，你有时不得不抽离自己的情感，仅仅把这当作一份工作。

从呱呱坠地的那刻起，今天的孩子们就面临着气候变化和人类行为对其健康造成的影响，这种影响将伴随他们的少年、成年直至老年。在某种程度上，我娃的整个人生将受到已经作出的决策以及我们现在选择采取的行动的影响。要共情在上一年出生的所有婴儿可能是件难事，如果不采取更多行动，也很难理解他们在成长过程中将会面临的更大困难。要知道，小奥大概可以算作世界上受（气候变化）影响最小的那类人。那些挣扎度日、勉强靠收入糊口的家庭，他们的境况早已被不稳定的气候所改变。从乌干达农民到太平洋岛国基里巴斯居民，再到瑞典的萨米（Saami）牧民，世界上最贫困人群生存和养育子女的难度正越变越大。气候变化使那些本就活得艰难的人群的生活更是雪上加霜。

出生在最不发达国家的儿童将面临更加残酷的局面。全球主要农作物的产量潜力正呈现下降趋势，这将直接威胁到食品生产和食品安全，由此可能导致的营养不良会严重影响儿童早期重要的生长发育。儿童是最容易感染腹泻疾病的群体之一，同时受登革热影响也最重。在有记录以来登革热传播最凶猛的十个年份里，有九个年头在 2000 年以后。[1] 你可以想象有一个和我们处境同样的家庭，有一个新生儿，他们正在努力满足这个孩子的基本需求：吃饭、喝水、穿暖和的衣服、受到关照和爱护。但是，这一切都得在一个正越来越不安定的世界里得到实现。这似乎不太可能。

好在并不是一切都那么糟糕。

三个月来，我们确实见证了一个圣诞奇迹——我们看到了"圣诞老人"。准确来说是我妻子透过客厅窗户看到的，她看到圣诞老人被他的驯鹿拉着，沿着我们家旁边的小路向上走。等我走到窗边的时候，我看到的却是一个穿着反光夹克的秃顶男人。我叫她别傻了，圣诞老人穿红衣，而且不秃顶，她该多休息一下。她信了。不过，后来我们还是放弃给小奥继续洗澡，转而换上最暖和的衣服，一起到街上寻找圣诞老人。当我们走出家门，沿着小路上行时，他却已经了无踪迹。我继续开我老婆的玩笑，要她别再编造这样蹩脚的故事，虽说现在我们有了娃，但这并不意味着圣诞老人就真的存在。接着我们绕着街区走了一圈。我们经过了那栋在窗边摆着自家小模型的房子，房子的真窗和模型的窗边都摆着圣诞树。然后，我们拐进了一条小巷，还是没找到任何踪迹。我们决定放弃寻找，打道回府。等快到家的时候，我们寻找的对象不知从哪儿冒了出来，就站在屋子外面的路上。那是一个年纪轻到不可能是圣诞老人的男人，一辆路虎拉着他的雪橇。我们相互挥了挥手并拍了些照片。那个时候除了我们，街上空无一人。我通过 WhatsApp 联系了邻居，想弄清楚到底发生了什么事。他们说这事儿每年都会发生，是"一个奇怪的慈善活动"，他们的语气是如此轻描淡写，远不似我们这般兴奋。但不管怎样，这是我们三口之家的第一份圣诞记忆。

23

我们正在为此做些什么？

好的，首先，有必要快速回顾一下。作为地球居民，对于自己正在摧毁地球这一事实，我们已经决定要做些什么。那么，我们距离人类不再影响气候变化还有多远？还需要做些什么？什么时候才能达到这个目标？

国际协定

目前，各界对于"危险的气候变化"并没有形成一个公认的确切标准。从某种意义上来说，任何程度的气候变暖都有害。因此，一个"安全的变暖水平"存在很大的解释空间，几乎每个人和他们的祖母都有自己的一套看法。[1]

长久以来，国际社会的基本共识是：我们需要将全球平均地表温度的升幅控制在工业化前水平以上 2℃ 的范围内。鉴于人类已经让气温升高了 1℃，这无疑是个巨大的挑战。讽刺的是，我父母最多也只愿意供我大学读两个学位[2]。

联合国进程一直是推动国家间形成一致行动方案的主要方法。每年，各方代表们都会在《联合国气候变化框架公约》缔约方会议（Conference of the Parties，COP）[3] 上进行交流磋商。第一次会议于 1995 年在柏林举行。1997 年的大会极为重要，会上通过的《京都议定书》成为首个全球范围的气候协定；2009 年的哥本哈根世界气候变化大会，原本雄心勃勃拟促成的协议遭遇了重大挫折[4]；2015 年的大会则达成了《巴黎协定》。

"碳简报"（Carbon Brief）网站编辑、多次出席气候变化大会的资深与会者利奥·希克曼（Leo Hickman）用"既叫人着迷又充满沮丧"来描述这一次次会议，还称它们像《土拨鼠之日》一样不停地重启。他补充道："这些会议的确带来了许多积极的影响。我的话可能有点刺耳，它们创造了一个迫切需要的媒体时

---

① 我祖母的看法是，他们都应该听我的，因为"你可是一个好孩子，马特"。——原书注

② 文字梗。英语中的"degree"同时有"温度"和"学位"之意。——译者注

③ 《联合国气候变化框架公约》缔约方会议是公约的最高决策机构。缔约方每年召开一次大会，讨论公约的执行情况，并就气候变化的多边应对措施进行谈判。在不少国家人们更习惯用"联合国气候变化大会"或"联合国气候大会"来称呼 COP。——译者注

④ 与会各方在减排目标、资金分配、技术转让等方面存在较大分歧，发达国家与发展中国家之间的矛盾尤为突出，导致协商困难。会议最终达成不具法律约束力的《哥本哈根协议》。——译者注

刻，让全世界，哪怕就短短几天，高度关注各国首脑在气候变化问题上都做了些什么——或者没做什么。"

哥本哈根大会之后，所有人都以为联合国气候变化进程已经到此为止。然而，仿佛凤凰涅槃，2015年的《巴黎协定》制定了新的策略，被誉为真正成功的全球气候变化协议，实现了许多前人的夙愿：让每个人都参与其中。这是如何做到的呢？——让各国想干啥就干啥。会议并没有试图强行让各方形成"某国得做这个，某国得做那个"的行动共识，而是简化思路："贵国认为能做些什么？"哪怕如此，协定设定的最终目标仍堪称雄心勃勃。

《巴黎协定》指出，全球平均气温较工业化前水平升幅需控制在"远低于"2℃的水平，并且各国应积极努力将升温控制在1.5℃。^① 这0.5℃的差异看似不大，但却足以挽救许多太平洋岛屿，不然它们会在全球升温超过1.5℃的时候消失。^② 到那时，全球将有14%的人口面临热浪肆虐的考验；一旦升温达到2℃，这一比例会增加到37%。[1] 可以预期的是，在气温上升1.5℃的情况下，每100个夏天中将会出现1次"无冰的北极"；上升2℃，频率将会提升至每10个夏天1次。[2]

我们必须迅速行动。史努比狗狗（Snoop Dog）在唱《将这麻烦事停下来》（*Drop It Like It's Hot*）这首歌时，他明确指的是全球变暖背景下的温室气体排放。为了将升幅控制在2℃以内，我们每年大约需要减少当前全球排放量的3%；要控制在1.5℃以内，我们减排的速度还得快些、再快些——排放得出现断崖式下

---

① "积极努力"听起来就像我说要更规律地去健身房一样。——原书注
② 在气候变化问题的公众传播中存在一个巨大的问题——微小的数字可能会产生巨大的影响，但我们在真听到它们时容易下意识觉得："真是个小巧可人的数字，没啥大不了的。"——原书注

降，达到约 8% 的水平，并持续数十年。[3] 这种幅度有点像你从本自然段开始，每读一句话，乐观心态就崩塌 7%。

当"零排放"接近于"零"排放

要终结人类影响气候变化的历史，我们需要所有国家在本世纪下半叶的某个时点实现平均零排放。这将有助于全球达到"净零排放"。这个术语本质上是一种规避现实的方式，因为诸如农业和化学反应等过程中产生的碳排放难以避免，因此对于每年仍在产生的排放，需要采取方法从大气中清除等额数量。

《巴黎协定》催生了一个共同的国际行动方向——承诺实现温室气体的净零排放。在我写本书时，贡献全球 61% 碳排放量的国家们已经先后采纳、宣布、考虑，或者在放错地方的信封背面草草记下了净零排放目标。瑞典已立法承诺到 2045 年实现净零排放；最近，德国通过一项重要法案，明确将实现净零的年限提前 5 年至 2045 年。[4] 英国、加拿大和新西兰都立法规定，到 2050 年实现净零排放。苏格兰设定的目标也是 2045 年，因为如果要说苏格兰人喜欢干什么，那显然是在英国人面前趾高气扬。如果小争小斗就能解决气候变化问题，那么我绝对 100% 支持。

欧盟和韩国也都立法确定了 2050 年实现净零排放的目标。拜登总统已宣布重回《巴黎协定》，美国也计划到 2050 年实现净零排放。拜登还推出了"美国就业计划"（American Jobs Plan），预计将在基础领域与行业方面投入 2 万亿美元，其中约有一半将用于长周期的气候工作。[5] 最重要的是，中国方面承诺在 2030 年

前实现碳达峰（peaking）①，并在 2060 年前实现碳中和。为实现
这一目标，中国需要进一步推动煤电厂绿色低碳转型。[6,7]

　　芬兰和乌拉圭分别提出在 2035 年和 2030 年实现净零排放，
这是最快实现目标的建议［乌拉圭曾幽默地"威胁"说，如果谁
不遵守就让路易斯·苏亚雷斯（Luis Suarez）咬谁］，尽管这些还
尚未成为法律。② 目前，越来越多的国家正在制定目标，不过作
为世界第三大排放国的印度尚未给出时间承诺。这在那里可是一
个相当敏感的话题。但愿我一指出气候变化将如何影响板球运
动，他们很快就会愿意加入进来。

　　设定二三十年后的目标固然重要，但各国眼下都在做些什么
呢？政治家们喜欢制定"看上去很美"的长期目标，但实际行动
起来完全是另一回事。就像我总说我明年要减掉约 6.35 公斤（1
英石）体重，但是就在刚才，我又打开了一桶品客薯片（当然，
人类的未来和我吃不吃薯片没啥关系）。要实现《巴黎协定》确
立的长期控温目标，各国自然需要制定相应的短期目标，即所
谓的"国家自主贡献"（Nationally Determined Contributions，
NDCs）③。不难理解，目前这些承诺还远远不够。一份 2020 年的
联合国报告估计，要实现控温 2 ℃以下的目标，必须将现有努力
提高三倍；如要迈上实现控温 1.5 ℃的道路，则需增加五倍。[8] 打

---

　　① 是的，我确实考虑过使用"北京"（Peking），但我觉得这种梗太老
套了。——原书注
　　② 说到最快的求婚，伊恩刚刚发现，他的前妻现在已经和那个"穿着
莱卡衣服汗流浃背的家伙"订婚了。——原书注
　　原文使用"proposals"一词，既有"建议""提案"之意，又有"求婚"
的意思。作者在这里玩了文字梗。——译者注
　　③《巴黎协定》中的重要概念，指各国自主决定和承诺采取应对气候变
化并减少温室气体排放的行动。——译者注

个比方吧，所有人都还在"大啃各自的薯片"。

　　幸运的是，英国的《气候变化法案》（Climate Change Act）恰好嵌入了这种"用短期目标实现长期目标"的框架。真方便！在独立咨询机构——气候变化委员会①的建议下，英国议会负责制定具有法律约束力的气候预算，这个委员会仿佛栖息在政府决策者肩上的天使，低声耳语道："你真的得振作，快点行动起来。"随后，英国将其目标提高到在 2030 年比 1990 年减排68％。[9] 政府在雄心勃勃的"十点计划"②中宣布了新的产业目标——2030 年，淘汰污染车辆；2030 年，将海上风电量增加四倍；2028 年前的每一年都要安装 60 万台热泵。这些在一定程度上都有助于实现减排 68％的目标。但是，我还是得说，制定目标总是最容易的，"我们要做这个、这个和这个"。这些目标固然很好，但是到底怎么实现才是最需要答好的问题。将现实的政策支持和规章制度落实到位，才是实现这些目标的关键所在。从原则上来看，"十点计划"基本都是正确的绿色解决方案。当然，有些政策，比如"零排放"航空旅行，很明显只是为了凑足十个数字而已——更不要说我们还有一个喜欢双关语的首相。但是与此同时，我们对于真正需要减少的东西却仍缺乏统筹思考，如我们仍在批准开发新煤矿、修建新道路、允许更多的北海油气勘探等。其他国家，如法国和西班牙都已经禁止勘探新油气，并设定了停产日期。[10] 我希望作为第二十六届联合国气候变化大会东道

---

　　①　我说的就是"气候变化问题委员会"。——原书注

　　②　2020 年 11 月，英国政府公布《绿色工业革命十点计划》（The Ten Point Plan for a Green Industrial Revolution），以期在 2050 年之前实现温室气体"净零排放"目标。十点计划包括：海上风能，氢能，核能，电动汽车，公共交通、骑行与步行，航空零排放（Jet Zero）与绿色航运，住宅与公共建筑，碳捕获、利用与封存，自然保护，绿色金融与创新。——译者注

国的英国也能紧随脚步。对英国来说，让其说"不"似乎比说"好"要困难许多——有点像与一个不守规矩的孩子打交道。对于这种烂事，已经没有回旋的余地或时间。所以，在我个人看来，一切仍未有定论。

努力适应变化，掏出真金白银

一些国家正在采取措施以逐步适应不断变化的地球。比如，制订"国家适应计划"（National Adaptation Plans）[①]，以帮助各国为已在进行中且不可避免的各种变化做好准备，将自己打造成为"气候适应型"（climate resilient）国家——简单来说，就是要提前多想两步，避免在气候变化中被彻底打垮，也就是要让国家在未来世界拥有自保能力。例如，建设绿色基础设施，如透水路面、雨水花园和树木，这些都能吸收城市中的额外水分；还包括农民改种更适合未来气候条件的农作物。具体措施因国而异，但没有哪个国家能够完全逃脱气候变化的影响。这甚至不仅限于我们的地球，哪怕是火星也在劫难逃，因为最终火星上也会出现惹人烦的亿万富翁。

气候变化委员会 2019 年的进展报告（Progress Report）指出："英格兰对全球以及英国升温 2℃带来的影响尚未做好准备，更不必说更极端的升温情形了。"这并不奇怪，因为大多数人都做不到"晴天买伞"，哪怕我们生活在一个雨多到爆的国家。英国有许多基础设施甚至可以追溯到维多利亚时代，公用事业的私

---

① 该计划旨在帮助各国规划和实施各项行动，以降低对气候变化影响的脆弱性，并加强适应能力和弹性。国家适应计划与国家自主贡献以及其他国家和部门政策与计划相联系。——译者注

有化则意味着人们更注重短期内压低成本而非提前做好规划。总而言之，这真是一个足以叫人放弃未雨绸缪的"屋漏偏逢连夜雨"（perfect storm）①。

强迫国家或人民适应气候变化，这真的公平吗？要求他们承受能源转型的主要压力，哪怕可能影响他们的生活方式，这公平吗？公正与否之争遍及气候运动的各个角落。例如，在挪威北部，当地的驯鹿牧民正在反对一个兴建大型风电场的提议，声称这会干扰驯鹿的迁徙路线。[11] 许多北极圈地区的居民已经直接受到气候变暖和冰川融化的影响，形势迫使他们适应。萨米人说的很对，他们对气候变化应负的责任微乎其微，但却同时受到气候变化本身和减缓气候变化行动造成的影响。此外，这里还涉及所谓的"损失和损害"（loss and damage）②，这个气候术语描述了这样一种糟糕状态：适应气候变化的措施已不足以使人们免受气候变化的影响，领土和生计将永久性消失。考虑到气候变化责任的历史成因，相关地区和那里的人们需要直接得到支援与政策上的公平对待。我认为在这方面，《巴黎协定》做的还远远不够。

气候辩题中一个常被忽略的方面是金融。这是有充分理由的，因为大多数普通人觉得金融乏味无聊，金融从业人员也总是试图通过做一些悲天悯人的慈善活动来掩盖他们的工作本质上无所建树却获得了高额报酬这一事实，以使自己的内心感到没那么

---

① "perfect storm"，根据中文不同语境，常译为"雪上加霜、屋漏偏逢连夜雨（陆谷孙教授译）"，引申为"祸不单行、在劫难逃"等。此处也是一个文字梗，因为英国本身多雨，加上基础设施年久，因此作者用带有"气候"要素的"storm"开了个玩笑。——译者注

② "损失和损害"主旨在于提醒国际社会对那些因气候变化而遭受不公平损失的国家或地区（尤其是发展中国家和次发达国家或地区）提供援助的必要性。——译者注

死寂。"你能赞助我参加'强悍泥人'（Tough Mudder）障碍赛吗？"呃，不能。你们金融圈人士一眨眼感到空虚可不是我的错。我可以这么说，是因为我曾在金融行业工作——这是我父母至今仍希望我干的事情。

不管怎么说，气候融资还是极其重要的。为了在摆脱化石燃料的同时转向可再生能源和其他低碳替代方案，我们需要来一次大规模的投资转向。不过，这显然不会凭空发生。仅仅是为了实现当前的承诺，全球每年就需要额外 1300 亿美元的绿色投资，约等于比尔·盖茨总资产的 12 倍。[12] 不仅如此，如果要满足 1.5℃ 的控温目标，这一数额可能还需要增加一倍或两倍。[13] 这就是能源的问题。但是，需要的总投资还要高得多。最近，联合国政府间气候变化专门委员会发布的第六次评估报告的综合报告（IPCC AR6）指出，为了实现到 2030 年控温 2℃ 的目标，绿色金融总量得比现在高三到六倍才行。话虽如此，但我依然认为不应该抨击所有的金融人士，因为我们需要他们站在我们这一边。获得融资对发展中国家尤为关键，他们不仅对气候变化负有最少的责任，而且承担了较高的投资风险溢价，这使得他们的减排成本也相对更高。[14] 因此，获得融资必须成为 2021 年 11 月格拉斯哥第二十六届联合国气候变化大会的一个关键议题。

我们造的城市

地区与城市间的行动同样十分重要。但是，在特朗普主政时期，美国联邦层面的所作所为与减排完全是南辕北辙，各份官方文件中提及"气候变化"之处被纷纷删除，最高层留下的空白必须在各州层面得到填补。从科罗拉多到康涅狄格，从缅因到马萨诸塞,从佛蒙特到……覆盖美国 55% 人口和 40% 排放量的州组成了美国气候联盟(US Climate Alliance)①,承诺将坚定支持《巴黎协定》。[15] 经济规模超过英国的加利福尼亚州已经宣布将加大行动力度,计划到 2035 年使所有新车实现零排放,并承诺到 2045 年使整个经济达到碳中和。[16]

城市的极端重要性不言而喻,尤其是当全球有过半人口住在城市地区。在实现低碳方面,紧凑型城市更具优势。例如,首尔的人口虽然比伦敦多,但面积只有后者的 1/4。[17] 或者,我们可以像马特·达蒙主演的《缩小人生》(*Downsizing*)里那样缩小自己,这是《亲爱的,我把孩子缩小了》(*Honey, I Shrunk the Kids*)的颓废版翻拍,但故事讲的是人口过剩和全球变暖。城市还需要有清洁的公共交通连接,比如哥伦比亚麦德林(Medellin)的世界首座通勤缆车,或者中国深圳的世界首个全电动公交车队。

哥本哈根的目标是在 2025 年成为世界上第一个碳中和城市。[18]它打算怎么做呢?嗯,首先得用上大量自行车,其次要与市民一起设计碳中和计划,让将要到来的改变与日常生活息息相关,并提供一种人人都能相信的积极叙事。此外,他们还在一个废弃物焚烧厂的顶部建造了一个人造滑雪坡。真是太酷了!奥斯陆更计划到 2028 年实现公共交通系统零排放。[19]要知道,挪威可不"违诺"。②

---

① 美国气候联盟是为应对美国总统特朗普 2017 年 6 月 1 日宣布美国退出《巴黎协定》,由美国部分州和非合并自治领地成立的两党联盟。——译者注

② 这里原文用的是"Norway? Yes way","nor"与"no"谐音,作者玩了一个谐音梗,故结合中文进行了转译。——译者注

　　格拉斯哥和爱丁堡正在竞争成为英国首个实现净零排放的城市，后者的目标定在 2030 年。[20] 这将是自匪帮说唱（gangster rap）[①] 以来东海岸与西海岸最大的对决，只不过这次将上演无声的电动车版"驾车犯罪"（drive-bys）[②]——我很确定正是爱丁堡市议会纵火烧毁了格拉斯哥艺术学院（Glasgow School of Art）。[③] 几年前，当曼彻斯特市正在考虑如何助力减缓气候变化时，我见到了市长安迪·伯翰（Andy Burnham），我对他致力于将可持续性概念融入决策过程的承诺印象深刻。经过细致全面的意见征询，曼彻斯特市最终决定在 2038 年实现净零排放。[21]

　　在国家顶层设计相对缺位的情况下，城市和地区经常能够挺身而出。虽然澳大利亚在应对气候变化方面一直算是后排的差生，整体上对气候变化科学持漠视态度，但悉尼却正在开展"大量艰苦工作"，力求到 2035 年实现净零排放。[22]

商业时间

　　公司同样应该发挥巨大作用，其中有些公司已经显现出取得进展的迹象。在全球最大的 2000 家上市公司中，只有略多于两成的公司制定了净零排放目标。[23]

---

　　① 匪帮说唱是一种起源于 1980 年代中至晚期的嘻哈音乐子流派，通常歌词表达了美国街头帮派和街头骗子的典型文化和价值观。——译者注

　　② "drive-bys"的字面意思为"驾车路过"，不过常用于描述帮派相关的犯罪活动，比如驾车时进行的快速、随机的枪击或暴力行为。——译者注

　　③ 格拉斯哥艺术学院曾在十年间经历了两次严重火灾。2014 年，该学院的麦金托什大楼（Mackintosh Building）发生火灾，导致大楼西翼受到严重损坏。2018 年，正在进行修复工作的麦金托什大楼再次发生火灾，几乎整个建筑都被烧毁。——译者注

宜家（IKEA）的目标是在 2030 年前实现"碳积极"（carbon positive），这听起来不错，但也让人有点困惑，因为其他公司正在实现的目标是碳中和与负碳排。宜家已经开始向顾客提供旧家具返还券，以促进更可持续的消费，并表示到 2030 年，所有产品将由回收或再生材料制造。[24]

在英国，超市也有共同的减排目标，乐购的目标是 2035 年实现净零排放，塞恩斯伯里超市则是 2040 年。我也得想想自己应该去哪家搞净零大采购。雀巢 Nespresso 浓遇咖啡声称将在 2022 年实现净零排放，祝它好运。目前，其网站上说其将在咖啡原产地种植树木。我想乔治·克鲁尼在某种程度上也参与其中。[25]有趣的是，包括英国航空公司（British Airways）、国泰航空（Cathay Pacific）和卡塔尔航空（Qatar Airways）在内的多家航司已经承诺到 2050 年实现净零排放。我不知道它们究竟打算如何实现这一点。也许是用再生纸造飞机？

尽管这些年份目标对于引导我们走向正确方向至关重要，但是我们仍需要保持警醒：这些净零声明的"净"含量是多少？我们始终应该问一个问题：这些"净"有多少源自自身减排，有多少源自"其他东西"？仅仅通过碳补偿等手段等来实现"虚假"的净零排放是非常容易的操作。碳补偿真是这些企业实现减排的唯一途径吗？如果不是，这种"小聪明"无异于戒酒人士一边喝着一品脱的健力士（Guinness）啤酒，一边付给别人同规格啤酒的钱让他们别喝。大兄弟，就算这么做，你自己还是喝了啊！这种做法的确很适合富裕群体，不过如果每个人都这样做，那就行不通了。如果天下所有公司都通过植树来抵消排放，我不确定地球还能有多少地方留给所有人居住。我是迫不及待地想住进森林了，因为我的房子已经被别人盘下以帮助一家甜甜圈店实现气候中和。这将变得像传声头像乐队（Talking Heads）唱的那样：
"这里曾有一家必胜客，现在到处都是雏菊。"①

向气候变化大会发出呼吁

英国将在我的家乡格拉斯哥举办 2021 年联合国气候变化大
会（COP26）。② 这是自 2015 年巴黎大会以来最重要的一次会议，
因为它旨在促使各国制定更严格的措施来强化 2030 年前应该采
取的阶段性行动——正如我提到的，这至关重要。乐观而言，如
果所有国家的长期目标都能实现，即欧盟和美国到 2050 年实现
净零排放，中国到 2060 年实现净零排放，我们的地球可能还是
会升温约 2.1 ℃。然而，如果各国还只是按照当前的承诺开展行
动，估计到时全球升温将接近 2.4 ℃。[26] 这次大会将会形成《格拉
斯哥协议》（Glasgow Agreement）③。为了节省时间，我已经起草
了我自己的版本，希望政府首脑们可以爽快地签署这份声明：

> 我们，《联合国气候变化框架公约》的各缔约方，郑重作
> 出如下告知：地球再也无法忍受这些肆无忌惮飘扬在上空的
> 肮脏碳排放。我们无比同意气候变化必须停止，并承诺将立
> 即全力以赴支持可再生能源等措施。太棒了，热烈欢呼。

---

① 出自歌曲《（只剩）花》[（*Nothing But*）*Flowers*]。——译者注
② 好吧，严格来说还不是我的家乡。但正如我之前说的，我实际出生
于佩斯利，但大多数人都不知道那是哪里，所以我就说我来自格拉斯哥。拜
托，格拉斯哥机场就在佩斯利，佩斯利还是乘坐火车前往格拉斯哥的最后一
站。——原书注
③ 该文件最终名为《格拉斯哥气候协议》（Glasgow Climate
Pact）。——译者注

附言：你爸卖雅芳。（yer da sells avon）[①]

鉴于苏格兰在举办 COP26 中发挥的重要作用，我想分享一首描写气候变化的长诗。

一首地球的长诗

靠上我的椅子，打开我的电视。
来吃一块奇巧，作为晚间犒劳。

BBC 的下一个节目，
来自大卫·爱登堡。
他展示着一棵可爱树，
以及一只小猴与猴母。

但是它们的家园正面临威胁，
因为森林的树木被砍伐消减，
湿润开始不见，食物亦有枯变。

是啊，这弱小生灵如此困惑，
因为它的母亲正遭遇病祸。
如今，森林大火燃烧甚巨，
仿佛就是但丁诗中的地狱。

我们打开了地球的温控器，
导致放出许多暖气。

---

① 这是一句苏格兰方言俚语，字面意思是"你爸卖雅芳"，常见于苏格兰年轻人的网络对话，是一种独特的苏格兰式侮辱或调侃方式。大概类似于中文互联网语境中的"你才 XX，你全家都 XX"。——译者注

我们亟须找到补救法子，
徒坐哭泣终究无济于事。

工业革命曾经来到，
进步发展如此美妙。
而今，
一只母猴却因可怕污染病倒。

纪录片即将结束，
老大卫现身屏幕。
"时间无几"，他正在倾诉，
"我们需要跟上环保脚步。"

虽然换到 ITV 频道，
但我的思绪仍挥之不去。
这与我的生活有何相交，
以及现在有何想要？

希望看些轻松自在，
无奈广告放到一半。
一份汉堡套餐、一次短途航班，
还有给爸爸们的 SUV。

我很快切回 BBC，
正好在放十点新闻。
兰开夏郡乡村发生洪灾，
我们再次回到这个话题。

抗议者在高喊、哭号，
现行制度在腐坏、失效。
现在无人愿做实事，

第三部分 我们会改变吗? 235

政治意愿愈加缺失。

休①说道:"下面是苏菲的天气预报。"
苏菲回道:"感谢介绍,一切都快疯掉。"
"日光甚好,转眼却有雨和洪水侵扰,"
"这看起来很是糟糕。"

如此夜晚叫我受够,
很快就要亲近枕头。
气候思考仍未停休,
以及我那挚爱的休。

---

① 即休·爱德华兹(Huw Edwards),英国最知名的广播员之一,是
BBC在重大国家事件中的首选主持人,曾主持报道过诸多重要历史事
件。——译者注

24

我们的脑子都在想些什么？

思考气候变化令人精疲力竭。似乎每一天都会有一桩接一桩的科学发现，告诉你世界正在发生剧变，而且莫名地一天更比一天糟。"天气变得更热""又有一地发生火灾"，我们剩下的时间也就这么些年。天哪！作为渺小的个体，我们如何应对铺天盖地持续轰炸的坏消息？

这只是说的影响，我们还需要努力阻止所有这些可怕事件的发生。我们该怎么办？要如何解决？我又能做什么？这一切是如此庞杂，叫人矛盾焦虑、选择艰难。有时候，你会为自己的一些行为而内疚，下一刻你又会意识到这些个人行为根本无关紧要，而且你还根本无法控制。这让人感到不知所措。这个难题不好解决，信息太杂、问题太多，答案却又太模糊。

于是，你关闭了那个令人沮丧的气候变化新闻页面，打开NowTV继续刷《权力的游戏》（*Game of Thrones*）。这时，你那气候变化从业者的伴侣开口道："实际上，这部剧是个气候变化的寓言——你知道，'凛冬将至'那一套，实际上是巴拉巴拉巴拉……"你完全不想听 Ta 说，告诉 Ta 回去写自己的书去，而不是破坏你一天中独属自己的宝贵时光。（最后这一点我没有针对任何人。）

这并非完全是我们的错，因为我们的身心其实并没有做好应对气候变化的准备。

北极熊问题

你的大脑并不是为了理解全球变暖而设计出来的。这不是因为你——原谅我的直白——是个混蛋。进化过程中的方方面面共同让其变成了一个棘手的问题。几千年来，我们生活在小群体中，我们的大脑被用来应对各种即时性的危险，比如着火、狮子或者着火的狮子。如今，我们应对的威胁却往往是试图逃避填写赞助表格之类的事情。[①]

然而，气候变化需要数十年甚至数个世纪。这种进程缓慢到几乎无法察觉，就像霍莉·威洛比（Holly Willoughby）[②]红遍大街小巷那样。这到底是什么时候发生的？作为一种危险，气候变化与日常担忧的事情相距甚远，比如我们是否记得把垃圾回收箱

①　在英国，一些同事会在工作场合邀请你赞助他们或其家庭成员参加马拉松等相关的慈善活动。尽管你几乎记不住他们的名字，对他们的家庭也一无所知，但他们还是太过自来熟。我认为这种情况不太会发生在中国的职场，你在那里要100％地专注于工作，某种意义上这也是中国职场文化的一大优点。——作者补注

②　英国电视节目主持人、模特儿。她曾主持英国 ITV 电视台《今晨》（*This Morning*）节目长达14年，现为《花样冰舞》（*Dancing on Ice*）节目主持人。——译者注

放出去。对于那些不那么富裕的人来说，它离温饱这样的头等大事实在太远。你无法全天候担心气候到底会怎么变化，因为我们终究不是为此而生，这也不是生活的基本方式。我的意思是，有些人确实会高度关注气候变化（你也知道是哪些人），这是因为他们本来就是如此。对于其他人来说，这个议题只会从脑海中路过，并不会引发多大的警觉。因为如果情况真的很糟，它会一直在电视上霸榜，而我就没法看下一集《零分至上》（*Pointless*）①。

　　人类是群居动物，所以只关心跟我们亲近的人，也常常误以为气候变化只会影响那些远方的人。事情都只与他们相关，跟我们一点关系都没有。例如，有 59％ 的英国人认为气候变化会对欠发达国家造成非常严重的影响，只有 26％ 的人认为气候变化会严重影响到自己和家人②。[1] 这里所说的影响通常发生在遥远的地方，比如北极或热带，而不是在市中心的维特罗斯超市（Waitrose）。③

　　更糟糕的是，当环保主义者试图呼吁你关注这个问题时，他们的默认做法是展示一张饥饿的北极熊站在一个小到悲伤的冰面上的照片。这是每个人都会联想到的气候变化的标志性画面。这张照片最早刊登在 2006 年的《时代》杂志封面，标题是："要担心。要非常担心。"对此，你嘴上会说："天哪，这实在太可怕了。"但内心却在说："这谁在乎啊，我都没去过北极，更不认识哪怕一只北极熊。"④

---

　　①　《零分至上》是 BBC 的一档问答益智类节目。不同于传统益智类节目，该节目采用逆向思维，游戏规则为得分最少的选手获胜。——译者注

　　②　有 43％ 的人认为气候变化已经对整个英国造成严重影响。——原书注

　　③　它们甚至没有发生在大型的塞恩斯伯里超市。——原书注

　　④　我认识。北极熊"大个加里"（Big Gary）就是一个，不过他现在和一只灰熊同居了。——原书注

乔治·马歇尔（George Marshall）在其著作《想都不想：为什么我们的大脑会忽视气候变化》（*Don't Even Think About It：Why Our Brains Are Wired to Ignore Climate Change*）[2] 中写道："一个本就缺乏临场感的问题，还选了一种与现实生活毫不相关的动物作为标志。"的确，如果你的受众是铁杆环保主义者[①]，那么秀一下饥饿北极熊照片属于正常操作，但此举并不一定能如愿将你想要传达的信息传递给大众[②]。

为什么气候变化就像我爸？

很大一部分原因在于我们已经进化到关心那些感觉靠近自己的事物，无论是我们所爱的人还是面临的危险。然而，就像我父亲一样，气候变化在许多方面似乎依旧很遥远。

首先，人们谈论气候变化的方式让它听起来远离日常。它很无聊，很学术化，是科学家的事。从时间角度来看，它也很遥远。我们主要关心今天晚些时候会不会下雨，但科学家们却在讨论 2100 年全球气温会是多少度。没有人关心未来。（除了我父亲，他一辈子都在从事养老金工作。他爱养老金。[③]）

我们自己其实很难想象没有经历过的事情，就像有娃这件事直到真正发生才能感受到其真实性。正如马歇尔精辟地指出："我们既把它拉近，近到可以恰到好处地做些什么，但又把它推

---

① 或者是我的"大个加里"伙计。——原书注

② 或者是海豹。——原书注

③ 我曾经有个段子："我在想发明鞋拔子的人是否曾试图在谈话中提起它。"它后来被马丁·刘易斯（Martin Lewis）转发了，你知道的，就是那个省钱专家。我爸爸真心觉得这是我做的最了不起的事。——原书注

远，远到尚且不必立即采取行动。"³ 但问题是，我们不能等到每个人都深受其害后再采取行动。

这种距离感还体现在其隐蔽性上，温室气体好比站在你卧室窗帘后面的斧头蒙面人一样，无法被直接看见。如果我们能肉眼观察到这些气体，我想，也许是亮粉色的，那可能会让人们觉得这一切更加紧迫，或许还带着些许可爱。好吧，如果它们是灰色的呢？不对，等等，那看起来就真是"灰色的一天"。算了，还是你来选颜色吧。①

我想说的是，我们智人向来有"眼不见，心不烦"的传统。塑料垃圾对我们来说更加显而易见，因此在日常生活中更容易记住。你看到一个被丢在路边的可乐空瓶就会想："这正在破坏地球。"然而，当你看到一辆汽车时，你不太会有同样的想法，你会觉得："这是一辆非常正常的日常车。"或者，如果你是我，就会想："这倒是提醒我最好去取一份新的《楼梯世界》杂志。"

抵御绿色作秀；事实是一把钝刀；西瓜

在某些时候，科学家和媒体传达气候变化信息的方式真是一个大问题。新闻报道专注呈现越来越多的"硬事实"，以说服公众和政府采取行动。如果这不奏效，那么就加倍努力，呈现更硬的事实，仿佛人们终会恍然大悟。他们会这么说："海平面上升的速度甚至比我们预测的还要快，你们这些废材，去年上升了整整三毫米。"普罗大众却觉得："这才蚂蚁大小，关我屁事？"

但是，更多事情可能变得多糟的信息不一定就是正确的传播

---

① 红色怎么样？红色的夜晚天空，全球变暖！——原书注

选择。人们不需要完全通晓科学原理就能知道它正在发生，就知道需要为此采取行动。正如伦敦国王学院的神经学家克里斯·德·迈耶（Kris De Meyer）博士所说："生活中有许多场合，哪怕我们并不具备完全的知识，但仍然能够完美对付。……我们不需要知道车祸致死的各种方式来保证自己的安全。"他又说道："气候变化也是如此。我们不需要知道所有可能发生在我们身上的坏事，就应该知道必须采取应对措施。"

还有其他因素也在起作用。当事实与我们坚持的价值观念或习惯享受的生活方式等发生冲突时，输家往往是事实一方。这并不是说我们是彻头彻尾的恶棍，打心眼里希望动物灭绝，我们只是喜欢和朋友一起 BBQ 而已。

因此，事实往往很无力。它们就像在电视综艺《角斗士》（Gladiators）中用来互殴的那种大型软棍，永远无法击穿人们的盔甲。而运用故事和情感来阐述观点，就相当于将软的部分去除，换上锋利的刀片。现在沃尔夫（Wolf）① 的眼睛在流血，但是他在听我们说话。

我们的大脑很聪明，总能让我们免受令人不适的事实和真相的打扰，它们会想出各种方法来应对因持有相反立场所造成的认知失调。"我总是开车到附近商店买报纸，尽管我知道这会破坏地球。"这可能是一个难以在我们脑海中消解的问题，它让我们感觉很糟。为了克服这种内心障碍，我们要么想通，要么忽视。

这种不和谐会导致我们作出各种反应，不愿意接受现实情况。挪威心理学家佩尔·埃斯彭·斯托克内斯（Per Espen Stoknes）教授在《当我们试图不去想全球变暖时，我们在想些什

---

① 《角斗士》节目的参加者。——译者注

么》（*What We Think About When We Try Not to Think About Global Warming*）一书中建议道："也许我们最好不要只关注否认气候变化，而是更多讨论抵御气候变化。"[4] 我们喜欢说些话来使自己感到舒适并进行辩解。比如，"我会做其他环保的事情，比如每周骑车上班一次，所以开车去商店没毛病"；或者，"科学也不意味着板上钉钉"；又或者，"其实问题在于中国"。

　　在全球层面，我们又必须应对这样一个矛盾的事实：地球正处于危险之中，但是我们似乎并没有采取什么措施来解决这个问题。这种担忧可能使我们停滞不前，这又会导致更多的不作为。一旦发生这种情况，各种形式的否认气候变化行为便有了生根发芽的土壤和氧气。我们将在第 26 章看到，这些情绪是如何被既得利益团体所培植、浇灌和维持的。

　　这个纯粹的科学问题是如何被赋予了关乎文化认同的社会意义？答案在于政治。应对气候变化，需要政府进行相当规模的干预。市场本身并不能将气候恶化给社会带来的危害内部化。因此，我们需要对打算进行消减的东西征税或进行管制，比如"碳"。从经济学视角来看，这仅仅是在纠正负外部性——简单来说就是损人利己的行为。由于这种纠正行为势必需要政府进行重大干预，许多右翼人士称这是左翼的骗局，目的是借机引入他们真正想要的东西，比如对合一酒吧（All Bar One）[①] 进行再国有化。

　　在美国，自由主义派的（气候变化）怀疑论者常把环保主义者称为"西瓜"——皮子是绿的，里子却是红的。这个词把环保主义者描绘成秘密的共产主义者，以"绿色"主张作为烟

---

　　① 英国中高端连锁酒吧，在全英约有 50 家，其装修风格和菜品酒水均走浪漫温馨风。——译者注

幕，掩盖其背后推动的其他议程。但事实是，气候行动有时是否被用作烟幕并不重要，因为我们仍然需要解决这个问题。

意识到这些框架可以帮助避免沟通陷阱，并能够解释为什么新的声音——如保守派和宗教发言人——对于说服那些否认气候变化是关键问题的人来说十分重要。我们天然更愿意倾听那些与自己相似和信任的人。你真的无须成为一名环保主义者才能关心气候变化。从本质上来说，气候变化被视作一个"环境"（environmental）问题而不是一个"全局"（everything）问题，这件事本身可能已经对其被更广泛接受造成了不利影响。

大多数反对气候科学的人并不是因为真的无知，而是为了保护自己的生活方式免受认知冲突威胁，并向周围的人表明自己的身份。如果拒绝政府干预是你所处圈层文化认同的一部分，那么你自然会更害怕因为接受而不是否认气候变化，从而沦为一个社会弃儿。如果你热爱开快车或挖比特币，并且围绕着"一个痴迷于这些非常怪异的活动的纯书呆子"建立起了人设或事业，这些念头自然就会占上风。你的伙伴说"兄弟，你变了"带来的冲击比热浪更直接。这样的特定群体中可能会出现认知偏差，个体会去寻找能证实其既有信念的有用信息，同时也会找到方法驳斥其他（不利）信息。此外，犯错确实令人尴尬。不幸的是，如今社交媒体会让这种尴尬变得无处可藏。

我不是耶稣

气候行动传递给我们的讯息通常相当消极。它要求你放弃自己喜欢之事，比如吃肋眼牛排、飞往西班牙伊比萨岛（Ibiza）、偷车，从而防止末日降临。在极端情况下，这甚至涉及羞辱。某种程度上，这听起来像是宗教：我们现在必须放弃现时的罪恶欢愉，以期实现更美好的遥远未来。如果我们不这样做，那么我们最终会陷入比想象中更加炎热的境地。另外，我甚至不知道上帝在气候变化问题上会站在哪一边，因为我们都知道，这位"大人物"喜欢大洪水。

如果我们采取了一些小规模的气候行动，比如减少肉类消费，有时候会让我们更有可能采取其他环保措施，但这也可能让我们更容易产生已经"尽了绵薄之力"的感觉。我深有体会，过去也曾有过类似的想法。2018 年，我在爱丁堡艺穗节度过的最后一天就是绝佳的例子。当时，在我演出结束后，场外大约有 15 位观众在等，他们大概是想提问、聊天或者打个招呼。于是，就这样，我接待了最后一天最后一场演出的最后一位观众。这位等待了大约 15 分钟的年轻女士非常有耐心，她问我："如果我照你说的去做——不坐飞机，减少开车，当个纯素食者——那我能养多少只狗？"

另一个类似宗教的方面是过于简单化的假设，即每个人要么是皈依者，要么是否认者。曾经有人评论我的演出是"向皈依者传教"。现在，我可不是一个传教士。我更多把自己看作大众中的一员，一个普通人。只是恰好有人向我脚边聚集，向我学习。好吧，我可没说我是上帝之子，但或许我和耶稣确实有些相像：我，30 多岁，试图拯救世界，喜欢复活节彩蛋，留着胡须，喜欢红酒。我只有 12 个朋友，其中有一个还不怎么值得信任。另外，我父亲非常专制，礼拜天什么也不做。

一分为二的世界更加容易被世人接受。皈依和否认——这就是你最常听到的两类群体。但实际上，公众关于气候问题的看法要比这细致得多。耶鲁大学气候变化传播项目（The Yale Program on Climate Change Communication）已经追踪公众态度长达十年之久。据观察，公众关于气候变化的态度主要可以分为六个不同的群体：警惕（Alarmed，26%）、关切（Concerned，29%）、谨慎（Cautious，19%）、无感（Disengaged，6%）、怀疑（Doubtful，12%）和否定（Dismissive，8%）。[5] 巧合的是，在过去的一年里，我爸爸也曾用这些词来形容我的职业。

即使加在一起，怀疑和否定型群体也只占人口的1/5。这可是美国——气候否定论的大本营——的数据。不过，这里的问题不在于否认，而在于有超过50%的公众（关切、谨慎和无感型群体的总和）对气候变化的态度类似于听说U2刚发行了一张新专辑。这是完全的冷漠。我们需要让更多的中间群体参与进来，努力将他们的态度转变为"警惕"——就好像他们听说新的U2专辑将直接下载到他们的iPhone上一样。①

许多人更关心经济或国家安全，这些都是选举里名列前茅的议题。我们需要理解其中的原因，因为这些问题并不比气候变化离我们生活更近。我们个人能对税收或恐怖分子做些什么？你们中有多少人正在努力成为英格兰银行行长或军情五处负责人？你自己又为国家安全做了什么（除了在机场安检时把一个小海飞丝瓶子放在一个小塑料袋里）？

事实是，与其他担忧相比，在气候变化方面，我们可以做很多事情。我经常问观众：你们觉得自己属于上述哪一个类别？

---

①　我把好基友伊恩归入"谨慎"一类，因为他虽然经常表达对气候变化的担忧，但很快就会转移话题，主要是谈论他如何在食谱中加入奶酪，所以现在变成了"豆子盖吐司配奶酪"。他推荐Co-op超市自有品牌的淡味切达奶酪。我建议他尝试素食奶酪。他轻蔑地看了我一眼，径直走开。这是自他离婚以来我第一次看见他眼中的光芒。——原书注

"关切"是最常见的答案。我问一个年轻人为什么他没有对气候变化感到"警惕"。他说这词听着就累人。

少年心气①

如何才能更容易地打破气候认知障碍？嗯，我上面描述的一些情况在过去几年已经发生了变化。2018 年，在一系列事件叠加作用下，公众对气候行动的期盼极大提升。如果说 2020 年是"新冠年"，那么 2019 年就堪称"星球变暖年"。除了"VSCO 女孩"②和"匿名者 Q"（Q-Anon）③，气候变化在 2019 年似乎渐成主流。人们开始感受到气温给自己带来的不适，这与科学家多年来一直念叨的情况相吻合。大卫·爱登堡爵士发布了制作精美的纪录片，捕捉了各行各业的公众情绪。抗议者们截断桥梁，孩子们上街游行，要求政府采取气候行动以保护他们的未来。谈论气候变化终于成为一件社会普遍接受的事情。在 2019 年的爱丁堡艺穗节上，几乎每位喜剧演员在演出中都提到了气候变化，这在过去几年绝无可能发生。④

年轻一代正以一种极具影响力的方式加入对话。如今的青少

---

① 《少年心气》（*Smells Like Teen Spirit*）是涅槃乐队（Nirvana）演唱的一首摇滚歌曲名。——译者注

② 一种 Z 世代的亚文化，2019 年兴起。VSCO 是一个照片和视频应用程序，即所谓修图 App，以其朦胧的海滩风格滤镜闻名。"VSCO 女孩"并不是指使用 VSCO 的女生，而是爱穿 OversizeT 恤、洞洞鞋或 Vans 鞋，戴贝壳项链等的女孩。——译者注

③ 2020 年美国大选前开始流行的一种阴谋论。其核心观点是美国政府内部存在一个由犹太金融家、资本巨鳄、好莱坞精英等控制的"深层政府"。——译者注

④ 我认为还是得有原创梗。——原书注

年出生于充斥着气候变化忧虑的年代，并将在人类历史上最温暖的十年中长大成人。德·迈耶表示，这种焦虑可以类比 1980 年代许多青少年从核浩劫议题中感受到的真实威胁。

作为一名青少年，你正处于一个重要的人生成长阶段。德·迈耶介绍说："我们的大脑存在关键的发展窗口期，在此期间接触到的信息会比窗口期关闭后接触到的被更深刻地理解与认识。"也就是说，对于许多从小就了解气候变化的青少年来说，气候变化并不遥远，它就发生在此时此刻，并将影响他们的生活。

德·迈耶告诉了我一个他学生的故事。在 2018 年学年，他向班上的学生展示了一些研究成果。这些研究表明，受试群体在观看电影《后天》之后会更关注气候变化，但几天或几个月后进行跟踪调查时，他们几乎没有采取任何行动来回应这一关注。那节课后，一个年轻学生找到他说："你知道吗，我 12 岁时看过那部电影。这也是我来上这门课的主要原因。"德·迈耶补充道："那时我想，好吧，这些年轻人在年幼时看过这片子，真的会给他们留下非常、非常不同的印象。"

这个故事说明，我们的大脑在这一切中扮演着重要的角色。15 岁时，你的大脑正在开发处理道德议题和进行社会推理的能力，这时候听到一个消息所产生的理解，和你 30 岁或 60 岁时是不同的。

今天的青少年们在成长过程中理解了气候变化的意义以及对他们全部生活带来的威胁，他们理所当然地会加以关注。

把事儿说清楚

我们需要重点讲述气候变化在此时此地如何影响身边的人。

更重要的是，我们需要讲述积极的故事，讲述像我们这样的人如何应对气候变化，从而为身边的人提供可参考的行动案例。我们需要打破气候行动的僵局，激励更多人对气候变化保持警惕，但不是以一种给人泼凉水、充满宿命论的方法，而是用一种积极主动、富有活力的方式。

我们还必须讲述更多各地因气候变化而遭受苦难的人们的经历。这些故事需要更加贴近人心，更能引人共鸣。

我们需要更多社会群体为此发声。比如同是气候科学家和基督徒的凯瑟琳·海霍（Katharine Hayhoe）教授，她在与有信仰的人士探讨气候变化方面很有建树，她说："其实几乎每个人都已胸怀关切气候变化的价值基点，只是还没有将这些点彼此连接。"[6]

我们需要积极应对气候变化，而不是彻底丢弃什么。这应该是尝试火车旅行和在本地度假，尝试令人兴奋的食谱并积极做出贡献。你并非舍弃汽油车，而是得到一辆未来电动赛博车，像巴克·罗杰斯（Buck Rogers）①故事、《杰森一家》（*The Jetsons*）②或者更现代的一些科幻小说里的那种。我们需要探讨我们想要的乐观未来。正如其他人所说，马丁·路德·金激励人们的方法是谈论梦想而不是噩梦。虽然对我来说，倾听别人的梦想就是一种

---

①　巴克·罗杰斯是菲利普·弗朗西斯·诺兰（Philip Francis Nowlan）创作的科幻小说《世界末日 2419》（*Armageddon 2419*）中的人物。1932 年，诺兰的作品被制作成广播剧，使得巴克·罗杰斯成了美国家喻户晓的"英雄"。——译者注

②　1962 年开始在美国广播公司（ABC）播出的家庭喜剧动画片，讲述了杰森一家生活在一个科技乌托邦似的 2062 年的故事。那时，地球的空气污染严重，大家的房子都在空中，交通工具都是以空中飞车为主。——译者注

噩梦，但这实际上是一个相当不错的梦想。我们应该为有意义的
气候变化行动创造空间，这对实现我们想要的未来至关重要。

哪怕所有其他方法都失败了，我还是想请你注意，当我解释
气候变化可能对养老金造成的影响时，我成功让我爸关心起了气
候变化。"儿子，我从没想过这一点，这让人深思。"他说道。

25

六个月

我不害怕，我相信过程

　　深夜，我总算可以坐下来写这个篇章，不过还得在婴儿监视器上盯着奥斯卡。这感觉比看安迪·穆雷（Andy Murray）打温网决赛还紧张。他每一个微小动作都会引发我的剧烈反应。我就像球场上的司线员，弯腰驼背，一动不动，全神贯注。我轻手轻脚地打字，身体几近硬直，生怕吵醒他。虽然他其实远在房子的另一端，我们之间还隔着三扇门。不过，他随时都可能哭醒。而我，就得像个球童一样，必须立刻飞奔过去把他抱起来……哦，等一下。不会吧！不要啊！

　　…………

　　好的，我回来了。

　　昨天，小奥开了人生第一个"玩笑"。虽然在过去的几个月里，他一直笑个不停，喜欢看我跳吉格舞，喜欢他妈妈在他肚子上发出"噗噗"声。有一次，他看着一个气球被吹鼓又瘪掉，笑了足足十分钟。平心而论，那时他就发出了有趣的声音。但今天他是故意逗我们笑的。他知道如何玩"躲猫猫"（peekaboo）。①

这绝对会成为经典之作。他把围嘴拉到脸上，然后再拉下来，露给我们一个俏皮的微笑。他一遍遍地重复这个游戏，即使是斯图尔特·李（Stewart Lee）②也会为他的投入感和重复数直呼内行。他甚至拉了我的手指，然后自己放了个屁——都已经会玩这种花活了。

你当然确信自己会在孩子降生后爱他们。但是，在那个具体的孩子真正降临家中，并朝夕相处之前，这份爱都是抽象的。我未曾料到小奥会给我带来这样一份大惊喜：从襁褓时期就展现出了自己的个性，而且随着时间的推移，这种个性将会越来越鲜明。娃们成长为独特的个体竟是如此之快。在小奥出生前，我记得参加过一个 6 个月大婴儿的洗礼，当时我就在想："哇，他们真可爱——但基本上，他们还是个婴儿，是一张白纸，还称不上一个独立的人。"

现在，我已经意识到自己当时的想法是何等的错误。如果你每天都和小娃泡在一起，你就能深刻理解他们。我爱小奥，爱他的点点滴滴：爱他兴奋时皱起的鼻尖；爱他脸颊上的小酒窝；爱他每天 7 点准时排便的好习惯。我无法想象没有他的世界的模样。

———————

① 一种儿童游戏，大人会用双手遮住脸，然后突然打开双手露出脸说"peekaboo"来逗乐孩子。——译者注
② 英国喜剧演员，他的脱口秀以重复、内部梗和冷嘲热讽的表达方式为特色。——译者注

　　然而，有时候，我感到自己在现在的小奥和未来的小奥之间左右为难。换句话说就是，我在当一个父亲和拯救地球之间犹豫不决。作为新手奶爸和气候研究员的两个我相向而立，在关注孩子的当下和保护孩子的明天之间纠结。

　　其实这两个角色我都没扮演好。自打小奥出生，我一直居家办公。虽然每天能看他一百次无疑是利大于弊，但也总有弊端。我一直感到内疚，因为自己要么忽视了育儿责任，要么折损了职业精神。我到底应该在什么时候优先扮演哪个身份？要知道，美国队长可从来不会因为洗澡而停止打击坏蛋。

　　在工作和生活间寻找平衡从来都是一项挑战。隔墙听到小奥哭喊表示尿布漏得到处都是，我却只能简单地调高耳机音量，这着实不容易。我也因为老婆基本暂停了事业而感到内疚，而我每天却能在另一个房间里工作 12 个小时，尽管她明显比我更有才华。我希望让她能有更多时间去做自己的工作。写这本关于气候变化的蠢书真的能比当一个好爸爸、好丈夫或者比我妻子的事业更重要吗？但是，当小奥难过哭泣或歇斯底里地大笑时，我又会分心，我会穿过几个房间去查看情况。这要么是因为我担心，要么仅仅是因为错失恐惧症（FOMO）① 犯了。我会把他带到我工作的前厅，分散他的注意力，从而给我老婆挤出一点点休息时间。我们会一边看着窗外，一边玩一个我发明的游戏——"那辆车是不是太大？"，从而让他平静下来。我会问他下一辆驶过的汽车是否会"没必要"地大。他可以通过摸我的右手表达"是"，或摸我的左手表达"不是"。如此这般玩上几个小时。

　　关于气候行动的探讨很大一部分集中于我们将为子孙后代留

---

　　① "FOMO"即"fear of missing out"的首字母缩写，特指那种总在担心失去或错过什么的焦虑心情，也称"局外人困境"。——译者注

下一个什么样的世界。当然，地球应该以一种在亚马逊买卖二手货时可以被标为"完好如新"的状态传递下去。但是，气候行动也关乎我们的当下，关乎现在我们能为年轻人，为他们的一生带去些什么，同时涉及老人和青年间的代际公平、穷人和富人间的跨阶层公平，以及人权和气候正义。

当我感到极为疲惫时，那些阴暗的想法总是会悄然浮现。有时，我觉得自己完全辜负了未来的小奥。现在的我正肩负着一种前所未有的责任，我与气候危机之间有了更真实的联系，也有了全新的动力，努力确保世界沿着正确的方向前进，走向一个安全之地。

我看到许多人为保护年轻人免受环境危害而进行了不起的尝试。英国青年气候联盟（UK Youth Climate Coalition）正在努力为年轻人发声。在美国，一个名为"日出运动"（Sunrise Movement）的组织也正在开展类似的工作。还有一家名为"我们孩子的信托"（Our Children's Trust）的非营利性律师事务所，专门致力于采取法律行动，保护子孙后代拥有获得安全气候的权利，他们正在美国七个州开展活动，同时反馈联邦政府的气候变化政策。瑞典的格蕾塔·通贝里依然在每周五罢课抗议。年轻人正在发声，一种运动已经成形，并将最终改变世界。但"最终"还不够快，他们不能白白等待，也不能独自为战。他们需要我们所有人挺身而出，并肩作战，因为年轻人还不是决策者。时间飞逝，下一个十年就将决定我们的家庭乃至人类几千年的历程。不过，我正在这里，一天大多数时间都在循环吟唱儿歌《巴士上的轮子》（The Wheels on the Bus）。对此，我想说的是：它好歹唱的是公共交通。

我很困惑是否那些睡得比我多的人才更有能力拯救世界。我猜测是因为缺乏睡眠，才让我开始自我怀疑。美国队长的工作一直很出色，而且看起来总是精力充沛。我的意思是，他确实在冰里睡了半个世纪之久。我几乎没法照顾好家人，更别提承担拯救世界末日的任何责任。我不是超级英雄，超级英雄只是虚构的人物。我只是一个普通人。我从事气候变化工作，但有时这会让人感到抓狂，就像你是那个"手指卡在堤坝里的人"①，或者你是卡珊德拉（Cassandra）②。我想这只是那种抓狂的一个新变种。此外，睡眠不足让我产生了夸大的妄想，让我把自己当成了复仇者联盟成员。

---

① "with finger stuck in the dyke"是英语习语，指极力阻止灾难发生，但努力可能不足以完全阻止事态恶化。它最初源于一个荷兰的民间故事：一个小男孩用手指堵住了一个堤坝的漏洞，防止洪水泛滥，拯救了他的村庄。——译者注

② 罗德尼（Rodney）在情景喜剧《只有傻瓜和马》（*Only Fools and Horses*）中的妻子。——原书注

在剧中，罗德尼和卡珊德拉分分合合。——译者注

26

谁在拖延不动？

现在我们已经到了本书中的《史酷比》（*Scooby Doo*）^① 环节，在这里你会知道谁才是长期以来面具背后的真正操纵者。不出所料，就像《史酷比》里那样，幕后黑手几乎总是一个坐拥庞大企业的老白男。如果不是那些讨厌的孩子们举行气候罢学，他几乎就要得逞了。

既得利益、意识形态、媒体偏见、肮脏策略、心理因素和彻头彻尾的胡说八道……在上述一系列要素的共同作用下，一个简单直白的科学问题变成了人类史上最具争议的话题之一。但正如你将读到的，否认（气候变化）只是以怀疑论为策略，下一盘拖

---

① 1969 年开始播出的美国卡通系列剧。故事主要围绕着四个年轻人和一只会说话的大丹犬史酷比（Scooby Doo）展开。主角团专门解决各种看似超自然的谜团，但最后往往发现，这些"怪事"背后都是有人在搞鬼。——译者注

延"大棋"棋局中的一手。

过 去

他们知道

气候行动有点像一个进退两难的局面。公众倾向于由政府来规制，企业来采取行动。政府表示，他们会在不损害企业利益的情况下进行规制；而依赖化石燃料的企业则说，应该由政府强制推动变革，当公众有强烈需求时他们就会行动。就这样，我们在无休止的循环往复中继续奏乐继续舞。

现在，从商业视角来说，这或许是一种自私但足够合理的立场。除非你的企业同时也投入数百万美元游说政府停止干预，并进行虚假宣传，误导公众认为这个你自己无比确定的问题具有高度的不确定性。那么，或许，你才是那个积极维持这个破坏性循环的家伙。

化石燃料行业早在你我尚不知全球变暖为何物之前，就已经知道自己会对气候变化造成潜在影响。

> 由于大量燃烧煤炭、石油和天然气，二氧化碳正以极快的速度进入大气层。到 2000 年，打破热平衡的将是这样的事物：可能超出地方甚至国家挽救范围的剧烈气候变化。[1]

这些话来自美国石油学会（American Petroleum Institute，API）时任主席弗兰克·伊卡德（Frank Ikard）1965 年的一次演讲。该学会是代表石油和天然气行业的贸易协会，其中许多公司已经自行就气候变化问题开展了大量研究。[2] 根据埃克森公司（Exxon）1982 年的估测，大气中的二氧化碳含量可能会在 2060 年前翻一番，进而导致升温 2 ℃以上；壳牌公司（Shell）1988 年的研究则进一步表明，上述情况可能会更早发生。[3] 我猜，当时它们的第一反应是把这些研究结果锁在一个安全的储藏柜里，然后用化石燃料烧掉。

　　接着，在 1980 年代末，也就是全球变暖开始为普罗大众所意识到的同一时期，一些巨头企业开始转移它们的工作重点——想尽办法推迟气候变化行动，用几十年前其他污染行业实践过的相同策略来拯救自己。

　　那么该如何下手呢？首先，人多才能势众，众口才能铄金，所以你需要搞一个名字动听的组织。于是，在 1989 年，名字温和的全球气候联盟（Global Climate Coalition, GCC）成立①。[4] 巧合的是（抚摸下巴），就在这个档口，应对全球变暖的运动开始兴起。前一年，政府间气候变化专门委员会成立，当时《纽约时报》头版写着：“专家告知参议院：全球变暖已经开始。”[5]

　　光从名字来看，你可能会觉得这是一个真正关心地球的活动家们组成的联盟，至少并不会坚定地认为这是一个由最大的石油、天然气和汽车生产商，以及其他所有化石燃料相关公司组成的游说团体，上文提到的美国石油学会成员也名列其中。同样的道理，要是有人组了一个名为“市民蚱蜢联盟”（Citizens' Grass-hoppers Alliance）的团体，可能会让外人觉得他们熟知并关心蚱蜢，尽管后来发现他们实际上是一群爱用放大镜聚光烧昆虫的

_____

　　① 该联盟最初由一些美国工商业团体、行业协会和能源公司组成，旨在推动就全球变暖问题进行辩论，并抵制针对温室气体排放的环境政策。会员包括埃克森美孚、雪佛龙、壳牌、福特汽车、通用汽车等。——译者注

顽童。

全球气候联盟在联合国气候大会上竭力施展自身的影响力（别问我，我也不知道他们为什么会被邀请），派遣的代表人数还经常超过一些发展中国家。它还资助过批评全球气候协定的商业广告。英国石油公司和壳牌公司在 1990 年代末退出后不久，全球气候联盟也解散了——这相当于杰瑞·哈利维尔（Geri Halli-well）从辣妹合唱团退团，只不过辣妹合唱团所推崇的"力量"（power）并不会导致儿童哮喘（据我们所知）。然而，在解体之前，全球气候联盟被认为在说服小布什拒绝接受《京都议定书》方面发挥了关键作用。任务完成。[6]

质疑

在拖延行动的清单中，下一项任务就是不断强调引起质疑的证据。

"在彻底搞清楚以前，我们不应轻举妄动。"这是一句不断被人说起的口头禅。虽然我们确定，科学家也确定，但如果公众觉得我们不确定，那么"采取行动"的欲望就永远不会出现。正是天然气公司在制造疑虑。

一个例子是 Informed Citizens for the Environment 发起的一项运动，其使命是"将全球变暖重新定位为一种理论（而非事实）"。[7]这表明语言和公众对科学的正确理解是何等重要，因为从技术上讲，所有科学都能算是一种理论。比如，重力就是一种理论。但对公众来说，说某件事是"理论"会降低它的真实可感性，尽管事实并非如此。

另一个例子是美国石油学会（没错，就是那个 1965 年就知道情况会变得多糟糕的家伙）1998 年的一份内部草案备忘录，其中指出：

> 当满足以下条件时，胜利将会到来：
> • 普通公民"理解"（识别到）气候科学中的不确定性；
> 以及当"认识到不确定性成为'常识'的一部分"时。[8]

这种在公众心中培育猜疑和不确定性，以阻止强有力气候行动的方法，模仿自其他有害产品制造商的相同伎俩，甚至有时同样会雇佣持不同意见的科学家。

正是这些科学家将播撒猜疑的手法应用到许多本需要监管的议题上，包括二手烟、氯氟碳化合物与臭氧层，以及酸雨。[9] 早在1930年代，就有一些例子表明，石棉行业利用科学的不确定性，打压展现石棉可能造成危害的研究，从而保护他们的利润。我的祖父就死于石棉肺。[10]

但石油公司也并非始终都能直接炮制疑虑。假设某大型石油公司发布一份报告，说全球变暖可能并没有发生，公众是不会买账的。相反，你必须引用其他人的话——一个听起来可信和值得信赖的人的话。这就是那些听起来花里胡哨的"独立"自由市场智库派上用场的时候。还有一些胆大包天、"离经叛道"的科学家，要么接受石油行业资助，要么在意识形态上存在明显倾向，并且研究方法很不严谨（或者两者兼有）。这些智库提供了特定指向且"有用"的研究、报告和声明，从而达到混淆视听的目的。它们都被冠以某某研究所之类的名字，发表非同行评审的期刊论文，然后被媒体鹦鹉学舌般地传播。

虽然许多化石燃料公司从1990年代末开始渐渐远离了彻底的否认气候变化派，但也有一些公司顽固不化。绿色和平组织

（Greenpeace）的调查发现，1998—2014 年，埃克森美孚向否认气候变化的组织提供了超过 3000 万美元的资助。[11] 如果你认为这一结果带有绿色和平组织自身的立场，因此不愿意相信，那么我们可以看看英国最负盛名的历史科学机构——皇家学会（The Royal Society）是怎么说的。根据皇家学会的说法，仅在 2005 年，埃克森美孚就向 39 个组织提供了 290 万美元资助，这些组织"通过彻底否认现有证据歪曲气候变化科学"。[12]

本·桑特（Ben Santer）博士的故事是另一个很好的例子。[①] 早在 1996 年那个纯真年代，桑特在参与撰写政府间气候变化专门委员会第二次评估报告后，发现自己身处风暴中心。作为其中一章的主要作者，他基本上找到了表明我们人类才是气候变化罪魁祸首的确凿证据（就像人类犯罪的指纹）。[②] 就是它——人类燃烧的化石燃料。

对于那些因为停止燃烧化石燃料钱包就会受损的人来说，此等惊天发现当然是需要进行"一些"怀疑的。碰巧的是，一些科学家搞这方面勾当很有经验。弗雷德里克·塞茨（Frederick Seitz）博士在《华尔街日报》特意撰文抨击政府间气候变化专门委员会，矛头直指桑特。要知道，那时的塞茨博士可不是什么气候科学家，也没有参与撰写那份报告，但是在二战期间，他曾是一位著名的物理学家，并曾在 1960 年代担任美国国家科学院（National Academy of Sciences）的院长。如此说来，他似乎确实

---

① 这个故事在开创性著作《贩卖怀疑的商人》（*Merchants of Doubt*）中有着更全面的介绍，最近在 BBC Sounds 的播客《他们如何让我们怀疑一切》（*How They Made Us Doubt Everything*）中也有提及。——原书注

② 还记得第 4 章中的那段吗？我们知道热量产自我们自己，因为变暖的是大气层的下层，而不是外层，因此热量一定是来自地球？就是那样！——原书注

算是科学界中人。然而，从学术界退休后，塞茨曾担任雷诺烟草公司（R. J. Reynolds Tobacco Company）医学研究计划的首席科学顾问，主张烟草对人体无害。1984 年，他与人共同创立了乔治·马歇尔研究所（George C. Marshall Institute），这是一个宣扬气候怀疑主义观点的智库。

塞茨在《华尔街日报》上指责桑特存在严重的个人不端行为，并声称："在出台这份政府间气候变化专门委员会报告的事件中，我从未见过比这更令人不安的同行评审流程腐败。"实际上，这份报告只需要进行一些标准的程序性修改，仅此而已。这真是令人难以置信的"破锅反嫌好壶坏"①。

但是，塞茨却在一家全国性报纸上声称委员会骗过了（评审）系统。显然，这种舆论攻击在其他地方产生了反响。全球气候联盟（你应该还记得它，成员基本都是化石燃料企业）向媒体发送了一份文件，指控桑特操纵同行评审，并开展"科学清洗"（scientific cleansing）——以呼应当时在波斯尼亚发生的种族清洗。[13] 虽然这些指控都毫无根据，但是桑特却花了好几个月来捍卫自己的名誉，这导致他家门口被丢死老鼠，最终致使其婚姻破裂。

正如前文所述，塞茨曾是原美国国家科学院负责人。1998 年，已经退休的他还帮助起草了一份关于气候变化的请愿书，这份文件具有极强的误导性，以至于美国国家科学院亲自下场公开反驳。这份所谓的"俄勒冈州请愿书"（Oregon Petition）声称，大约有 3 万名科学家签名反对"气候正在发生变化"的现实。但

---

①　原文为"corrupt pot calling an innocent kettle corrupt"，是一个文字梗，由作者对习语"the pot calling the kettle black"化用而来，该习语也有"五十步笑百步""半斤八两"之意。——译者注

事实证明，大多数署名者并非气候科学家，许多人则是被骗签名，更有不少名字根本是凭空编造的。[14] 例如，签名者中有一个叫杰瑞·哈利维尔。这位哈利维尔应该不是我们都知道的那个，因为据我所知，她并没有科学背景。但是，如果辣妹合唱团出了一个气候变化否认者，那这个组合可能就变成"姜妹"（Ginger）组合了。[15]

错误偏见和虚假丑闻

这就把我们带到了这个流程的下一步，想法天真且毫不求证的媒体为了表现得"客观中立"，反而不经意造成了偏见，让本不存在的不确定性长期存在。当然，有些媒体已经产生了某种意识形态倾向，并且听之任之。但有更多的媒体耗费几十年，想方设法创造一种自认为有必要的平衡，虽然现实中并不存在二元对立——原来并不存在鲨鱼帮和喷射机帮的对立①，事实上只有喷射机帮，鲨鱼帮本不应该得到广播时间。

这种报道直接迎合了那些拖延派的意图。通常，一个气候科学家和一个反对者会被安排进行面对面的单挑局。比如，英国前财政大臣尼格尔·劳森勋爵（Lord Nigel Lawson），他是伦敦塔夫顿街 55 号气候怀疑派智库"全球变暖政策基金会"（Global Warming Policy Foundation）的创始人②，他在气候变化方面其实并没

---

① "the Sharks and the Jets"，最早出现在 1950 年代纽约市布朗克斯区的青少年帮派文化中。这些帮派中的一些成员称自己为"鲨鱼"，另一些成员则称自己为"喷射机"。这个短语后来被广泛使用，成为一种文化现象，主要用来描述两个对立团体或帮派之间的争斗或冲突。——译者注

② 他也是一位著名厨师［即美食作家、有"女厨神"之称的奈洁拉·劳森（Nigella Lawson）。——译者注］的父亲，给这位厨师起这个名字表明他要么毫无想象力，要么想要一个男孩。——原书注

有任何专业知识，但却时常在 BBC 上指点气候江山。[16]这给了原本不入流的观点以曝光度，而且这些观点往往还不会受到质疑。由于他临场的废话太多，BBC 更应该让他上《只给一分钟》（*Just a Minute*），而不是《今日》（*Today*）。

　　电视和广播辩论存在的本身就让人觉得这个议题确实是个问题。这基本等同于在每个疫情相关的电视节目中都有一个否认新冠病毒病存在的嘉宾。其他各方则很好地利用了纸媒。1989—2004 年，埃克森/埃克森美孚公司定期在《纽约时报》投放表面专栏实则广告的文章。2017 年的一项研究发现，超过 80％的研究和内部文件承认人为的气候变化真实存在，但只有 12％的公共广告对此表示支持，却有 81％的公共广告表示怀疑。[17]

　　然后，在 2000 年代中期，我们貌似经历了一次气候变化的觉醒。这种觉醒随着 2006 年阿尔·戈尔的纪录片《难以忽视的真相》的上映而到来。作为回应，竞争企业研究所（Competitive Enterprise Institute）开始在电视上投放广告，主打标语是"二氧化碳：他们称之为污染，我们称之为生命"。[18]2007 年，戈尔与政府间气候变化专门委员会共同获得了诺贝尔和平奖。后来，还出现过许多相关主题的媒体文章，电视节目也会定期讨论气候变化。近十年间，这股浪潮日益浩大，戴维·卡梅伦（David Cameron）在竞选英国首相时甚至承诺要成为有史以来最绿色的政府。①

　　事情变得过于积极了。所以，仿佛注册商标般的"黑暗势力"再次被召唤出来散布猜疑。

　　2009 年，在联合国哥本哈根气候峰会的前几周，又"恰好发生"了另一个丑闻。其实它不是真正的什么丑闻，而是被冠以一个吸睛的名字——"气候门"（Climategate）。大致情况是：有成

---

　　①　事后·看来，我想他所说的绿色应该指的是纸币的材质。——原书注

千上万封气候科学家的电子邮件被黑客获取并晒到网上，其中一些片段被断章取义，使其内容看起来像一群黑心科学家在操纵数据以证明气候变化"真实存在"。这完全是扯淡。然而，这却导致世界各地媒体疯传这种对所谓"科学不端行为"的莫须有指控，并启动了对"不端行为"的调查。所有这些都削弱了气候科学的公信力，尽管最终发现一切子虚乌有。

其中，东安格利亚大学气候研究部（Climate Research Unit at the University of East Anglia）负责人的一封电邮的只言片语尤其被抓住不放："我刚刚使用迈克的自然手法（Nature trick），增加过去20年的每个（数据）系列中的真实温度（即从 1981 年开始），并自1961 年起使用基思的数据来隐藏下降（hide the decline）的趋势。"[19]

气候怀疑论者认为"手法"和"隐藏下降"两处表述意味着存在不可告人的动机。但是，其实前者只是指先前发表的研究中使用过的一种数学计算捷径或"技巧"。所谓的"下降"指的也不是全球气温，而是关于"树木年轮数据集与现实不符"的事实，因此必须进行校正。①

基本上，这两项指控都是"光打雷不下雨"，实际结果就是一场闹剧。尽管如此，这些言论还是在世界各地被断章取义地反复提及，因为对于一个对这个话题或背景一无所知的人来说，它们听上去确实有违道德标准。从右翼到主流媒体，都在报道存在

---

① 为了以正视听，我在此解释一下：树木生长情况通常被视间接反映温度的指标，尤其是我们没有全球数百个地方从遥远的过去开始的历史累计数据。但从 1960 年开始，在北半球高纬度地区，树木生长速度出现了下降，与科学家们在此期间进行的所有直接测温数据对照来看，它不再适合作为一个有效的间接指标。除去温度，如干旱、二氧化硫排放或空气污染等因素也会影响树木生长，科学家们认为其中一个因素可能应负主要责任。我觉得自己在写这个脚注的时候都快睡着了，因为实在太无聊。——原书注

"莫须有"的不端行为。政客和专家呼吁对这些科学家进行刑事调查，一些科学家甚至收到了威胁自己家人的电邮。[20] 如我所说，所有的调查最终都没发现科学家们存在任何不端行为。[21] 直到今天，我们都不知道是谁策划了这次黑客行动，这实际上是该事件中唯一确凿的犯罪行为，而且很可能永远成为一个谜团。这是又一起"攻击科学家以破坏公众对气候变化认知"①的案例。在哥本哈根气候峰会上，沙特就用这一"丑闻"暗示不应该信任科学和科学家。[22]

在所谓"气候门"的余波中，倒是产生了一个颇为奇妙的结果——伯克利地球表面温度项目（Berkeley Earth Surface Temperature Project）。该项目由一些怀疑派学者开启，初衷是从头开始独立记录全球温度。该项目由独立科学家理查德·穆勒（Richard Muller）教授领导，他本人是铁杆的怀疑派，而查尔斯·G. 科赫慈善基金会（Charles G. Koch Charitable Foundation）则是其资助者之一。虽然美国国家航空航天局（NASA）、美国国家海洋和大气管理局（NOAA）和英国气象局（Met Office）都有各自的全球气温记录，但这个项目旨在做得更加全面，甚至可以追溯到更早的时间点。他们将彻底弄清楚这一切。

研究结果在 2012 年公布，那么穆勒到底得出了什么结论？

穆勒在《纽约时报》上写道："去年，经过十几位科学家的集体研究，我得出以下结论：全球变暖真实存在。先前对变暖速度的预测也是正确的。同时，我现在进一步认为：全球变暖几乎完全是人类自找的。"穆勒甚至称自己是一个"改变信仰的怀疑论者"。没错，酸奶粉丝们，穆勒改变了自己的立场。

---

①　此处原文为"attack the scientists to undermine the message"，为帮助理解，结合上下文对"message"进行了增译。——译者注

还有很多有据可查的针对气候科学发起的错误信息攻击。但是，2015 年《巴黎协定》成功签订后，我们脚下的地球再次开始发生变化。等到 2017 年特朗普入主白宫时，全球各地围绕这一问题采取的政治行动实际上似乎更加坚定了。

现在和未来

同样的面孔，全新的废话

好消息是，质疑气候变化是否真实基本已成为老掉牙的笑料，就像垫肩和氨纶一样。坏消息是，有意拖延的行动已经呈现出更加狡猾的样态。

现在，辩论焦点已转向我们如何应对气候变化。如今，鉴于公众认知的改变，"气候不行动主义"（climate inactivism）的整体思路被迫发展成完全不同的东西，至少不再完全否认科学〔至少，除了 @St3v3_4_Fr33d0m 的推特账号和像皮尔斯·科尔宾（Piers Corbyn）这样疯狂的博主，最近许多账号不出所料地将注意力转向了否认新冠病毒病的存在〕。希望被社会正眼对待的公司，包括化石燃料公司，也已经不能再否认现实。公众舆论随着人们的亲身体验而发生了巨大转变，以至于对企业而言，死守旧有态度至少不再利于做生意。

但这并不意味着幕后势力已经放弃。据估计，五大石油和天然气公司每年每家在气候问题游说上的花费高达 2 亿美元。[23] 正如《卫报》的达米安·卡灵顿（Damian Carrington）所说："所以，再见了，气候否认派。你好，恕我直言，气候扯淡派。"[24]

"碳简报"网站编辑利奥·希克曼告诉我："我们看到的是气

候怀疑论转向了政策怀疑论。"他补充道，一定程度来说，你可以视其为有利因素，因为我们希望能有政策辩论的机会。但是，如果他们有个备选政策是袖手旁观，只因为情况还不够"严重"，那就是一种"曲线的气候否认"。经典的"我们非得做些什么吗？"就是这一派的代表言论。

如今的辩论全都围绕着政策和技术展开。人们会问："现在是否已经太晚了？""成本会不会太高？"迈克尔·E. 曼恩（Michael E. Mann）认为，这些都是他所说的"新气候战争"的一部分。[25] 曼恩是宾夕法尼亚州立大学的气候科学教授，还是著名的曲棍球棒曲线的创造者。虽然这种说法可能被认为有点煽动性，但如果考虑到他曾收到死亡威胁和号称夹杂着蓖麻毒素的信件，你就能明白他说这话的立场了。

无论有意还是无意，那些人的主要目标仍然是拖延。怀疑仍然存在，但现在是对解决方案的怀疑。这就是我之前提到的电动车是否真能减排、可再生能源的间歇性、植物肉需要化肥和种植土地的问题。这些都是"比烂主义"①的最佳例子。最近由杰夫·吉布斯（Jeff Gibbs）执导、迈克尔·摩尔（Michael Moore）制作的纪录片《人类星球》（*Planet of the Humans*）就是一个典型的例子，全片充斥着关于绿色能源的老掉牙或不准确或既老掉牙又不准确的陈词滥调。[26] 我猜他们很久以前就开始拍摄这部影片，因为其中许多的太阳能统计数据都是约十年前的。[27]

这部电影很可能会上线 YouTube，因为没有任何电影发行商或流媒体平台愿意接手。这真的是一部态度散漫、错误丛生的垃

---

① 原文为"what aboutism"，字面理解为"那又怎么办"主义，一般指应对指控时，反指控对方或提出其他问题的一种话术，试图通过指责对方言行不一，削弱其话语的可信度，但不直接反驳对方的观点。——译者注

圾电影。但人们确实看到了这些东西。一位朋友的朋友问我对此有何看法，因为他知道我从事相关工作。他刚刚看过这部纪录片，不知道该怎么判断。太阳能电池板对环境不好吗？他对我说："肯定不可能全都那么糟糕。"我告诉他，每个气候变化从业者对《人类星球》的反应都与世界其他地方对待电影版《猫》（Cat）的态度相同。没有人应该被迫忍受，而应该尽可能将它从记忆中抹去。甚至如果在《人类星球》中出现以詹姆斯·科登（James Corden）① 为原型的 CGI 猫，都不会让这片变得更糟。

克里斯·德·迈耶博士告诉我，导致人们接受或不接受气候科学的态度变得根深蒂固的心理机制，也可能导致人们在"应对气候变化的正确做法"问题上形成无法动摇的观点。即使是在善意讨论解决方案，如果我们之间争论太多，也有可能分裂成无法弥合的对立方。这可能正中那些希望拖延变革之辈的下怀。当我们争吵不休，我们就会继续裹足不前，分裂则会导致我们的失败。

另一个常见的拖延策略是声称阻止气候变化的成本太高。现在，询问气候行动的成本，讨论这些成本将如何进行社会分摊，以及如何和何时实现减排，都是绝对正确的行为。不用说，这正是我的工作，人们也正在考虑这些问题。

总的来说，在英国实现净零排放对 GDP 的影响可能微乎其微，而且还有可能产生积极影响。[28] 许多成本更应该被视为投资。不过，要是你只谈减排成本而不提袖手旁观的代价，那你只考虑了问题的一半（因此生活在幻想之中）。英国预算责任办公室

---

① 英国喜剧演员、歌手、主持人。主持哥伦比亚广播公司（CBS）电视节目《深夜秀》，并多次主持全英音乐奖颁奖典礼、格莱美奖颁奖典礼等。——译者注

（UK Office for Budget Responsibility）最近的一份报告称："不能控制气候变化的代价将远远大于将排放量降至净零的代价。"[29] 报告还指出，未来 30 年实现净零排放所涉及的公共债务将不会超过新冠疫情两年产生的债务。重要的是要科学设计政策以确保过渡时期的公平性，这样收入较低的人群能尽量少受不利影响，而那些失业的群体也能得到新的就业机会。[①]

末日和厄运

还有一种拖延策略是让人们相信现在采取行动已为时已晚。社会即将崩溃，唯一的策略就是脱离社会独自生存。这种厄运论在一些环保主义者中得到了支持。例如，在一篇未经同行评议、自行发表的所谓《深度适应》（Deep Adaptation）的论文（下载量已超过 50 万次）中，英国坎布里亚大学的杰姆·本德尔（Jem Bendell）教授这样写道："当我说饥饿、毁灭、迁徙、疾病和战争时，我指的是这些发生在你自己的生活之中。电力中断后，很快你就无法从水龙头中接到水。你将依赖邻居提供食物和供暖。你会营养不良。你会不知道是该留下还是离开。你会担心在饿死之前遭到暴力杀害。"

这与我父亲说的如果我搬到伦敦后会发生的事情极其相似，令人毛骨悚然。

这种末日地堡、宿命论的胡说八道的受众通常都是更右翼的

---

①　撰写本书时，英国媒体（主要是右翼媒体）关于净零排放成本的文章数量有所增加。这似乎是由一些政客推动，他们假装关心最贫穷人群为净零排放买单（尽管他们在其他时候很少关心这个问题）。最贫穷人群受到气候变化的影响也是最严重的，但他们如何受到气候政策的影响实际上取决于政府如何实施和分摊政策成本。也就是说，他们可以选择让收入较高的人承受这一负担，因此这可能才是政客们反对的真正原因。——原书注

自由意志主义者，直到现在依然如此。然而，在心忧气候崩溃的群体中，厄运论的趋势正在增长。在 2019 年的 BBC 广播电台采访中，"反抗灭绝"组织①的创始人罗杰·哈勒姆（Roger Hallam）说："我在谈论的是将发生在本世纪涉及 60 亿人的屠杀、死亡和饥荒。"这是一个令人震惊的杜撰结果，甚至都不是原创的——它应该是《复仇者联盟 4：终局之战》（*Avengers：Endgame*）里的桥段。对我来说，对社会崩溃论的病态痴迷除了涨支持延迟派的志气之外什么作用都没有。如果我搞错了，真到末世来临就让他们把我吃了吧。

即使是戴维·华莱士·威尔斯（David Wallace Wells）那本文字非常精彩的《不宜居的地球》（*The Uninhabitable Earth*），内容基本上就是气候变化的最坏结果，但是书中描绘的世界很可能不会降临。事实是，行动并非徒劳无功。正如"伟大的哲学家"娜塔莎·贝丁菲尔德（Natasha Bedingfield)②所说："今天是你人生之书的首页，剩下的篇章仍待你书写。"③ 在我看来，放弃似乎是另一种形式的否定派举动。我经常看到人们在推特上呼喊："已经晚了！"但这并非事实。我们并没有"冲向悬崖边缘"，最好的比喻是：我们确实正驶向一堵砖墙，但我们撞上它的速度很关键。我们还有时间猛踩刹车，但我们需要踩得更用力一点。这样一来，我们才能让撞击伤害最小化。

---

① "反抗灭绝"是一个去中心化、分散的国际非政治网络，利用非暴力直接行动和公民反抗来说服政府对气候和生态紧急事件采取公正的行动。——译者注

② 英国女歌手，曾凭借歌曲《白纸一张》（*Unwritten*）获全美流行单曲榜冠军、英国金榜冠军，曾获得格莱美奖与全英音乐奖的提名。——译者注

③ 贝丁菲尔德演唱的歌曲《白纸一张》中的一段歌词。——译者注

人类不会灭绝，数十亿人死亡的可能性也不大。确实有人与我聊起过这两件事，我也看到媒体引用过，仿佛这些已是既定事实。诚然，世界上的有些地方和物种无法适应气候变化，将会永远消失。当事物因人为因素而加剧变化时，上述情况终究难以避免，已经有数百万人死于化石燃料造成的空气污染。在逐渐变暖的地球上，必然会有数百万人越发感到痛苦，承受更多损失。是的，我们必须清楚知晓可能大规模改变地球状态的临界点。但这并不需要夸大其词或额外恐吓，或许有些人并不关心数百万人和数十亿人之间的区别。也许他们认为，相比于准确描述事实，用恐惧驱动人们更加有效果。也许他们只是缺乏对细节的关注，有点得意忘形，或者也许只是害怕更糟的事情发生。我也无心纠正上述这些想法。但是，鉴于世界上许多最贫穷的人已经蒙受气候变化的苦难，并将继续经历更大的痛苦，我觉得西方社会假装自身会崩溃这件事本身就是一种更大的侮辱。

化石燃料又该如何呢？

化石燃料公司现在将自己定位为气候变化解决方案的一部分。这已经演变成了一种持续进行的"漂绿"（greenwashing）行为，成为"自己屁股自己擦"① 的终极案例。据环境法律公益组织克莱恩斯（ClientEarth）欧洲环保协会的气候问责主管索菲·马雅纳（Sophie Marjanac）表示："一些公司花费数百万美元用于声誉广告，以保护他们在社会层面的'经营许可'，也就是说，他们希望公众继续接受他们的商业行为。"[30] 事实证明，贴一堆广

---

①　"whoever smelt it, dealt it" 是一句俚语或俏皮话，直译为"闻到的人处理了它"，通常用来表示某种情况或问题由直接面对者或相关人负责解决。这句话常带有一些自嘲或者责备的意味。——译者注

告要比改变根本的商业模式容易得多。根据英国智库"影响地图"（InfluenceMap）的数据，2018 年，五大石油公司的游说和品牌预算中有 42％用于气候相关问题，虽然同时也有公司表示，自己在 2019 年只计划将 3％的资本支出用于低碳解决方案。这就像一个不断吹嘘自己性经历的青少年，尽管事实上他们只搞过一次。[31]

我记得在这段时间，我几次坐欧洲之星列车去布鲁塞尔出差，一大早就不断被埃克森美孚的广告轰炸，内容是关于用藻类制造生物燃料。我对这种程度的傲慢感到震惊，因为他们花钱告诉人们，他们正在研究一些可能会在十年左右实现的事情。这就像我发广告称我可能会签约巴萨，因为我从"动向体育"（Sports Direct）网站上买了他们的球衣和一个新足球。

之前我提到过一个类似的英国石油公司的广告宣传活动，涉及在地铁上贴海报，内容是使用香蕉皮制造喷气燃料。有一天晚上，在回家的路上，可怜的老婆耐心听我慷慨激昂了约 40 分钟，只是为了证明这广告完全是扯淡。这不仅仅是因为它抄袭了《香蕉超人》（Bananaman）里去太空的那一集。克莱恩斯欧洲环保协会对英国石油公司的这一名为"无限可能"（Possibilities Everywhere）的广告活动提出质疑，称其通过聚焦英国石油公司的低碳能源产品而转移公众视线。作为回应，英国石油公司迅速停止了这一广告活动。[32]

最近有人问我化石燃料公司应该做些什么，以及什么能让我相信他们正在作出改变。这些都是很好的问题。

为了大致保持特定的温控目标，人类还能排放的碳总量十分确定。如果想把温度控制在 1.5 ℃以下，目前我们已经用掉了许可碳量的 92％。[33]如果不立即从现在开始迅速减排，全球气温预测将在 2030—2032 年前后上升超过 1.5 ℃。[34] 即使排放量适度减少，上升 2 ℃的目标阈值也将在 2052 年前后越过中值点。

碳预算的概念有助于我们去关注化石燃料公司账面上的巨大碳储备，如果我们要实现这些全球气候目标，我们就不能燃烧这些储备。如果我们要实现全球气候目标，这种"不可燃烧的碳"对石油和天然气公司来说就是风险资产，其中一些公司已经不得不因为价值暴跌而进行减记。[35] 这样你就可以理解为什么花钱请一家公关公司，编造一些关于用李子为飞机提供动力的漂亮废话似乎会更容易些。

许多公司正在缓慢进军新领域，诸如可再生能源、清洁能源供应和电动车。包括英国石油、道达尔、挪威国家石油和壳牌在内的一些化石燃料公司已经承诺到 2050 年实现"净零排放"。虽然这些公司能够支持净零计划值得赞扬，也是相当大的进步，但它们在某种程度上也是迫于形势压力，否则它们的"社会经营许可证"可能会被吊销。

这显然还是会产生问题。2050 年的"净零"目标为近 30 年的减碳行动留下了极大解释空间。许多公司给 2030 年设定的阶段性目标是基于其使用能源的碳强度（carbon intensity）①，而不是实际的碳排放总量。这种相当不透明的方法允许它们通过简单地在机器顶部安装更多"绿色设备"来提升或至少维持直到 2030 年的石油和天然气产量（因为这意味着它们能源的整体碳强度将降低）。[36] 同样，如果我每周多喝几杯低酒精啤酒，但仍然在星期五晚上喝从乐购买来的三罐全酒精 IPA 啤酒，那么从技术上讲，

---

① 指单位产出或能源消耗所产生的二氧化碳排放量，是衡量一个国家、地区、行业或企业低碳水平的重要指标，能反映能源利用效率和产业结构等方面的差异。一般来说，碳强度越低，表示单位产出或能耗的碳排放量越少，经济发展越"绿色"。——译者注

我啤酒消费的酒精强度较低，尽管事实上我每个星期五晚上都会醉倒在电视机前的沙发上。

这些公司开始减排的速度对我们来说意义重大。[37] 它们完全可以躺平直到 2049 年，然后一下子将排放量减至零。这个过程很重要，是因为大气中累积的碳排放总量很重要。设定最终实现零排放的目标是必要的，但这还不够。

"净零"中的"净"部分同样为公司减排提供了一条逃生路线。许多公司似乎依赖种植树木等方式来抵消排放，同时继续开采化石燃料。2021 年，壳牌发布了其首个情景模型（modelling scenario），展示了世界如何能够达到 1.5 ℃ 的目标。不幸的是，其实现目标的情景依赖于一个相当于巴西大小的新森林进行碳捕获。2021 年，荷兰的一项里程碑式法庭裁决中，壳牌被要求在 2030 年前实现"排放量与 2019 年相比减少 45％"的目标，从而符合《巴黎协定》的要求。[38] 对此，壳牌计划上诉。

在我看来，化石燃料产业应该大幅增加其在碳捕获和（或）可再生能源方面的年度支出，以便立即将其大部分投资集中于此。同时，它必须设定基于真实量的阶段性碳减排目标，而不是容易隐藏起来的"碳强度"。

石油和天然气公司完全有可能作出改变，即使是国有企业。例如，丹能集团（DONG Energy，即丹麦石油与天然气公司）近来已经转型成为全球最大的绿色能源公司之一，并改名为"沃旭能源"（Orsted）。[39] 这一转型取得了巨大成功：截至 2020 年，沃旭能源市值 510 亿英镑，是两年前的两倍。[40] 未来，我们需要更多富有远见的"丹能"在世界各地成长。我更希望所有的石油和天然气公司都成为"丹能"。

27

我能做些什么？

这是我最常被问及有关气候变化的问题，也是人们希望得到简单答案的问题。你或许希望听到我说："只需干一件事——多吃豆类，一切就都会好起来。"可惜，事实上这个问题要复杂得多。让我们把它拆开来理解。

你是否对气候变化负有责任？

首先，聚焦于"我能做些什么"中的"我"来解决这个问题是否合适？这仅仅是你的责任吗？正确的问法很可能是"'我们'能做些什么"，甚至是"'他们'应该做些什么"。在高度个人主义的当代社会，我们不断被告知自己是拥有选择权和能动性的重要消费者，是社会宇宙的中心。于是乎，我们对气候变化的最初反应往往是一切答案系于自身。然而，我常听到有人说自己为减缓全球变暖感到无助："我真的做什么都无济于事吗？"这种感觉我们时不时都有过。解答这个疑问的最佳起点就是了解改变你我的自身习惯是否重要，你可以问问自己："我的碳足迹重要吗？"这个问题的答案是……呃，说不重要也重要，但说重要又不重要。就像涉及气候变化的其他议题一样，这很复杂。

如果我们所有人都尽可能活得更加低碳一些，是否就有可能阻止气候危机呢？据一项名为"Count Us In"的运动估计，在2020年，如果全球10亿中产人士可以竭力通过改变生活方式来减少碳足迹，那么全球碳排放总量可以减少1/5。[1]

好吧，虽然劳师动众，但是结果好像也没那么明显，就像我上次开生日趴甚至找不到五个人到现场。（我的意思是，当然，我忘了事先给人发短信，而且那时正值全城停摆。但至少——跟我视频一下啊，混蛋们。）

通常情况下，气候变化可不会给我们留下什么很棒的选项，我们会因此陷入困境。当然，我们还是能找出一些稍微好点的替代方案：少吃肉、使用替代能源、关闭你后花园的非法燃煤小电站等。但在更多时候，尤其是当前的技术条件下，人们之所以作出不理想的气候行动决定，是因为真的选择有限。这就像去一家只卖乳蛋饼的餐厅。糟糕的选项是你没得选，好的选项是要么太贵，要么太不方便，要么根本不存在。正如我前文所说，我没买电动车是因为缺钱，加上没有地方充电。对于那些在世界各地都有亲戚的人们来说，如果不坐飞机，他们就没法见面。

许多人没有足够的现金来安装昂贵的热泵或太阳能光伏板。

即使有，他们也有更有趣的事情要花钱，比如在 Cameo① 上购买电视名人本·福格尔（Ben Fogle）连读 142 个晚上②的睡前故事音频节目。即使人们想做正确的事情，现实也会妨碍他们。我们需要帮助人们不再因只是想在当下社会生活而感到难受。这些问题的解决之法在于个人都要提出（气候变化）解决方案的诉求，而这套方案必须由政府提供，由新商业模式支撑。

还是拿我的好基友伊恩举例。从各方面看，他都是我最普通的那类朋友，我们可以由此假定他每年的碳排放量约等于英国人的平均水平，也就是 7 吨。他或许可以选择搬回家与 65 岁的老妈同住，请她为自己烧饭，和她一起去圣安德鲁斯（St Andrews）本地的大篷车度假，从而相对比较简单经济地改变和放弃一些东西。但是，他的碳排放总量可能仍然会剩下 3—4 吨，这些量要么是社会系统的一部分，要么是他自己处理起来太过昂贵。比如，目前，我们仍然得用来自管网的电和燃气以及加油站的汽油才能维持日常生活。如果我们想彻底消除个人对气候变化的影响，那么几乎就得脱离现代社会，成为林中隐士，像松鼠一样找浆果和坚果吃。要想进一步消除剩余的 3—4 吨碳排放量，势必需要改变我们所处的社会系统，这种状态无法仅通过个体行为来改变，而只能依靠推动社会层面的变革来实现。我们将在本章后半段进一步讨论这些内容。此外，问题其实不在于"普通"大众，而是富裕的高排放者。

"碳足迹"，即鼓励个人为自己的碳排放负责，最初是 2000

---

① 一个用户付费给名人录制个性化视频的平台，成立于 2017 年。顾客可以支付 5 美元到 3000 美元不等的费用，请平台上中意的演员、网红、运动员、真人秀明星等名人录制专属视频，为亲友献上祝福。——译者注

② 数字是我一个个算的。——原书注

年代英国石油公司作为一种公关手段推出的概念，希望借此将减排责任转嫁给消费者，而不是化石燃料企业。[2] 因此，对于石油公司试图推动的这一叙事，我们必须保持谨慎的怀疑态度。它们希望你多从自己身上找原因，而不是它们。对此，我觉得如果达斯·维达（Darth Vader）[①] 决定使用英国石油公司的公关团队而不是黑暗原力，死星（Death Star）[②] 可能无法被反抗军所击落。

诚然，我们人人都应该发挥作用，但有些人必须发挥更多作用。在此过程中，你的角色远不及帕丽斯·希尔顿重要，因为消费者也并非人人平等。尤其重要之处在于，不平等本就是气候变化解决方案争议的一部分。根据联合国《2020 年排放差距报告》（The UN Emissions Gap Report 2020），全球最富有的 1％ 的人口的碳排放量是全世界最贫困的 50％ 人口的两倍多。[3] 没错，你没看错。全球年收入超过 10.9 万美元的人口比约 35 亿人对气候变化的影响要多出一倍。气候变化并不是一个用来怪罪那些仅为生存取暖、开车去干低薪工作或用肉喂养家人只因为肉恰好更便宜的人们的理由。但是，那 1％ 的高消费人群应该要为自己远超"必需品"的部分负责。此外，我敢打赌，那些拥有和经营着亟须改变商业模式以实现更可持续营利的公司的群体就在这 1％ 之中。如果你是一个高排放者，你可以也应该在一夜之间大幅削减你的碳足迹；如果每个人都从自己做起，并努力影响他人，你个人的行动其实也能带来深远的影响。

因此，那些造成最多气候变化的人——化石燃料行业和富

①　常称"黑勋爵"（Dark Lord），《星球大战》系列的核心人物，电影史上最为知名与最具魅力的反派之一，未黑化前为绝地武士阿纳金·天行者（Anakin Skywalker）。——译者注

②　《星球大战》系列中银河帝国制造的终极武器，是大小相当于小型卫星的战斗基地。——译者注

人——需要承担责任。但是很遗憾，他们拥有更多权力和金钱来对抗变革，并减轻自己受到的影响。①

对此，我们其他人必须团结起来，搁置分歧，竭力推动政府改变监管规则、企业改变经营模式，这非常重要。作家和学者吉纳维芙·冈瑟（Genevieve Guenther）博士提出了一个非常值得称道的观点，即当我们讨论自己如何导致气候变化时，这个"我们"到底是指谁。她说："如果只是将气候变化视为我们正在制造的问题，而不是正在阻止其逆转的过程，那么，本该被改造的化石燃料经济的意识形态就会继续得以维持。"4

那么究竟要"做"些什么呢？

在"我能做些什么"这个问题中，除了最重要的"我"的议题，还有其他需要拆解的东西。我们需要拓展对于"做"的理解。理解上的局限会导致行动上的懈怠，这会让我们失去动力，陷入失败主义、消极态度和末日论调的陷阱。我们需要采取更多我们认为有意义的气候行动。在你的个人（private）生活、职场（professional）生活和政治（political）生活中，还有很多事情等着你去做，克里斯·拉普利（Chris Rapley）教授喜欢称之为"三个P"。②

我们很容易将气候行动简单定义为个人行动，比如少坐飞机

---

①　烧死那群富人？我想还是算了，因为他们已经制造了太多的碳排放。——原书注

②　我曾在一次 Zoom 通话中开玩笑地对他说，"三个P"可能只是他在这个年纪夜间上厕所的次数。我不确定是那一瞬间恰好网卡了，还是那就是他的真实反应。——原书注

或少浪费食物。如果我们每个人都只专注于这些行动和自己的碳足迹，那么，就像我的好基友伊恩那样，你能产生的最大影响就是减少 7 吨碳排放量。相反，如果你更重视对他人产生影响，进而推及社会，那么你的行动其实可以催生无限的连锁反应。尽你所能地减少自己的碳足迹，同时开展社会化行动，改变社会、帮助他人，这样做会有效得多。

不过，我们也需要理解，这些行动之所以重要，还有更加广泛的原因。哪怕你只是作出微小的改变，也是在向市场传递信号。购买无肉汉堡会增加无肉汉堡公司的收入，使它们能够继续研发更好吃的产品，反过来吸引更多人尝试，从而形成规模，降低价格，如此反复。如果你选择支持一种新型绿色产业，也是在向落后肮脏的生产商发出信号，表明你不再需要它们的产品。

当人们看到自家邻居用上了太阳能光伏板，自己就更有可能效仿。[5]这种所谓的"邻里效应"有助于新技术在集中区域内更快地传播开来。你在社区看到的电动车越多，那么自己就越有可能也买一辆。至少在我看来，这就是为什么 1990 年代早期，街上人人都在车道上喷涂"Suck My Balls"。虽然这最终被证明并非是社会学行为概念在起作用，而只是一个不守规矩的当地青少年在捣乱。[①] 越能被看到的行动效果越好，如装太阳能光伏板和开电动车。其他行动，比如安装热泵、少坐飞机或垃圾循环利用，在这种情况下反而效果没那么好。显然，翻邻居垃圾箱检查他们的可回收垃圾量是"侵犯隐私"[②]，虽然现在我们是在讨论"你"的气候行动，但在自然而然的情况下，上面的做法也还值得一试。

---

① 都说了，那！不！是！我！——原书注

② 很显然，我并不会真的那么做，正如之前所说，我才不在乎你是否搞垃圾分类。——原书注

一个不太明显，但既有助于改变社会行为标准，同时还能对化石燃料公司竖中指的事情，就是我们的钱。将银行账户和养老金转到投资绿色能源的银行，可能是重要的一步。银行监察组织（BankTrack）等机构在 2021 年的一份报告发现，2015 年《巴黎协定》达成以来，全球 60 家最大的商业银行和投资银行总共为化石燃料行业注资 3.8 万亿美元。其中，投钱最多的是美国的摩根大通（JPMorgan Chase），欧洲表现"最差"的是巴克莱银行（Barclays Bank），该行向化石燃料行业投入了 1450 亿美元。[6]你可以通过 Bank. Green 和 Switchit. Money 网站，查看你常用银行在气候问题上的表现是好是坏。[7]再看看正面案例，特里多斯银行（Triodos Bank）和生态建筑协会（Ecology Building Society）都将可持续发展作为注资的首要考量之一，并详细列出了各自的投资项目。其他如合作银行（Co-Operative Bank）和全英房屋抵押贷款协会（Nationwide Building Society），至少已经明确表示它们不投钱给化石燃料行业。如果你打算给自己现在使用的银行或养老基金写封信，告诉他们你换银行的原因（即使你转移的只是透支额度），也会有所帮助。以下是你可以抄写的作业：

　　亲爱的×××银行：

　　　　我是在"未'雨'绸缪"[①]，但这不代表你们就可以继续现在的做法，从而让我的日子更加"阴'雨'连绵"[②]。请停

---

　　① 原文为"saving for a rainy day"，文字梗，字面意为"为下雨天存钱"，引申为为将来的不确定性和不可预见的事件储蓄资金。——译者注
　　② 原文为"make my days even rainier"，"make my day"本为正面表达，大致可以理解为"让我这一天变得美好"，加上"even rainier"就成了反话，可以理解为"让我的日子更加不如意"，即"屋漏偏逢连夜雨""雪上加霜"的意思。——译者注

止资助化石燃料行业。

　　此致

×××

　　接下来是职场生活的重头戏——我们打工的机构、企业或单位，我们生活中的大部分时间其实都在那里度过。它们在气候变化方面做了些什么？我的工作是否在破坏未来？好消息是，无论你吃哪口饭，都与应对气候变化 100% 相关。我的意思是，你当然可以转生为一名气候科学家，或者秘密渗透到一家石油公司工作几十年，直到最终成为首席执行官，然后在一夜之间将全部业务变得低碳，但又像在电影院卖爆米花一样高利。但是，这些可能比简单确保你正在做的工作更好地与我们需要的世界保持一致更加耗时。因为我们真的需要各行各业尽快实现零排放。

　　这里有个例子，一位地方议会的财务主官在参加了一整天的气候培训课程后，意识到他可以"利用职权"助力保护地球。由于他本身就负责在年底前更换 22 辆本地公交车，因此毅然决定全部使用电动公交车。但是，后来他发现电动公交车太贵。没事，他并没有简单放弃，而是试图另寻出路。经过一番思考后，他着手修改了议会的采购程序，这样就不需要一次性更换所有公交车。因为可以分批实现更换，所以，多数车都是在价格更便宜的时候买的，这样他们最终跳出了内燃机公交车的困境。他是一位真正的气候行动超级英雄，我们需要更多这样的人。如果规则不允许你做正确的事情，那就努力改变规则。

　　大多数机构多少都会有某种可持续发展倡议，加入它吧。如果你的东家没有此类东西，那就发起一个。如果你不想自己带头，那就鼓动一位同事去做。此类倡议可以与日常工作联系起来，比如提供的午餐或出差政策。新冠疫情期间，一个被迫改变的日常活动就是视频会议，这极大减少了商务差旅次数。事实证明，许多企业完全可以在远程办公条件下维持正常运转［如果你所谓的"正常"是指不得不第 7000 次告诉布伦达（Brenda）她没开自己的麦克风］。可持续发展倡议也可以与企业承担的具体工作相关，如建筑师可以帮助减少设计建筑所需的水泥和钢材用量。

在这里，我并不想刻意讨论政治，但是，呃，最终还是免不了说两句——请为强有力的气候行动投票。如果你当前支持的政党的纲领宣言中没有包括积极开展气候行动，那就得告诉他们要与时俱进。气候科学无关政治立场，正如凯瑟琳·海霍（Katharine Hayhoe）教授常说的："温度计既不是自由派也不是保守派，它告诉你的数字可不会因为你支持左右哪派而有所不同。"[8]

请拿出"自己和孩子的未来均取决于此"的态度去投票，因为这就是事实。请一遍遍给你选区的下议院议员发邮件，告诉他们你关心气候变化。议员们常说，他们不觉得自己有必要采取行动，因为没有选民就气候变化问题与他们联系。这是一个细思极恐的立场——"我本可以帮助避免一场环境灾难，但却没人给我发邮件说这件事。"不过，这倒是表明所谓的"民主国家"解决这种系统性问题有多么困难。

尽管看起来人们并不热衷发电子邮件，但实际上他们却真的支持采取气候行动。最近的调查显示，过去几年中，人们对气候变化的担忧程度不断增加。2020 年的一项英国民调显示，共有 39％的英国人对气候变化表示"非常"或"极度"担忧，高于 2016 年的 25％。[9] 英国政府在 2019 年 3 月进行的一项调查发现，有 80％的英国人对气候变化表示"相当"（45％）或"非常"关切（35％）。[10] 这种日益增长的忧虑不仅存在于大城市，在城镇和乡村也是如此。[11] 因此，如果你关心气候变化，一定要让当政者听到你的声音。

这就是行动

这就让我们理解了抗议活动对于气候行动的重要作用。我们可以看一下过去几年出现的两个显著例子。2018 年年底，出现了一个我先前从未听说过的抗议团体——"反抗灭绝"（有时简称为"反灭"）。你可能已经听说过它，但如果没有，我想把它描述成气候行动主义版的"酿酒狗"（BrewDog）①——很好的品牌推广，明确的目标人群。"反灭"的成员会突然在公共场合出现并采取"直接行动"，包括但不局限于：把自己粘在建筑物上、封锁桥梁，甚至在自然历史博物馆举行一场"死亡示威"，这意味着在 30 分钟内，有一只霸王龙标本被迫成为气候抗议者。

起初，我感觉他们的行动方式很难令人接受。早在气候行动议题流行起来之前，我已经在气候变化领域工作了 11 年。无论它现在有多火，老实说，当时可没人在意，但我始终没放弃这一事业。然后突然间，所有人都开始关注气候变化，这种感觉就像别人喜欢上了你暗自心水的乐队。学生时代，我曾是比菲·克莱罗乐队（Biffy Clyro）的超级粉，我买了他们的前四张专辑，我还看过他们的现场演出。然后，我妈妈买了他们的第五张专辑，于

---

① 一家成立于 2007 年的英国精酿啤酒厂，因最初只有两名员工和一条狗而得名。目前是苏格兰乃至整个英国最大的精酿酒厂之一，同时成为世界上第一个"负碳啤酒厂"，但"负碳"并非不进行任何碳排放，而是指所有的碳排放都将通过其他途径给予补偿。——译者注

是我就对她说："我脱粉了！"

　　不过，我还是决定不光凭第一印象就妄下判断，而是尝试理解"反灭"的行为。他们的主要行动目标始终都是让自己进班房，我倒不是不能理解他们这么做的理由。在气候变化方面，解决方案从来与问题规模无法相称。我们被告知世界正在"燃烧"，所以，最好换掉家里的灯泡。这就好比说你进入战区，所以最好戴上护膝。被逮捕就意味着你敢于"做些大事"（尽管诚如其他人所言，以这种方式被捕是白人的特权）。所以，我开始理解他们的动机，即使有时我不同意他们的行为。人们批评他们就是一群搞破坏的，此言着实不虚。在 2019 年夏天的某一天，我无法离开伦敦，因为铁轨正在熔化，那也是有相当破坏性的。所以，也许无论你喜欢与否，破坏性结果都将来临。"反灭"的抗议行动带来了一系列结果：多方发布气候紧急状态、媒体持续报道、公共关注度提升。现在越来越多的人在讨论气候变化，但是，你不必加入"反灭"，我也没有。我只建议你找到志同道合的群体，因为通过与他人合作，你可以做到更多。

　　过去几年里，另一种主要的气候抗议运动是罢课。2018 年 8 月，一个孤独的瑞典少女坐在自己国家议会的门外呼吁变革。八个月后，截至 2019 年 3 月，估计已有来自 125 个国家的 160 万儿童走出学校。[12] 对此，我唯一想说的是，人们通常把这场运动称为"青年为气候罢课"（Youth Strike for Climate），而不是"未成年人罢课"（the Minors' Strike）。

　　当时，英国首相特蕾莎·梅（Theresa May）① 表示，这些孩子失去的上学时间"对青年人来说至关重要，上学正是为了让他们能成为帮助我们解决此问题所需要的顶尖科学家、工程师和倡

---

　　①　还记得她吗，她当首相好像已经是很久以前的事情了。——原书注

导者"。我参加过在伦敦举行的一次罢课抗议活动。你不需要担心那些参加游行的孩子们的教育问题——他们是十足的书呆子。我是说，说真的，格蕾塔罢课好歹是为了学习和谈论科学。在此过程中，唯一受影响的是那些在周五上学却发现无人可以欺负的校园恶霸。不少罢课运动的组织者都是小女孩，这很棒，而且有趣的是，最近一项研究表明，女儿在提高父母，尤其是父亲对气候变化关注程度方面可以产生特别的影响力。[13] 这一运动已经蔓延到"全球南方"（Global South）① 的许多地方，证明了这一运动已经传递出了消息明确的主张，形成了具有包容性、吸引力的行动。这种感觉就像全球操着各种语言的同龄人在用同一个声音发声。

对前首相梅的言论，格蕾塔以她经典的"低调"方式进行了回应。她说反正政客们也不听科学家、工程师和倡导者的话，所以（上不上学）又有什么意义呢？作为那些科学家中的一员，我对此举双手赞成。我觉得这值得专门安排一场晚间脱口秀，好让我感觉自己正在尽力帮助人们理解正在发生的事情。如果我认为政府只需阅读我的科学论文就行，那么这本书就不会存在。

个人看来，罢课运动之所以取得成功有两个重要原因。首先，就像"反灭"抗议者面临被捕的风险一样，对孩子们来说，罢课是件大事，因为受教育就是他们拥有的全部权力（power）。而对青少年来说，关注社会系统变革是很自然的事情，不过他们的能动性几乎为零，因为还没有投票权。青少年不是富到能掌握一切的高排放者，他们依赖成年人和成年人构建的社会系统。然

---

① "全球南方"主要是国际政治、经济领域的概念，通常是指亚洲、非洲和拉丁美洲等地区的发展中国家，有时也泛指那些受到资本主义全球化负面影响的国家。——译者注

而，也正是他们将在随后的一生中处理今天这套系统产生的后果。

许多人告诉我，罢课运动让他们对未来充满了希望。我想说，如果你在等待别人，尤其是孩子给你希望，那你可能大错特错。当然，看着一个 12 岁的孩子举着标语抗议，你可能会有"未来还有救"的不错感觉，但关键问题在于：只有行动，方有希望。他们之所以自己上街，恰恰是因为你的无所作为。不是他们应该给你希望，而是你应该给他们希望。请你自己也做点什么吧。

对我来说，抗议活动实现的一个了不起的成就是成立了一个公民团体——英国气候大会（Climate Assembly UK）。政府接受了让普通人走近气候问题辩论中心的提议。有 108 位英国各地的人被随机选中，花四个周末的时间向专家学习气候知识，并进行讨论。很多人都说，这改变了他们对气候变化问题的看法，并激励着他们尝试改变生活方式。[14] 不过也有一位参与者说，研讨会上提供的饼干很难吃。

让普通人踏上气候变化之旅，亲自学习需要什么以及为什么需要，这很鼓舞人心，也很有必要。要让大众感觉自己是决策过程的一部分，这一点再怎么强调都不为过。直接告诉别人得掏更多钱才能乘坐航班，这显然是一个难受欢迎的主意。但是，如果让他们自己去了解为什么坐飞机会造成如此严重的污染，找到解决问题的选项，然后自己得出结论，理解为什么应该为坐飞机付更多钱，那就变得容易接受多了。当然，这是一种颇为劳动密集型的做法，但它很有效。

许多人已经开始参与地方层面的变革行动。在"个人生活方式选择"VS"大规模系统变革和大政府"这场对抗中，社区可能是缺失的一环。在地方层面，通常更容易合作实现你真正想要的未来。在英国，已有超过 200 个地方当局官宣处于"气候紧急状态"，[15] 覆盖 86％ 的英国公民。[16]

　　小规模但鼓舞人心的地方性行动案例不胜枚举。位于赫尔（Hull）的古德温发展信托（Goodwin Development Trust）已经将废弃房屋翻新至符合标准的被动式房屋，以提供高质量的低碳社会住房。[17] "维修咖啡馆"在各地涌现，全英大约有 150 家。[18] 斯沃夫汉姆普瑞尔村（Swaffham Prior）正在从燃油供暖转向区域可再生供暖。[19] 马尔岛（Isle of Mull）所有水电站的收益基金已用来资助当地游乐场添置新设备、图书馆购买新书架和组织小学生夏令营。[20] 普利茅斯能源社区组织（Plymouth Energy Community）造了一个社区所有的太阳能农场，为 1000 户家庭提供清洁能源，并支持了 2800 多栋房屋。[21]

　　也许最重要的建议是，适合你的气候行动是与你的独特处境和自身特点相适应的。这必须是一趟独属于你自己的旅程，才会有所意义。德·迈耶博士说，我们得问问自己："有什么事情是我能做，但别人可能无法以同样的方式做到的？"他补充道，这可能是一种推动人们思考气候变化议题更有益的方式。对我来说，就是将自己的职业与半职业爱好结合在一起，为公众理解气候变化问题提供独特视角——这就是我个人的气候行动。我会用有趣的方式传播这个主题，自己也从中获得了巨大的满足感，而且这也在帮助其他人采取比我一个人所能完成的更多行动。①

　　在 2017 年爱丁堡艺穗节首场演出后的早上，我收到了一位名叫斯图尔特（Stuart）的当地居民的电邮，他说听到我在体育广播电台宣传自己的节目。于是，他来现场看了我的演出，觉得我的话发人深省。然后他告诉我，他刚刚更换了电力供应商（我在演出中提过）。他说自己真的很高兴，不仅因为他省了钱，而且还用上了可再生能源。这让我不由产生了这样一个想法，即在未来演出中植入我推荐的能源品牌，以便追踪我的影响力。②2020 年，根据我们能源供应商的数据，这帮助减少了 141 吨碳排放量。③ 即使生一个娃增加 58 吨碳排放量的说法没错（事实并非如此），这也足以抵消近三个小奥，几乎一个丹尼尔·戴·刘易斯④的碳排放量。不过我必须把话说清，这是一个笑话。抵消是一种无稽之谈，抵消婴儿（碳排放量）的想法显然更愚蠢。

　　2018 年，一对年轻夫妇在看完我的演出后发推说，这是他们参加过最贵的喜剧表演，因为他们看完后卖掉了自己的汽油车，换了一辆电动车。2019 年，一家人在看完表演后提道，他们放弃

---

　　①　我把伊恩介绍给了一位叫劳伦（Lauren）的朋友，她也从事气候变化方面的工作，他们已经约会过几次。他之前从不愿听我讲气候行动方面的话题，但现在，由于这些话是他相好的说的，他一聊起来简直没完没了。他还告诉我明年打算买一辆电动车。我认为这样的撮合更能作为气候变化采取行动。不过，这也确实有点烦人，现在我得听他把我告诉过他的事情再重复一遍，比如，如何正确使用洗碗机。不过，这终究还算值得。上周末，他俩骑了趟双人自行车。劳伦甚至教会了他与自己和解，于是他现在成了前妻和 CrossFit 教练文森特的婚礼伴郎。——原书注

　　②　并且能在一段时间内享受能源账上的美好折扣。——原书注

　　③　根据能源供应商 Bulb 的数据，2020 年其普通会员平均减排 1.31 吨二氧化碳。推荐 49 个人注册，相当于减排 64.19 吨二氧化碳。——原书注

　　④　幸亏我家没有三胞胎。——原书注

了一年一度的国外度假，而是留在苏格兰本地过。（他们还在看到我在台上穿着带洞的袜子后，给我寄了一些。）这里的关键在于，当我们不仅仅只想着怎么减少自身的碳排放量时，我们就容易产生更大的影响。

最近，一些青少年在演出结束后走过来问我应该如何规划自己的生活以帮助阻止气候变化。我从未想过在创作喜剧之余，还有机会成为一名职业顾问。最初几次，我并没有事先打好腹稿，但会含糊地说一些关于"找出你擅长和喜欢的事情"之类的话，并建议他们将其与自己可以产生最大影响的工作相结合。事实证明，我的直觉还算靠得住。德·迈耶博士还告诉我，研究每个人如何采取各自独特的气候变化行动更多像一种"时下流行的心理测评"①。他说，我们其实并不用直接告诉人们该做什么，而是帮助他们发现如何去做他们已经想做的。比起预制好气候行动的"菜单"供人们选择，我们更需要提供"菜谱"来激发人们自己行动起来。

总的来说，如果你的排放量很少，那就不必过多担心。你可以努力放大自己的声音，并想想如何才能产生最大影响，无论是在职场工作、政治活动还是个人生活之中。反之，如果你的排放量很大，那就得自我反思，不过还是像我上面所说的，努力改变社会系统通常都比单纯担心自己的排放量更有影响力。比如，英国女星艾玛·汤普森（Emma Thompson）从洛杉矶飞到伦敦参加"反灭"活动确实很愚蠢，但这可能还是比她因不坐飞机而从不参与抗议更好些。

---

①　此处为直接引用德·迈耶博士的评论。作者认为这句话的主要意思是，研究人们的大脑如何运作对于促使他们采取气候变化行动十分重要。——译者注

　　宽泛而言，我们可以从三方面理解自己应该采取什么样的气候行动：

　　（1）个人行动。我们需要意识到，除了那些显而易见的部分（如养老金、银行、我们的工作场所），还存在更多可以开展的气候行动，并更好地了解其中哪些能带来最大影响。

　　（2）同伴和社区效应。我们需要意识到，我们的行动是社会和社区的一部分，可以影响他人。

　　（3）系统和社会变革。我们需要将关注点从仅仅当个消费者转变为做个积极公民。我们需要让改变自身所处的系统成为气候行动的重要组成部分。这可能是政治性或地方性行动，或者是以其他形式开展自己的气候行动，如以全球变暖为主题的杂耍表演。

　　综合考虑这三个方面，可以帮你找到有助于创造更美好未来的积极行动。如果你对（1）无能为力，那也不要担心，可以专注于（3）。无论如何，它都有可能产生更大影响。不管怎样，就像作家玛丽·安娜伊斯·赫格拉（Mary Annaïse Heglar）所说的，建设更美好的未来需要的不是"气候行动"，而是（政府、企业等的）"气候承诺"①。[22]

---

　　①　因为"气候行动"的主体更多是个人，而"气候承诺"的主体则是政府、企业等。——译者注

28

九个月

我自认作出了对自己和娃都正确的选择

我又一次坐下来，一边打字一边观察我的小奥。他的辗转反侧与婴儿监视器的数值都告诉我房间很热。现在，我们发现很难在市面上找到托格（tog）① 数值足够低的婴儿睡袋，因为过去英国的夏天很少这么热，而我们住在一栋建于 110 年前的房子，那是为从前的稳定气候而设计的。

如果这是一部小说，故事现在就应该迎来一个完满结局。我们的全球变暖之旅从怀孕经由分娩再到育婴，即将达到故事的高潮。但事实并非如此，全球变暖只是个开始，我的养娃之路也才起步，我们共同阻止地球变暖的旅程亦是如此。

---

① 托格是英国用来测量衣物、毯子及被褥保暖性的单位，托格数值越高，表示保暖性越好。——译者注

　　养娃之路和气候行动之旅存在共通之处。两者都可能过分关注未来的恐惧，都可能过分忧虑可能发生的事情。比如，我偶尔会在脑海中模拟最坏的剧本：如果小奥撞到头或者突然停止呼吸怎么办？然而，我认为新手奶爸马特可以从气候学者马特那里学到一些东西。当我们真正需要的是实打实的行动时，恐惧就可能使人瘫痪。担忧不能代替行动和谨慎乐观。如果你有干正事和当个好爸爸的强烈想法，那么你应该做到如下这些：行动起来，每天都要。哪怕你知道可能会有一地鸡毛，因为生活本就充满糟心事，你无法做到尽善尽美。你更会犯错误，因为只要是人都会犯错。

　　我会努力给儿子灌输乐观情绪与积极心态，希望他能从快乐和喜悦中受益，就像气候运动能带给我们的那样。可是，我也必须让他意识到，没有什么是白捡的，行动比言语更重要。[①] 我希望给他足够的信心去勇敢地面对眼前的世界，而不是像许多当政者那般过于自负，认为自己无须为所拥有的特权而努力。

　　养娃和气候变化都非常、非常困难。我的天，它们实在叫人精疲力竭、混乱晕眩，但是一切都值得。很多时候，总会发生一些让你想要放弃的事情，坚持下去可能真的很难。我觉得学术的自己可以向当爹的自己学习。每天早晨，我都是被正在床上喝奶的小奥弄醒，他喝完后会得意地转向我，直接蹬鼻子上脸，咧嘴笑着拉我的头发，再把手指塞进我的嘴里。他的笑容，就是一切都能变得美好的原因，就是我日复一日坚持下去的必需品。就像早起从来都是我的软肋，我成年以来的生活一直充斥着一种不

---

　　①　我知道自己在写的是一本书，因此几乎百分之百都是文字。但是，为了替自己辩护，我必须"写"这本书，因为写书本身就是一种行动！——原书注

适，但这些以后都将不复存在。我想说的是，你必须找到驱动自己继续前行的事物，并经常去实践。在每件小事中寻找快乐，欢庆每次美好时光。

我向你保证，我们仍有时间阻止最坏情况的发生，就像我和老婆设法对客厅进行了适婴改造，比如，增加了一个游戏围栏，以防小奥爬上暖气片。关于我们星球最可怕的剧情并不注定成真。每一段养娃的旅程都不相同，正如我们每个人各有为气候行动做贡献的方式。世上没有两段完全相同的旅程。你是独一无二的，你能做的事情也是如此。身边的人会给你各种建议，比如，"下午 3 点 14 分以后不要让娃打盹""把娃倒过来，放帕瓦罗蒂的歌，这招总是百试百灵，能让他们不再哭闹""我家宝从出生那天起从不闹夜，只是因为他们戴着领巾"，以及其他诸如此类不可思议的废话。就像气候行动，养娃最终也得你自己行动起来，找出到底什么方式适合你和你所处的环境。

另外，就像我被告知的那样，你也需要长期坚持。应对气候变化和养娃这两件事意味着巨大的责任，将决定我和我所爱的人接下来几十年的生活。当然，偶尔我也会觉得自己本该当个无娃的 YouTuber，巡游世界各地，但这并不是一份真正的工作，不是吗？大多数时候，我都能清晰感受到养娃和应对气候变化给自己的日常生活带来了多少目标和意义。♯ 感恩①。不过，时间总是不等人。我努力珍惜着与小奥在一起的每一刻，每一刻都不虚度。我曾听说一旦开始养娃，时日会变得漫长，但岁月却飞速流淌。我觉得气候变化大抵如此。时间可能是我们最大的制约因

---

① "♯ XX"这种形式的标签被称作"hashtag"，最早由推特使用，用来标注用户所发信息里的关键词和话题，方便用户进行搜索。之后，几乎所有社交媒体平台都在使用这种标记方式。——译者注

素，但是时间同样过得很快。2050 年可能是《银翼杀手》（*Blade Runner*）续集上映后的第二年，但今天世界作出的许多高碳决定到那时仍会产生很大的影响，比如投资新建的发电厂和炼钢厂在 2050 年还会运营。我们不能等到 2049 年才如梦方醒。剧情需要从今天开始改写，才能在那之前变得更好。

小奥已经九个月大了，他开始频频迈过一个个重要的人生里程碑。他长出了七颗牙，几周前他才有三颗，仿佛牙齿都会以奇数出现一样。他从几个月前开始吃固体食物，这下我算是知道"脸上有鸡蛋"① 这个短语是怎么来的了。另外，由于他会把大部分吃的掉在地上，我不禁觉得他对因食物浪费引发的气候变化的责任好像比我预期的还大。谢天谢地，至少他的饭量很小。在之前七个月大的时候，小奥时不时在婴儿床里站起来。接下来的几天叫人绝望，因为他怎么也不肯坐下来，总是哭着醒来，站在婴儿床里一动不动，直到我们中的一个人把他抱下来……好吧，抱起来再让他坐下。终于，经过几个无眠之夜的折腾，他总算"又"学会了像再小些时那样坐。就在同个星期，地球也迎来了自己的"球生"里程碑。大气二氧化碳浓度冲破了一道新门槛——自工业革命以来增加了 50%。对全体人类来说，这是史无前例的危险增长，就像艾德·希兰（Ed Sheeran）② 的受欢迎程度一样。打个比方，上一次地球出现这种浓度的二氧化碳大概是在三百万年前，那时候的北极可能是一片森林而不是冰原，周边会有鳄鱼游泳，撒哈拉甚至都有些植被。按照现在的节奏，一旦海

---

① "egg on your face"是英语习语，直译为"脸上有鸡蛋"，用来形容尴尬、羞愧或丢脸的情境。这里作者应该表达的是小奥吃饭吃得满脸都是的情形。——译者注

② 英国创作歌手，曾获全英音乐奖最佳男歌手、格莱美最佳流行歌手等奖项。——译者注

平面上升约 9 到 15 米，意味着纽约和迈阿密可能会与鱼人版的凯文·科斯特纳做邻居。发展到这一步可能还要段时间，但这就是我们剧情的终章，除非尽快把碳排放量降到零。

如果你想生娃，想生就生，气候变化不应是你犹豫的原因。如果你真因为心忧气候变化而决定不生娃，那当然也是你的权利。但是不生娃真的不是一个必选项，因为气候变化和生不生娃真的关系不大。真正重要之处在于我们应该将学习、共情和理解作为重要的媒介，用来调适你的气候变化选择。对我来说，就是我的儿子；对你来说，可能是你买的东西、学习、工作、抗议活动，或者（天啊，但愿别成真）成为政客。

话说回来，我这本书是在边工作、边搬家、边当爹，还得对付疫情的时候写的。我会建议各位做同样的尝试吗？当然不会。要我说，这本书能让人看得下去都得算一个奇迹。不过，生活总得继续，哪怕疫情肆虐，气候危机汹涌，人们照样结婚，照样经历生老病死。一直以来，哪怕是困难时期，人们也会生娃，二战、黑死病，还有《权力的游戏》最终季的时候，不都是如此吗？回想疫情初期那阵子，感觉就像加速版的全球变暖，要是再不赶紧采取点实际行动，气候变化这种"病毒"给人体健康、社会经济、日常生活带来的痛苦就会越来越深。

我希望这本书能给各位带来一些帮助，是我呼唤一个更美好的世界，一个零排放、空气清洁、气候稳定的和谐家园的一段励志脱口秀。一个孩子们可以安心生活的世界，一个关照所有人的公平世界需要我们的共同努力。但请注意，这可不是拍电影。这可是一本实实在在的书。虽然如果迪士尼想来买版权，我也会欣然出售，或许犹达宝宝可以扮演小奥的角色。但是我想强调，这可不是一本虚构小说。如我所说，故事才刚刚开篇，我们仍有很多种气候未来可供选择。气候正义和适应专家莉迪亚·梅瑟琳（Lydia Messling）博士表示：“我把气候预估描述为不同的故事线或不同的剧本，而你会成为这些情节中的一个角色。这不是预测，而是预估①……根据选择的故事线，你会被分配不同的角色。那么，你愿意在其中扮演什么样的角色呢？”

我的观点是，在读完这本书后，你或许应该尝试一些与气候变化相关的事情。否则，我以错过儿子生命中许多重要时刻为代价，为他而写的这本书就没有任何意义。所以，为我、为他、为那些更需要帮助的人和你所在的地方，为亲人和你自己，行动起来吧。哪怕上述这些人你都没有，而且还嫌弃你自己，那么好歹也为了大卫·爱登堡这位万人迷。真心希望你能够找到自己的行动方向和行动理由。

在本书的开篇，我玩笑般地将气候变化形容为世界上最糟糕的真人版《惊险岔路口》游戏。这其实算是正经话，世界会迈向哪种气候未来取决于我们所有人。你不仅仅是吃瓜群众，你也是瓜的一部分。所以我们并不注定要完，你至少可以决定自己的行动。当然，这场冒险游戏的赌注比“小玻系列翻翻书”中小狗丢失泰迪熊的故事要稍高一点，至少比你一个人能承受的范围要高得多，但是你并不孤单，我们中的任何人都不会孤单。这就是为

---

① “气候预测”（climate prediction）和“气候预估”（climate projection）是不同的概念。气候预估主要关注未来不同排放情景下，气候系统对“外强迫”（主要是人为温室气体和气溶胶排放）的响应，特别是温度、降水等的长期变化，如未来全球变暖问题；而气候预测主要关注的是短期的气候变化，如未来一个月到一年的气候异常，注重观察气候系统内部变率当前的状态，及其对未来的影响。——译者注

什么请你参与气候变化行动非常重要，因为我们必须一起努力。放下本书后，请你不要仅仅满足于一段充实的叙述，然后简单回归日常生活，仿佛什么都没发生过。你在读完后的下一步行动，将会是气候变化故事的新一页。现在，一切都还来得及，一切都取决于你的决定。

结　语

十八个月

　　起初，我考虑在"结语"部分假装自己在过去的九个月里变成了一个气候变化否认者。这应该是一个很牛的反转，对吧？简直就是致命一击。但最终我还是打了退堂鼓，坦白来说，我并不是特别喜欢"隐藏结局"（extra endings）的人。上周我独自一人去了电影院，这是两年来的头一回，我看的是《新蝙蝠侠》，不晓得啥原因这片子居然长达约三小时，还给了几个不必要的结局，所以我在午夜后才回到家。然后，小奥斯卡在 5：20 就醒了。这种感觉太经典了。这次我得到的教训是：别没事找事。

　　就像我先前说的那样，时间总是无情的。小奥现在的年龄比我写完本书时大了一倍。在此期间，我们庆祝了他的第一个生日；我去格拉斯哥参加了第二十六届联合国气候变化大会（COP26）；《速度与激情》又出了一部新作。沿路那户摆着房子微缩模型的人家现在已经在窗户上挂上了乌克兰国旗，门也敞开着。小奥已经能自己跑来跑去，现在还能模仿狮子的样子，并且迷上了一辆红色跑车里的小哈巴狗乐高玩具。对于这两样东西，无论是车还是狗，我都不是特别高兴。同时，我仍然没有什么社交生活，因为我只谈两件事：娃和气候变化。我不知道周边邻居们觉得哪个更无聊。

垃圾回收仍然是我生活中的一大烦恼。现在，我每天都送小奥去附近的托儿所。于是，每周都有这样的一天：我俩在离开家时忘记带走回收物，最终我只能把小奥匆匆扔进托儿所，然后飞奔回家。沿路的垃圾工人都会笑话我，就因为我想及时把所有垃圾都拿出来。这件事依然和之前一样毫无意义。

疫情封锁解除后，我的第一次现场气候脱口秀发生在小奥满十八个月后的某天早上九点，当时满屋子坐的都是房地产经纪人。这是一次让我感到害怕的火热洗礼。我在开场中介绍自己是一位气候研究者和喜剧演员，或许这件事有点令人困惑，就像发现有的房地产经纪人居然还是好人那样。一屋子人沉默了片刻，然后爆发出笑声。我知道一切终会好起来，我也怀念这种与真实的人在一起并被取笑的感觉。

然后是COP26。这是我参加的第一个联合国级别会议。这是一个人数众多、地点分散和令人精疲力竭的大活动。我能想到的最接近的经历是在爱丁堡艺穗节。这次大会时间太长，商业化程度太高，每个群体都争相展现自己，而社会中最贫困的人群反而没有得到重视。我不确定75％的与会者是否真的需要参会，包括我自己。但从根本上来说，这次大会仍然十分重要，毕竟看到世界各国齐集格拉斯哥还是很好的，至少我还能为来自利比里亚、智利和英格兰埃塞克斯郡等偏远地区的迷路代表们在家乡灰色的街道上带路。关于COP26，我被问得最多的问题就是它是否取得成功？这个答案取决于你的身份。

　　总体而言，虽然大会就承诺和规则手册上的许多技术问题取得了一些正式进展，并围绕甲烷、煤炭、森林砍伐、部门突破和私营部门融资等方面作出了重大宣告。根据会后的一项快速分析，如果长期承诺得到兑现，我们可能首次走上控温 2 ℃的正轨。但是，目前这些短期政策与气候承诺之间并未实现真正匹配，而且对于那些身处气候变化最前沿地区的人们而言，他们的社会仍然受到升温 2 ℃的威胁。在我看来，COP26 充满遗憾，达成的目标还远远不够，而且存在视角问题。

　　另据报道，2022 年 3 月，两极地区的气温异常，高出季节性正常值 30—40 ℃。由于全球天然气价格上涨，世界目前正深陷燃料危机，这可能导致数百万人陷入贫困，并很可能在未来几年加剧气候变化导致的不平等。石油和天然气公司利用这场危机大发横财，但有关方面却没有对此额外征税，反而让公众承担后果。这种做法既怪异又不可原谅。欧盟已承诺在 2030 年之前彻底摆脱对俄罗斯化石燃料的依赖，而德国已将实现 100％使用可再生能源的目标提前至 2035 年。英国本身并不太依赖从俄罗斯进口天然气，但也极易受全球天然气价格影响。有人再次提出增加国内天然气产量，甚至不惜采取水力压裂法。但是，除非将其国有化，否则这些举措不会对价格造成什么实质性影响。不过，即使进行国有化，也还存在更便宜的选择。比如，迅速部署低碳技术以及适当的家庭隔热措施来打造舒适的住房，后者可以在几周甚至几个月而非数年内完成减少需求的目标——这才是快速和永久减少对天然气依赖的有效解决方案。但是，最简单的选择又一次被无视，政治优先再次战胜实用主义。

　　最新的联合国政府间气候变化专门委员会第六次评估报告已

经发布。报告指出，如果我们仍然希望实现控温 1.5 ℃ 的目标，现在就是行动的最佳时机。全球各国需要立即在所有领域进行深度减排。现在！真的是现在！① 报告还指出，最富裕的 10% 的家庭至少造成了全球碳排放总量的 1/3，甚至可能高达 45%，而最贫困的 50% 的家庭造成的总排放量还不到这个数字的一半，大约只有 15%。好消息是许多解决方案现在比替代方案更便宜，至少有 18 个国家在过去十年中持续进行减排（使用生产和消费指标），展示了此举的可行性。另一个环境好消息是各方已经同意制定全球性的塑料条约，以期使生产者在全球范围内承担责任，并永远摆脱不可持续的塑料污染。

我是否成功融合了作为气候研究员与新手奶爸的两个身份，找到内心的宁静呢？成功了一点点吧，至少我始终努力遵循着上一章的建议，更加专注于寻求一种更加平衡的生活。毕竟，如果你不够小心，生活很容易又异化成一系列的最终期限和生命时限，直到你离开这个世界。要知道，我可有个会在不可思议时段醒来的娃，一份专门思考世界末日的工作，而且在 37 岁时，我发现了人生中的第一根白发。但是，我们仍有许多值得期待的事情。当然，我们距离全球气温可能升温超过 1.5 ℃ 的临界点也就剩下约十年[1]，而我儿子距离成为青少年并开始讨厌我也还剩下同样的时间。在此之前，我们还有许多日子要过，许多爱要付出，许多工作要完成。对了，这可不是我妈妈买的冰箱贴上的话。

我觉得或许自己在前些章节中没有表达清楚：要想解决气候

---

① 不是我有意自吹自擂，但这样的报告每六七年才出台一次，总共出台过六次。第四次报告出台的时候我还没有开始研究气候变化，而第五次报告出来的时候，我刚刚完成我的博士学位。这次呢，我有四篇论文入选，意味着我和成千上万的优秀科学家一样，我的研究为我们理解自然做出了一些微小的贡献，可以在编年史上留下一笔。——原书注

变化问题，要想带领大家一起前进，我们真正需要的是巨大的想象力。解决方案的重要部分就是要大胆畅想我们想要的未来，表达出来，然后努力通过一切可能的方式——科技、法律和社群去实现它。我们正在为未来而战。毫无疑问，我们也拥有科学和解决方案。

　　但是，政治因素却成了大的绊脚石，始作俑者正是强大的既得利益群体。大多数人，不论政治立场如何，都明白这个问题需要立刻解决，而且实现的成本比其他选择要低得多。接下来，重任就落在我们所有人肩上。不论你持有什么样的政治观点，都有责任去设想我们想要的积极未来，并与大家分享。我个人的梦想是：创造一个更安全、更清洁、更公平的未来，同时保留已经拥有的美好事物。那意味着我们为从事清洁能源工作而感到自豪，因为这些工作有助于建立一个健康的社会；那意味着在工业领域生产着人们实际需要且能提高生活舒适度的清洁产品；那意味着更健康的饮食和更高效的交通方式。同时，这一切都能以一种可以让人们摆脱困境的方式进行。历史一次次表明，致力于变革有助于打造一个更好的社会。我认为，这是大多数人都能够接受的观点。我们会这样做吗？我们会改变吗？无论是字面意义还是比喻意义，答案仍然悬而未决，最终还需你来书写。

致　谢

　　以上就是我写的书。我最先想感谢的就是抽空阅读本书的你。原本我考虑设置一个"不感谢部分",晒一晒那些阻碍气候行动的否认者和其他人等,但最后想想还是别让他们出风头。让我怀着更加积极的态度,感谢每一位帮助本书出版的人。

　　我想感谢 Avalon^① 的艾奥娜(Iona)和罗布(Rob),他们在幕后付出了大量辛勤劳动。我想感谢 Headline Publishing 的理查德·罗珀(Richard Roper),他不仅让我实现了出书这个想法,还在疫情和我老婆分娩期间一直鼓励我坚持写作。你们的积极帮助让我在感到无法坚持时坚持了下来。

　　我想真心感谢一群非常可爱的人。他们提供了资料、段子和事实校对,以确保这本书有趣、准确,还具备一定的逻辑性。他们是:詹姆斯·柯克(James Kirk)、乔斯林·蒂珀利(Jocelyn

---

　　① 为包括作者在内的作家、演员等提供服务的综合人才管理和制作公司。——译者注

Timperley）、汤姆·贝克（Tom Baker）、詹姆斯·劳兰德（James Rowland）、埃莉诺·莫顿（Eleanor Morton）、查理·丁金（Charlie Dinkin）、汤姆·帕里（Tom Parry）、本·克拉克（Ben Clark）、弗雷娅·加里（Freya Garry）、柯尔丝滕·李斯（Kirsten Lees）、肯·赖斯（Ken Rice）、马克·马斯林（Mark Maslin）、威尔·麦克道尔（Will McDowall）、克里斯托夫·麦格莱德（Christophe McGlade）、马丁·克罗斯（Martin Croser）、史蒂夫·邓恩（Steve Dunne）、斯图尔特·劳斯（Stuart Laws）、基思·亚历山大（Keith Alexander）、山姆·希尔（Sam Hill）、利奥·默里（Leo Murray）。

我想感谢为本书花费时间和精力的众多专家，其中不少是我的熟人，还有一些我未曾谋面，是这次通过这本气候变化通俗读物认识的，他们是：克里斯·德·迈耶、莉迪亚·梅瑟琳、克里斯·拉普利、利奥·希克曼、金伯利·尼古拉斯、吉莉恩·安纳布尔、詹姆斯·比尔德、布莉安娜·克拉夫特（Brianna Craft）、理查德·洛斯、费伊·韦德、塔吉·奥列斯钦、马特·霍普（Mat Hope）、理查德·布莱克（Richard Black）、斯图尔特·卡普斯提克（Stuart Capstick）、戴维·哈金（David Harkin）、朱利奥·马蒂奥利、詹姆斯·普莱斯（James Price）、史蒂夫·派伊（Steve Pye）、伊莎贝拉·卡明斯基（Isabella Kaminski）、多米尼克·罗泽（Dominic Roser）、斯蒂文·柯克（Steven Kirk）、安迪·卡尔（Andy Carr）、王钦。如果不慎遗漏，我深感抱歉。毕竟我敲击这段文字的时候已过深夜，而且清晨六点还需早起。

我想感谢伦敦大学学院所有支持我的同事。

感谢在我家诸多波折之际表现得极为友善的新邻居们。希望我再也不用在午夜时分还坐在窗前。

　　感谢亲友们多年来给予我的关爱与支持。在过去一年半的时间里，有些人因为疫情永远离开了我们。此刻，我在电脑屏幕前为你们致哀。我非常想念你们，JB 和 SW。①

　　对我来说，最需要感谢的就是我的妻子。仅仅说"如果没有她，这一切都不可能实现"都未免太轻描淡写了。在一个很难作出牺牲的时代，她已经牺牲了太多太多。我无法用言语表达你给予的支持、付出、耐心以及之于我的意义，你的善意将常伴我左右。

---

　　①　出于对逝去之人的尊重，作者没有透露全名。——译者注

注　释

第 1 章

1. Duggal，D. 'Oxford reveals Word of the Year 2019: Here's why we should be very，very concerned'. *Economic Times*，5 December 2019.

2. Clayton，S.，Manning，C. M.，Krygsman，K.，and Speiser，M. *Mental Health and Our Changing Climate: Impacts，Implications，and Guidance*. American Psychological Association and ecoAmerica，March 2017.

3. Doherty，S. 'The activists going on "birth strike" to protest climate change'. *Vice*，13 March 2019.

第 3 章

1. Hoesung，L. 'High-level segment of COP24，Tuesday 11 December 2018，Statement by IPCC Chair Hoesung Lee'. Intergovernmental Panel on Climate Change，11 December 2018.

第 4 章

1. Rapley，C. and MacMillan，D. *2071: The World We'll Leave Our Grandchildren*. John Murray，2015.

2. Brazil，R. 'Eunice Foote：The mother of climate change'. www. chemistryworld. com，20 April 2020.

3. Kamiya，G. 'Factcheck：What is the carbon footprint on streaming video on Netflix?' www. carbonbrief. org，24 February 2020.

4. Jones，N. 'How the world passed a carbon threshold and why it matters'. Yale School of the Environment，26 January 2017.

5. Lindsey，R. 'Climate change：atmospheric carbon dioxide'. www. climate. gov，14 August 2020.

6. Rohde，R. *Global Temperature Report for 2020*. Berkeley Earth，13 January 2021.

7. Met Office. 'Top ten UK's hottest years all since 2002'. www. metoffice. gov. uk，31 July 2019.

8. Ramsayer，K. '2020 Arctic Sea Ice Minimum at Second Lowest on Record'. NASA's Goddard Space Flight Center. www. climate. nasa. gov，21 September 2020.

9. Maslin，M. *How To Save Our Planet：The Facts*. Penguin，2021.

10. Maslin，M. *Climate Change：A Very Short Introduction*. Oxford University Press，2014，p. 18

11. Myhre，G. ，D. Shindell，F. -M. Bréon，W. Collins，J. Fuglestvedt，J. Huang，D. Koch，J. F. Lamarque，D. Lee，B. Mendoza，T. Nakajima，A. Robock，G. Stephens，T. Takemura and H. Zhan. 'Anthropogenic and Natural Radiative Forcing'. *Climate Change 2013：The Physical Science Basis. Contribution of Working Group I to the Fifth Assessment Report of the Intergovernmental Panel on Climate Change*. Edited by Stocker，T. F. ，D. Qin，G. K. Plattner，M. Tignor，S. K. Allen，J. Boschung，A. Nauels，Y. Xia，V. Bex and P. M. Midgley. Cambridge University Press，2013.

12. Hausfather，Z. 'Analysis：Why scientists think 100% of global warming is due to humans'. www. carbonbrief. org，13 December 2017.

第 5 章

1. Wynes，S. and Nicholas，K. 'The climate mitigation gap：education and government recommendations miss the most effective individual actions'. *Environmental Research Letters*，Vol. 12，No. 7，12 July 2017.

2. OECD. 'Greenhouse gas emissions'，data extracted on 21 Aug 2021，

13：09 UTC（GMT）from OECD. Stat.

3. Wynes, S. and Nicholas, K. , 2017.

4. Ivanova, D. , and Wood, R. 'The unequal distribution of household carbon footprints in Europe and its link to sustainability'. *Global Sustainability*, 3, E18, doi: 10.1017/ sus. 2020. 12, 6 July 2020.

第 6 章

1. Rustemeyer, N. and Howells, M. 'Excess Mortality in England during the 2019 Summer Heatwaves'. *Climate*, Vol. 9, No. 1, 2021, https: //doi. org/10. 3390/cli9010014.

2. Carrington, D. 'Heatwaves in 2019 led to almost 900 extra deaths in England'. *Guardian*, 7 January 2020.

3. CCC. 'Independent Assessment of UK Climate Risk (CCRA3)'. www. ukclimaterisk. org, 2021.

4. Timperley, J. 'In-depth: How the UK plans to adapt to climate change'. www. carbonbrief. org, 26 July 2018.

5. Watts, N. , Amaan, M. , Arnell, N. , Ayeb-Karlsson, S. , Beagley, J. , Belesova, K. , *et al.* 'The 2020 Report of The Lancet Countdown on health and climate change: responding to converging crises'. *The Lancet*, Vol. 397, Issue 10269, 9 January 2021.

6. Watts, J. 'Canadian inferno: northern heat exceeds worst-case climate models'. *Guardian*, 2 July 2021.

7. Polderman, J. 'Lytton's mayor: "Where many buildings stood is now simply charred earth" '. *Guardian*, 8 July 2021.

8. Vaughan, A. 'Climate change made North American heatwave 150 times more likely'. *New Scientist*, 7 July 2021.

9. Brown, S. 'Future changes in heatwave severity, duration and frequency due to climate change for the most populous cities'. *Weather and Climate Extremes*, Vol. 30, 100278, December 2020.

10. NASA Climate Kids. 'What is a heat island?' www. climatekids. nasa. gov.

11. Askew, A. and Tandon, A. 'Met Office: The UK's record-breaking August 2020 heatwave'. www. carbonbrief. org, 10 September 2020.

12. BBC News. ' "Highest temperature on Earth" as Death Valley, US, hits

54.4 ℃'. www. bbc. co. uk/news，17 August 2020.

13. Henson，R. *The Thinking Person's Guide to Climate Change*. American Meteorological Society，2019. p. 65.

14. BBC News. '"Highest temperature on Earth"'，17 August 2020.

15. Masters，J. 'Death Valley，California，breaks the all-time world heat record for the second year in a row'. www. yaleclimateconnections. org，12 July 2021.

16. World Meteorological Organization. '2020 on track to be one of three warmest years on record'. www. public. wmo. int，2 December 2020.

17. Askew，A. and Tandon，A. 'The UK's record-breaking August 2020 heatwave'. Carbon Brief，10 September 2020.

18. World Meteorological Organization. 'Reported new record temperature of 38 ℃ north of Arctic Circle'. www. public. wmo. int，23 June 2020.

19. Dunne，D. 'Siberia's 2020 heatwave made "600 times more likely" by climate change'. Carbon Brief，15 July 2020.

20. NOAA. 'It's official：July was Earth's hottest month on record'. www. noaa. gov，13 August 2021.

21. Dunne，D. 'Climate change made Europe's 2019 record heatwave up to "100 times more likely"'. www. carbonbrief. org，2 August 2019.

22. *New Scientist* and Press Association. 'UK temperatures broke records in 2019 as climate change took hold'. *New Scientist*，30 July 2020.

23. Roads：Held，A. 'Melting roads and runny roofs：Heat scorches the Northern hemisphere'. www. npr. otg，5 July 2018.

Railways：Spector，D. 'Why extreme heat turns train tracks into spaghetti'. www. businessinsider. com，25 July 2019.

Power：Prociv，K. and Lozano，A. V. 'Sweltering heat is shattering records，triggering power outages across California'. www. nbcnews. com，14 August 2020.

Planes：Hope，A. 'It's too hot in the southwest for planes to fly—here's why'. *Condé Nast Traveler*，20 June 2017.

24. Matthews，T. and Raymond，C. 'Global warming now pushing heat into territory humans cannot tolerate'. *The Conversation*，20 May 2020.

25. Maslin，M. 'Will three billion people really live in temperatures as hot as the Sahara by 2070?'. *The Conversation*，6 May 2020.

26. Watts, N. , *et al.* 'The 2020 Report of the Lancet Countdown on health and climate change'. 2021.

27. Mitchell, E. 'Pentagon declares climate change a "national security issue" '. *The Hill*, 27 January 2021.

28. Trenberth, K. , Dai, A. , van der Schrier, G. , Jones, P. , Barichivich, J. , Briffa, K. and Sheffield, J. 'Global warming and changes in drought'. *Nature Climate Change*, Vol. 4, pp. 17-22, 20 December 2013.

29. Chen, J. and Mueller, V. 'Climate change is making soils saltier, forcing many farmers to find new livelihoods'. www. theconversation. com, 29 November 2018.

30. Chen. J. and Mueller, V. 'Coastal climate change, soil salinity and human migration in Bangladesh'. *Nature Climate Change*, Vol. 8, pp. 981-985, 22 October 2018.

31. Deamer, K. 'California's long drought has killed 100 million trees'. www. livescience. com, 7 December 2016.

32. Gudmundsson, L. and Seneviratne, S. I. 'Anthropogenic climate change affects meteorological drought risk in Europe'. *Environmental Research Letters*, Vol. 11, No. 4, 7 April 2016.

33. Carrington, D. 'England could run short of water within 25 years'. *Guardian*, 18 March 2019.

34. Readfern, G. '2019 was Australia's hottest year on record — 1. 5 ℃ above average temperature'. *Guardian*, 1 January 2020; Readfern, G. 'Australia records its hottest day ever-one day after previous record'. *Guardian*, 19 December 2019.

35. Carlsberg Group. 'Carlsberg Group announces innovative partnership to protect shared water resources in India'. www. carlsberggroup. com, 24 November 2020.

36. Energy Saving Trust. 'At Home with Water', 2013.

37. Mahr, K. 'How Cape Town was saved from running out of water'. *Guardian*, 2 May 2018.

38. Torrent Tucker, D. 'In a warming world, Cape Town's "Day Zero" drought won't be an anomaly, Stanford researcher says'. www. news. stanford. edu, 9 November 2020.

39. World Health Organization. 'Fact sheet: Drinking-water'. www.

who. int，14 June 2019.

　　40. McGrath，M. 'Climate change：Warming made UK heatwave 30 times more likely'. www. bbc. co. uk/news，6 December 2018.

　　41. Xie，W. , Xiong，W. , Pan，J. , Ali，T. , Cui，Q. , Guan，D. , Meng，J. , Mueller，N. , Lin，E. and Davis，S. 'Decreases in global beer supply due to extreme drought and heat'. *Nature Plants*，Vol. 4，pp. 964-73，15 October 2018.

　　42. Maslin，M. 2014. p. 93.

　　43. Lenoir，J. , Bertrand，R. , Comte，L. , *et al.* 'Species better track climate warming in the oceans than on land'. *Nature Ecololgy and Evolution*，Vol. 4，pp. 1044-1059，2020，https：//doi. org/10. 1038/s41559-020-1198-2.

　　44. Habel，J. C. , Rödder，D. , Schmitt，T. , Gros，P. , *et al.* 'Climate change drives mountain butterflies towards the summits'. *Scientific Reports*，11：14382，2021. https：//doi. org/10. 1038/ s41598-021-93826-0.

　　45. BBC News. 'Bramble Cay melomys：Climate change-ravaged rodent listed as extinct'. www. bbc. co. uk/news，20 February 2019.

　　46. Román-Palacios，C. Wiens，J. J. 'Recent responses to climate change reveal the drivers of species extinction and survival'. *PNAS*，Vol. 117，No. 8，pp. 4211-4217，February 2020，DOI：10. 1073/ pnas. 1913007117.

第 7 章

　　1. Cheng，L. , *et al.* 'Upper Ocean Temperatures Hit Record High in 2020'. *Advances in Atmospheric Sciences*，Vol. 38，pp. 523-30，2021.

　　2. Maslin，M. 2014.

　　3. Slater，T. , Lawrence，I. , Otosake，I. , Shepherd，A. , Gourmelen，N. , Jakob，L. , Tepes，P. , Gilbert，L. and Nienow，P. 'Review article：Earth's ice imbalance'. *The Cryosphere*，Vol. 15，pp. 233-46，2021.

　　4. Henson，R. 2019.

　　5. IPCC. 'Special report：Global warming of 1. 5 ℃'. www. ipcc. ch.

　　6. Lindsey，R. 'Climate change：Global sea level'. NOAA，www. climate. gov，25 January 2021.

　　7. Henson，R. 2019. p. 113.

　　8. Kater，I. 'Mass starvation of reindeer linked to climate change and habitat loss'. *The Conversation*，6 August 2019.

9. Zekollari, H. , Huss, M. , and Farinotti, D. 'Modelling the future evolution of glaciers in the European Alps under the EURO-CORDEX RCM ensemble', *The Cryosphere*, Vol. 13, pp. 1125-46, https: //doi. org/10. 5194/tc-13-1125-2019, 2019.

10. Gobiet, A. , *et al.* '21st century climate change in the European Alps-A review'. *Science of the Total Environment*, Vol. 493, pp. 1138-51, 15 September 2014.

11. Lindsey, R. 2021.

12. Sample, I. 'Sea level rise doubles in 150 years'. *Guardian*, 25 November 2005.

13. Voosen, P. 'Seas are rising faster than ever'. www. sciencemag. org, 18 November 2020.

14. Lindsey, R. 2021.

15. Lindsey, R. 2021.

16. Stocker, T. F. , Qin, D. , Plattner, G. K. , Tignor, M. , Allen, S. K. , Boschung, J. , Nauels, A. , Xia, Y. , Bex, V. and Midgley, P. M. (eds.). *Climate Change 2013: The Physical Science Basis. Contribution of Working Group I to the Fifth Assessment Report of the Intergovernmental Panel on Climate Change*, Cambridge University Press, 2013.

17. Watts, J. 'Sea levels could rise more than a metre by 2100, experts say'. *Guardian*, 8 May 2020.

18. Oppenheimer, M. , Glavovic B. C. , Hinkel, J. , van de Wal, R. , Magnan, A. K. , Abd-Elgawad, A. , Cai, R. , Cifuentes-Jara, M. , DeConto, R. M. , Ghosh, T. , Hay, J. , Isla, F. , Marzeion, B. , Meyssignac, B. , and Sebesvari, Z. '2019: Sea Level Rise and Implications for Low-Lying Islands, Coasts and Communities. In: *IPCC Special Report on the Ocean and Cryosphere in a Changing Climate.* Pörtner, H. -O. , Roberts, D. C. , Masson-Delmotte, V. , Zhai, P. , Tignor, M. , Poloczanska, F. , Mintenbeck, K. , Alegría, A. , Nicolai, M. , Okem, A. , Petzold, J. , Rama, B. , Weyer, D. C. (eds.).

19. Strauss, B. H. , Kulp, S. and Levermann, A. *Mapping Choices: Carbon, Climate, and Rising Seas, Our Global Legacy.* Climate Central, November 2015. pp. 1-38.

20. Holder, J. , Kommenda, N. and Watts, J. 'The three-degree world: the cities that will be drowned by global warming'. *Guardian*, 3 November

2017.

21. Letman，J. 'Rising sea levels give island nation a stark choice: relocate or elevate'. *National Geographic*，19 November 2018.

22. Wall，T. '"This is a wake-up call": the villagers who could be Britain's first climate refugees'. *Guardian*，18 May 2019.

23. Watts，J. 'Lincolnshire's coast and farms will sink with 3 ℃ of warming'. *Guardian*，3 November 2017.

24. Baker，H. 'Baby sharks are born scrawny and sick because of climate change'. www. livescience. com，13 January 2021.

25. Carrington，D. 'Climate crisis pushing great white sharks into new waters'. *Guardian*，9 February 2021.

26. Briggs，H. 'Squid may become favourite UK meal as seas become warmer'. *BBC News*，12 December 2016.

27. National Oceanic and Atmospheric Administration. 'Ocean acidification'. www. noaa. gov.

28. Henson，R. 2019. p. 178.

29. Carbon Brief. 'The impacts of climate change at 1.5 ℃，2 ℃ and beyond'. www. carbonbrief. org，4 October 2018.

第 8 章

1. Wynes and Nicholas. 2017.

第 9 章

1. Neslen，A. 'Flood disasters more than double across Europe in 35 years'. *Guardian*，19 January 2017.

2. Henson，R. 2019. p. 81.

3. Neslen，A. 2017.

4. Kahraman，A.，Kendon，E. J.，Chan，S. C.，and Fowler，H. J. 'Quasi-stationary intense rainstorms spread across Europe under climate change'. Geophysical Research Letters，48，e2020GL092361，2021，https://doi. org/ 10. 1029/2020GL092361.

5. McGrath，M. 'Climate change: Europe's extreme rains made more likely by humans'. *BBC News*，23 August 2021.

6. Katzenberger, A. , Schewe, J. , Pongratz, J. , and Levermann, A. 'Robust increase of Indian monsoon rainfall and its variability under future warming in CMIP-6 models'. *Earth System Dynamics*, 2021. DOI: 10. 5194/esd-2020-80.

7. BBC News. 'Japan landslide: 20 people missing in Atami city'. www. bbc. co. uk/news, 4 July 2021.

8. PA Media. 'Met Office confirms UK had its wettest day on record after Storm Alex'. *Guardian*, 16 October 2020.

9. Otto, F. , *et al.* 'Climate change increases the probability of heavy rains in Northern England/Southern Scotland like those of Storm Desmond-a real-time event attribution revisited'. *Environmental Research Letters*, Vol. 13, 29 January 2018.

10. Energy & Climate Intelligence Unit. 'Briefing: Flood risk and the UK'. www. eciu. net.

11. Climate Change Committee. 'UK Climate Change Risk Assessment 2017: Evidence Report', 2016.

12. Guerreiro, S. B. , *et al.* 'Future heat-waves, droughts and floods in 571 European cities'. *Environmental Research Letters*, Vol. 13, 21 February 2018.

13. Halliday, J. 'One in 10 new homes in England built on land with high flood risk'. *Guardian*, 19 February 2020.

14. Dunne, D. 'CO_2 emissions from wildfires have fallen over past 80 years, study finds'. www. carbonbrief. org, 17 April 2018.

15. Theobald, D. and Romme, W. 'Expansion of the US wildland-urban interface'. *Landscape and Urban Planning*, Vol. 83, Issue 4, pp. 340-54, 7 December 2007.

16. Hausfather, Z. 'Factcheck: How global warming has increased US wildfires'. www. carbonbrief. org, 9 August 2018.

17. Ghosh, P. 'Climate change boosted Australia bushfire risk by at least 30%'. *BBC News*, 4 March 2020.

18. Cox, L. 'Smoke cloud from Australian summer's bushfires three times larger than anything previously recorded'. *Guardian*, 2 November 2020.

19. Union of Concerned Scientists. 'The connection between climate change and wildfires'. www. ucsusa. org, 9 September 2011.

20. Goss, M. , *et al.* 'Climate change is increasing the likelihood of extreme

autumn wildfire conditions across California'. *Environmental Research Letters*, Vol. 15, No. 9, 20 August 2020.

21. Milman, O. 'Devastating 2020 Atlantic hurricane seasons breaks all records'. *Guardian*, 10 November 2020.

22. Henson, R. 2019. p. 194.

23. NOAA Geophysical Fluid Dynamics Laboratory. 'Global warming and hurricanes: an overview of current research results'. www. gfdl. noaa. gov, 29 March 2021.

24. Berardelli, J. 'How climate change is making hurricanes more dangerous'. Yale Climate Connections, 8 July 2019.

25. Knutson, T. R. , *et al.* 'Climate change is probably increasing the intensity of tropical cyclones'. NOAA. www. climate. gov, 31 March 2021.

26. Emmanuel, K. 'Assessing the present and future probability of Hurricane Harvey's rainfall'. *Proceedings of the National Academy of Sciences of the United States of America*, Vol. 114, No. 48, 12681-4, 13 November 2017.

27. Nagchoudhary, S. and Paul, R. 'Cyclone Amphan loss estimated at $ 13 billion in India, may rise in Bangladesh'. *Reuters*, 23 May 2020; and Schwartz, M. 'Somalia's Strongest Tropical Cyclone Ever Recorded Could Drop 2 Years' Rain in 2 Days'. NPR, 22 November 2020.

28. https: //www. worldweatherattribution. org/.

29. Rowlatt, J. 'Climate change: Siberian heatwave "clear evidence" of warming'. BBC News, 15 July 2020, https: //www. bbc. co. uk/news/science-environment-53415297.

第 10 章

1. Maslin, M. 2014. p. 103.

2. Henson, R. 2019. p. 125.

3. Brennan, P. 'Study: 2019 sees record loss of Greenland ice'. www. climate. nasa. gov, 20 August 2020.

4. Hirschi, J. , Barnier, B. , Böning, C. , *et al.* 'The Atlantic meridional overturning circulation in high-resolution models'. *JGR Oceans*, Vol. 125, Issue 4, April 2020.

5. Maslin, M. 2014. p. 104.

6. Ritchie, P. , Smith, G. , Davis, K. , *et al.* 'Shifts in national land use

and food production in Great Britain after a climate tipping point'. *Nature Food*，Vol. 1，pp. 76-83，12 January 2020.

7. National Snow and Ice Data Center，'Methane and Frozen Ground'. https：//nsidc. org/cryosphere/frozenground/ methane. html.

8. Herr，A. ，Osaka，S. and Stone，M. 'As the world warms，these Earth systems are changing. Could further warming make them spiral out of control?'. www. grist. org.

9. Henson，R. 2019. p. 117.

10. Maslin，M. 2014. p. 109.

11. Alencar，A. and Esquivel Muelbert，A. 'The Amazon is now a net carbon producers，but there's still time to reverse the damage'. *Guardian*，19 July 2021.

12. Carrington，A. 'Amazon rainforest now emitting more CO_2 than it absorbs'. *Guardian*，14 July 2021.

13. Herr，A. ，Osaka，S. and Stone，M. 'As the world warms，these Earth systems are changing. Could further warming make them spiral out of control?'. www. grist. org.

第 11 章

1. Wynes and Nicholas. 2017.

2. Murtaugh and Schlax. 'Reproduction and the carbon legacies of individuals'. *Global Environmental Change*，Vol. 19，pp. 14-20，2009.

3. BBC News. 'Stonehaven derailment：Report says climate change impact on railways "accelerating" '. www. bbc. co. uk/ news，10 September 2020.

第 12 章

1. Ritchie，H. 'Sector by sector：where do global greenhouse gas emissions come from?'. www. ourworldindata. org，18 September 2020.

2. EPA. 'Climate Change Indicators：Global Greenhouse Gas Emissions，April 2021.

3. Ritchie，H. ，and Roser，M. 'CO_2 and Greenhouse Gas Emissions'. Published online at OurWorldInData. org，https：//ourworldindata. org/co2-and-other-greenhouse-gas-emissions.

4. Ritchie，H. 'Who has contributed most to global CO_2 emissions?'. www. ourworldindata. org，1 October 2019. Our World in Data based on Global Carbon Project；BP；Maddison；UNWPP.

5. Union of Concerned Scientists. 'Each Country's Share of CO_2 Emissions'. 12 August 2020，https：//www. ucsusa. org/ resources/each-countrys-share-co2-emissions.

6. Ritchie，H. 'How do CO_2 emissions compare when we adjust for trade?'. 7 October 2019，https：//ourworldindata. org/consumption-based-co2.

7. Our World In Data. 'Per Capita CO_2 emissions'. Based on Global Carbon Project；BP；Maddison；UNWPP.

8. United Nations，World Population Prospects 2019.

9. Our World In Data. 'Per Capita CO_2 emissions'. Based on Global Carbon Project；BP；Maddison；UNWPP.

第 13 章

1. IEA. 'World gross electricity production by source'. 2019，IEA，Paris，https：//www. iea. org/data-and-statistics/charts/ world-gross-electricity-production-by-source-2019.

2. Ritchie，H. 'The death of UK coal in five charts'. www. ourworldindata. org，28 January 2019.

3. US Energy Information Administration. 'Frequently asked questions：How much carbon dioxide is produced when different fuels are burned?'. www. eia. gov.

4. Alvarez，R. ，Pacala，S. ，Winebrake，J，Chameides，W. and Hamburg，S. 'Greater focus needed on methane leakage from natural gas infrastructure'. *PNAS*，Vol. 109，No. 17，pp. 6435-440，24 April 2012.

5. Nunez，C. 'Fossil fuels，explained'. *National Geographic*，2 April 2019.

6. IEA. 'Fuels and technology：Gas'. www. iea. org.

7. Vaughan，A. 'UK government rings death knell for the fracking industry'. 4 November 2019，https：//www. newscientist. com/article/2222172-uk-government-rings-death-knell-for-the-fracking-industry/.

8. Hanlon，T. and Herz，N. 'Major oil companies take a pass on controversial lease sale in Arctic refuge'. www. npr. org，6 January 2021.

9. IEA. *Carbon capture, utilization and storage*. www. iea. org, 2021.

10. IEA. *Net Zero by 2050: A roadmap for the global energy sector*. www. oea. org, 2021.

11. Coady, D. , Parry, I. , Le, N. , Shang, B. *Global fossil fuel subsidies remain large: An update based on country-level estimates*. International Monetary Fund, 2 May 2019.

12. Lewis, S. L. *et al*. *Science*. 10. 1126/science. aaz0388, 2019.

13. Tutton, M. 'The most effective way to tackle climate change? Plant 1 trillion trees'. www. edition. cnn. com, 17 April 2019.

14. Moomaw, W. R. , *et al*. 'Wetlands in a changing climate: Science, policy and management'. *Wetlands*, Vol. 38, pp. 183-205, 2018.

15. Joosten, H. 'The Global Peatland CO_2 Picture: Peatland status and drainage related emissions in all countries of the world'. Wetlands International, www. wetlands. org, 2010.

16. Hasegawa, T. , Fujimoro, S. , Havlik, P. , *et al*. 'Risk of increased food insecurity under stringent global climate change mitigation policy'. *Nature Climate Change*, Vol. 8, pp. 699-703, 30 July 2018.

17. Swain, F. 'The device that reverses CO_2 emissions'. 12 March 2021, https: //www. bbc. com/future/article/20210310-the-trillion-dollar-plan-to-cap-ture-co2.

18. Keutsch Group at Harvard. 'SCoPEx: Stratospheric controlled perturbation experiment'. www. keutschgroup. com.

第 14 章

1. Royal Haskoning DHV. 'Norfolk Boreas Offshore Wind Farm Carbon Footprint Assessment'. 2020.

2. Li, H. , Jiang, H. , Dong, K. , *et al*. 'A comparative analysis of the life cycle environment emissions from wind and coal power: Evidence from China'. *Journal of Cleaner Production*, Vol. 248, 119-192, 1 March 2020.

3. Gabbattiss, J. 'IEA: Wind and solar capacity will overtake both gas and coal globally by 2024'. www. carbonbrief. org, 10 November 2020.

4. BBC News. 'Renewables met 97% of Scotland's electricity demand in 2020'. www. bbc. co. uk/news, 25 March 2021.

5. Ambrose, J. 'UK electricity from renewables outpaces gas and coal pow-

er'. *Guardian*，28 January 2021.

6. Multiple authors. 'In-depth：The UK should reach "net-zero" climate goal by 2050，says CCC'. Carbon Brief. 2 May 2019.

7. Roser，M. 'Why did renewables become so cheap so fast? And what can we do to use this global opportunity for green growth?'. www. ourworldindata. org，1 December 2020.

8. Lempriere，M. 'Solar PV costs fall 82％ over the last decade，says IRENA'. www. solarportal. co. uk，3 June 2020.

9. Henson，R. 2019. p. 433.

10. Office of Energy Efficiency & Renewable Energy. 'How much power is 1 gigawatt?'. www. energy. gov，12 August 2019.

11. Davies，R. and Ambrose，J. 'Storm Bella helps Great Britain set new record for wind power generation'. *Guardian*，28 December 2020.

12. Rincon，P. 'UK can be "Saudi Arabia of wind power" —PM'. www. bbc. co. uk/news，24 September 2020.

13. Ambrose，J. 'Queen's property manager and Treasury to get windfarm windfall of nearly £9bn'. *Guardian*，8 February 2021.

14. Ambrose，J. 'Why oil giants are swapping oil rigs for offshore windfarms'. *Guardian*，10 February 2021.

15. Nield，D. 'Scotland is now generating so much wind energy it could power two Scotlands'. www. sciencealert. com，17 July 2019.

16. SSE Renewables. 'Beatrice Offshore Wind Farm Limited'. www. sserenewables. com.

17. Buljan，A. 'Moray East Becomes Scotland's Largest OWF'. www. offshorewind. biz，13 July 2021.

18. BBC News. 'Putin：Is he right about wind turbines and bird deaths?'. www. bbc. co. uk/news，10 July 2019.

19. BBC News. 'Putin：Is he right about wind turbines and bird deaths?'

20. Byers，E. A. ，Coxon，G. ，Freer，J. ，*et al.* 'Drought and climate change impacts on cooling water shortages and electricity prices in Great Britain，*Nature Communications*，Vol. 11，2239，7 May 2020，https：//doi. org/ 10. 1038/s41467-020-16012-2.

21. Berkeley Public Policy，The Goldman School. 'The US can reach 90 per cent clean electricity by 2035，dependably and without increasing consumer bills'.

www. gspp. berkeley. edu，9 June 2020.

22. https：//www. mediamatters. org/fox-news/fox-news-and-fox-business-falsely-blamed-renewable-energy-texas-blackouts-128-times-over.

23. https：//www. texastribune. org/2021/02/16/texas-wind-turbines-frozen/.

24. Evans，S. 'In-depth：How a smart flexible grid could save the UK £40bn'. www. carbonbrief. org，25 July 2017.

25. Verger，R. 'Tesla actually built the world's biggest battery. Here's how it works'. www. popsci. com，2 December 2017.

26. Blain，L. 'Australia plans world's biggest battery (again)，at 1. 2 gigawatts'. www. newatlas. com，4 February 2021.

27. Ryu，A. and Meshkati，N. 'Onagawa：The Japanese nuclear power plant that didn't melt down on 3/11'. www. thebulletin. org，10 March 2014.

28. Frangoul，A. 'From powerful tidal turbines to huge wave machines，Scotland is becoming a hub for marine energy'. www. cnbc. com，25 May 2021.

29. Burgen，S. '"A role model"：how Seville is turning leftover oranges into electricity'. *Guardian*，23 February 2021.

30. Science Daily. 'New wearable device turns the body into a battery'. www. sciencedaily. com，10 February 2021.

第 16 章

1. Henson，R. 2019. p. 477.

2. Pollard，T. 'Number of cars on UK roads surpasses 40 million for first time'. www. carmagazine. co. uk，21 April 2021.

3. ONS population estimates. www. ons. gov. uk，25 June 2021.

4. WRAP. 'Net zero：Why resource efficiency holds the answers'. www. wrap. org，2021.

5. Phys. org. 'Five things to know about VW's "dieselgate" scandal'. www. phys. org，18 June 2018.

6. BBC News. 'Ex-Audi boss stands trial over "dieselgate" scandal in Germany'. www. bbc. co. uk/news，30 September 2020.

7. Milman，O. 'Massachusetts city to post climate change warning stickers at gas stations'. *Guardian*，25 December 2020.

8. Laville，S. 'Ban SUV adverts to meet UK climate goals，report urges'.

Guardian，3 August 2020.

9. Cozzi，L. and Petropoulos，A. 'Growing preference for SUVs challenges emissions reductions in passenger car market'. www. iea. org，15 October 2019.

10. Cozzi，L. and Petropoulos，A. 2019.

11. BBC News. 'Rise of SUVs "makes mockery" of electric car push'. www. bbc. co. uk/news，9 December 2019.

12. Pidd，H. 'School pupils issue fake parking tickets to tackle pollution'. *Guardian*，13 February 2019.

13. WWF. 'Le trop plein de SUV dans la publicité'. March 2021.

14. Harrabin，R. 'Adverts for large polluting cars "should be banned" '. www. bbc. co. uk/news，3 August 2020.

15. Chen，D. and Kockelman，K. 'Carsharing's life-cycle impacts on energy use and greenhouse emissions'. *Transportation Research Part D：Transport and Environment*，Vol. 47，pp. 276-84，August 2016.

16. Brand，C. 'Blog：How your legs can reduce your carbon footprint'. www. ukerc. ac. uk，4 February 2021.

17. Partridge，J. 'Electric cars "will be cheaper to produce than fossil fuel vehicles by 2027" '. *Guardian*，9 May 2021.

18. Consultancy. eu. 'Europe's electric vehicles fleet to reach 40 million by 2030'. www. consultancy. eu，25 February 2021.

19. Neate，R. 'Ford plans for all cars sold in Europe to be electric by 2030'. *Guardian*，17 February 2021.

20. Reuters. 'Electric cars rise to record 54% market share in Norway'. *Guardian*，5 January 2021.

21. Bonnici，D. 'How A-ha made Norway take on EVs'. *Which Car?*，11 January 2021.

22. @ AukeHoekstra（Auke Hoekstra）. Thread：'New "study" claims it takes 48k miles for electric vehicles to emit less CO_2 than gasoline cars. But it's just a misleading brochure …'. 27 November 2020，https：//twitter. com/ AukeHoekstra/status/1332464525602410498.

23. Transport & Environment. 'How clean are electric cars?'. www. transportandenvironment. org.

24. Office of Energy Efficiency & Renewable Energy. 'Battery-electric vehicles have lower scheduled maintenance costs than other light-duty vehicles'.

www. energy. gov，14 June 2021.

25. Grundy，A. 'Tesco EV charging rollout hits new milestone with 500,000 charges on network'. www. current-news. co. uk，9 April 2021.

26. Bannon，E. 'Postcode lottery for electric car charging must be fixed-NGO'. www. transportenvironment. org，19 May 2021.

第 17 章

1. Kommenda，N. 'How your flight emits as much CO_2 as many people do in a year'. *Guardian*，19 July 2019.

2. Timperley，J. 'Should we give up flying for the sake of the climate?'. www. bbc. com，19 February 2020.

3. Lenzen，M. ，Sun，Y. ，Faturay，F. ，Ting，Y. ，Geschke，A. and Malik，A. 'The carbon footprint of global tourism'. *Nature Climate Change*，Vol. 8，pp. 522-28，7 May 2018.

4. Bannon，E. 'Biofuels policies to massively increase deforestation by 2030-study'. www. transportenvironment. com，19 March 2020.

5. Hotten，R. 'Ryanair rapped over low emissions claims'. www. bbc. co. uk/news，5 February 2020.

6. International Air Transport Association. 'IATA forecast predicts 8. 2 billion air travellers in 2037'. www. iata. org，24 October 2018.

7. Timperley，J. 2020.

8. Barrett，T. 'Exclusive report：high time airlines paid tax on fuel?'. www. airqualitynews. com，10 May 2019.

9. De Clercq，G. 'France wants EU to seek end to jet fuel tax exemption to curb emissions'. *Reuters*，3 June 2019.

10. Harrabin，R. 'A few frequent flyers "dominate air travel"'. www. bbc. co. uk/news，31 March 2021.

11. Coffey，H. 'Private jet flights from UK and France emit more CO_2 than 20 other European countries'. *Independent*，27 May，2021.

12. Bannon，E. 'Private jets：can the super-rich supercharge zero-emission aviation?'. www. transportenvironment. org，27 May 2021.

13. Gössling，S. 'Celebrities，air travel and social norms'. *Annals of Tourism Research*，Vol. 79，102775，November 2019.

14. Adams，C. 'More British people flew abroad last year than any other na-

tionality, new data reveals'. *Independent*, 31 July 2019.

15. EEA. 'Motorised transport: train, plane, road or boat-which is greenest?' www. eea. europa. eu, 24 March 2021.

16. Reality Check. 'Climate change: Should you fly, drive or take the train?'. *BBC News*, 24 August 2019.

17. Reuters. 'French lawmakers approve a ban on short domestic flights'. www. reuters. com, 11 April 2021.

18. Hughes, A. 'Young adults most concerned about green travel, survey says'. *Independent*, 15 February 2021.

19. The Man in Seat 61. www. seat61. com.

20. Rogelj, J., Geden, O., Cowie, A., and Reisinger, A. 'Net-zero emissions targets are vague: three ways to fix'. *Nature*, Vol. 591, pp. 365-8, 2021.

21. Cairns, S., Patrick, J. and Newson, C. 2021.

22. Lund, T. 'Sweden's air travel drops in year when "flight shaming" took off'. www. reuters. com, 10 January 2020.

23. Buchs, M. and Mattioli, G. 'Trends in air travel inequality in the UK: From the few to the many?'. www. creds. ac. uk, 7 July 2021; and Transport & Environment. 'Flying and climate change'. www. transportenvironment. org.

第 19 章

1. Piddington, J., Nicol, S., Garrett, H. and Custard, M. *The Housing Stock of the United Kingdom*. BRE Trust, February 2020.

2. Committee on Climate Change. *Next steps for UK heat policy*. Committee on Climate Change, October 2016.

3. Committee on Climate Change. *UK housing: Fit for the future?* Committee on Climate Change, February 2019.

4. Committee on Climate Change, 2019.

5. Confederation of British Industry (CBI). 'Net-zero: the road to low-carbon heat'. www. cbi. org. uk, 22 July 2020.

6. Harkin, D. 'Using the past to inspire the future'. www. historicenvironment. scot, 26 October 2018.

7. International Energy Agency. 'The future of cooling'. www. iea. org, May 2018.

8. International Energy Agency. 'Air conditioning use emerges as one of the key drivers of global electricity-demand growth'. www. iea. org，15 May 2018.

9. US Department of Energy. 'LED lighting'. www. energy. gov.

10. Khosla，R.，Shrish Kamat，A. and Narayanamurti，V. 'Guest post：How energy-efficient LED bulbs lit up India in just five years'. www. carbonbrief. org，31 March 2020.

11. Blunden，M. 'Map reveals London's best and worst neighbourhoods for energy efficiency'. *Evening Standard*，11 September 2020.

12. Climate Change Committee. *Reducing UK emissions：Progress Report to Parliament.* Climate Change Committee，June 2020.

13. Antonelli，L. 'How Brussels went passive'. www. passivehouseplus. ie，26 October 2016.

14. Perrott，R. 'How many cats would it take to heat a Passive House?'. www. c60design. co. uk.

15. Lowe，R. and Oreszczyn，T. *Building decarbonisation transition pathways：initial reflections.* CREDS Policy brief 013. Centre for Research into Energy Demand Solutions，2020.

16. Vaughan，A. 'Fix the planet' (email newsletter). www. newscientist. com.

17. Lowe，R. and Oreszczyn，T. 2020.

第 20 章

1. Fecht，S. 'Wine regions could shrink dramatically with climate change unless growers swap varieties'. www. news. climate. colombia. edu，27 January 2020.

2. Poore，J. and Nemecek，T. 'Reducing food's environmental impacts through producers and consumers'. *Science*，Vol. 360，Issue 6392，pp. 987-92，1 June 2018.

3. Department of Economic and Social Affairs，United Nations. *World Population Prospects 2019.* www. population. un. org.

4. Smith，P. 'Malthus is still wrong：we can feed a world of 9-10 billion，but only by reducing food demand'. *Proceedings of the Nutrition Society*，Vol. 74，pp. 187-190，2015，doi：10. 1017/S0029665114001517.

5. Food and Agriculture Organization of the United Nations. *Food wastage*

footprint: *Impacts on natural resources*. FOA，2013.

6. Oakes，K. 'How cutting your food waste can help the climate'. www. bbc. com，26 February 2020.

7. WRAP. 'Food waste falls by 7% per person in three years'. www. wrap. org. uk，24 January 2020.

8. Nair，P. 'The country where unwanted food is selling out'. www. bbc. com，24 January 2017.

9. Oakes，K. 2020.

10. Porter，S.，Reay，D.，Bomberg，E. and Higgins，P. 'Available food losses and associate production-phase greenhouse gas emissions arising from application of cosmetic standards to fresh fruit and vegetables in Europe and the UK'. *Journal of Cleaner Production*，Vol. 201，pp. 869-78，10 November 2018 .

11. Willet，W.，Rockström，J.，Loken，B.，*et al.* 'Food in the Anthropoecene: the EAT-Lancet Commission on healthy diets from sustainable food systems'. *The Lancet Commissions*，Vol. 393，Issue 10170，pp. 447-92，2 February 2019.

12. Carrington，D. 'No-kill, lab-grown meat to go on sale for first time'. *Guardian*，2 December 2020.

13. Myhre，G.，D. Shindell，Bréon，F.-M.，Collins，W.，Fuglestvedt，J.，Huang，J.，Koch，D.，Lamarque，J.-F.，Lee，D.，Mendoza，B.，Nakajima，T.，Robock，A.，Stephens，G.，Takemura，T. and Zhang，H. 'Anthropogenic and Natural Radiative Forcing'，*Climate Change 2013*: *The Physical Science Basis. Contribution of Working Group I to the Fifth Assessment Report of the Intergovernmental Panel on Climate Change* (Stocker，T. F.，Qin，D.，Plattner，G.-K.，Tignor，M.，Allen，S. K.，Boschung，J.，Nauels，A.，Xia，Y.，Bex，V. and Midgley，P. M.，eds.). Cambridge University Press，2014.

14. Boucher，D. 'Movie review: There's a vast Cowspiracy about climate change'. Union of Concerned Scientists，www. blog. uscusa. org，10 June 2016.

15. Twine，R. 'Emissions from Animal Agriculture — 16.5% Is the New Minimum Figure'. *Sustainability*，Vol. 13，Issue 11，p. 6276，2021.

16. Brown，D. 'Five ways UK farmers are tackling climate change'. www. bbc. co. uk/news，9 September 2019.

17. Rajão，R.，*et al.* 'The rotten apples of Brazil's agribusiness'. *Science*，Vol. 369，Issue 6501，pp. 246-8，17 July 2020.

18. Milman，O. 'Feeding cows seaweed could cut their methane emissions by 82%, scientists say'. *Guardian*，18 March 2021.

19. Veeramani，A. , Dias，G. and Kirkpatrick，S. 'Carbon footprint of dietary patterns in Ontario，Canada：A case study based on actual food consumption'. *Journal of Cleaner Production*，Vol. 162，pp. 1398-1406，20 September 2017.

20. Tilman，D. and Clark，M. 'Global diets link environmental sustainability and human health'. *Nature*，Vol. 515，pp. 518-22，12 November 2014.

21. Springmann，M. *et al.* 'Analysis and valuation of the health and climate change co-benefits of dietary change' *PNAS*，Vol. 113，No. 15，pp. 4146-51，12 April 2016.

22. Maslin，M. and Nab，C. 'Coffee：here's the carbon cost of your daily cup-and how to make it climate-friendly'. *The Conversation*，4 January 2021.

23. Poore，J. and Nemecek，T. 'Reducing food's environmental impacts through producers and consumers'. *Science*，Vol. 360，Issue 6392，pp. 987-92，1 June 2018.

24. McGivney，A. 'Almonds are out. Dairy is a disaster. So what milk should we drink?'. *Guardian*，29 January 2020.

25. Cohen，D. 'Unilever：Breakthrough as food industry giant introduces carbon footprint labels on food'. *Independent*，15 July 2021.

26. Harvey，F. 'Outrage and delight as France ditches reliance on meat in climate bill'. *Guardian*，29 May 2021.

第 21 章

1. Ritchie，H. 'FAQs on plastics'. www. ourworldindata. org，2 September 2018.

2. Ritchie，H. and Roser，M. 'Plastic pollution'. www. ourworldindata. org，September 2018.

3. Elhacham，E. , Ben-Uri，L. , Grozovski，J. , Bar，Y. and Milo，R. 'Global human-made mass exceeds all living biomass'. *Nature*，Vol. 588，9 December 2020.

4. Lebreton，L. , Slat，B. , Ferrari，F. , *et al.* 'Evidence that the Great Pacific Garbage Patch is rapidly accumulating plastic'. *Scientific Reports* 8，4666 (2018). https：//doi. org/10. 1038/ s41598-018-22939-w.

5. Carrington，D. 'Microplastics revealed in the placentas of unborn babies'. *Guardian*，22 December 2020.

6. McDonalds. 'McDonald's pledges to remove non-sustainable hard plastic from its iconic Happy Meal'. www. mcdonalds. com/gb，17 March 2020.

7. *Dispatches*. 'The Dirty Truth About Your Rubbish'. Channel 4. Producer/Director：Andrew Pugh. 8 March 2021.

8. Stoufer，L. 'Plastics packaging：today and tomorrow'. Report presented at the 1963 Society of the Plastics Industry，Inc. Annual National Plastics Conference. Sheraton-Chicago Hotel，Chicago，Illinois. 19-21 November 1963.

9. McKay，D. 'Fossil fuel industry sees the future in hard-to-recycle plastic'. *The Conversation*，10 October 2019.

10. Wynes，S. and Nicholas，K. ，2017.

11. Environment Agency. 'An updated lifecycle assessment study for disposable and reusable nappies'. Science Report SC010018/SR2，October 2008.

12. Sohn，J. ，Nielsen，K. ，Birkved，M. ，Joanes，T. and Gwozdz，W. 'The environmental impacts of clothing：Evidence from United States and three European countries'. *Sustainable Production and Consumption*，Vol. 27，pp. 2153-64，July 2021.

13. Sohn，J. ，*et al.* July 2021.

14. Berners-Lee，M. 'How Bad Are Bananas：The Carbon Footprint of Everything'. Profile Books，Revised 2020 Edition.

15. Savage，M. 'How can we make washing machines last?'. www. bbc. co. uk/news，3 March 2021.

16. Jeswani，H. K. ，and Azapagic，A. 'Is e-reading environmentally more sustainable than conventional reading?' *Clean Technologies and Environmental Policy*，Vol. 17，Issue 3，pp. 803-9，March 2014.

17. IEA. 'Data Centres and Data Transmission Networks'. IEA，Paris，2020. https：//www. iea. org/reports/data-centres-and-data-transmission-networks.

18. Cambridge Centre for Alternative Finance. 'Cambridge Bitcoin Electricity Consumption Index'. Online at https：// cbeci. org/cbeci/comparisons.

19. @ BitcoinMagazine（Bitcoin Magazine）. Thread：'While Elon Musk claimed that Tesla is "concerned about rapidly increasing use of fossil fuels for Bitcoin mining and transactions"，the mining industry appears to be growing in its use of renewable energy sources instead'. 13 May 2021，https：//twitter. com/Bitc-

oinMagazine/status/1392899567641845760？ s＝20.

20. Ecosia. 'Ecosia financial reports'. www. blog. ecosia. org，June 2021.

21. Google. *Google Environmental Report 2019*. www. sustainability. google，2019.

22. Hern，A. 'Facebook says it has reached net zero emissions'. *Guardian*，16 April 2021.

第 22 章

1. Watts，N.，Amann，M.，Arnell，N.，*et al.* 'The 2019 report of the Lancet Countdown on health and climate change：ensuring that the health of a child born today is not defined by a changing climate'. *The Lancet*，Vol. 394，Issue 10211，pp. 1836-78，16 November 2019.

第 23 章

1. Dosio，A.，*et al.* 'Extreme heat waves under 1.5 ℃ and 2 ℃ global warming'. *Environmental Research Letters*，Vol. 13，054006，2018.

2. IPCC. 'Special report：Global warming of 1.5 ℃'. www. ipcc. ch.

3. UN Environment Programme and DTU Partnership. *UNEP Emissions Gap Report 2020*. www. unep. org，9 December 2020.

4. Gerretsen，I. 'Germany raises ambition to net zero by 2045 after landmark court ruling'. www. climatechangewnews. com，5 May 2021.

5. Jaeger，J.，McLaughlin，K.，Neuberger，J. and Dellesky，C. 'Does Biden's American jobs plan stack up on climate and jobs?'. www. wri. org，1 April 2021.

6. Harvey，F. 'China "must shut 600 coal-fired plants" to hit climate target'. *Guardian*，15 April 2021.

7. Pike，L. 'Why China is still clinging to coal'. www. vox. com，6 April 2021.

8. UN Environment Programme and DTU Partnership，2020.

9. Department for Business，Energy & Industrial Strategy. 'Press release：UK sets ambitious new climate target ahead of summit'. www. gov. uk，3 December 2020.

10. Ioualalen，R. 'Spain becomes latest country to ban new oil and gas ex-

ploration and production'. www. priceofoil. org，14 May 2021.

11. Strzyżyńska，W. 'Sámi reindeer herders file lawsuit against Norway windfarm'. *Guardian*，18 January 2021.

12. Hoffower，H. and Hartmans，A. 'Bill and Melinda Gates are ending their 27-year marriage. Here's how the Microsoft co-founder spends his ＄129 billion fortune，from a luxury-car collection to incredible real estate'. www. businessinsider. com，3 May 2021.

13. McCollum，D. L. ，*et al.* 'Energy investment needs for fulfilling the Paris Agreement and achieving the sustainable development goals'. *Nature Energy*，Vol. 3，pp. 589-99，2018.

14. Ameli，N. ，Dessens，O. ，Winning，M. ，*et al.* 'Higher cost of finance exacerbates a climate investment trap in developing economies'. *Nature Communications*，Vol. 12，4046，2021.

15. Podesta，J. ，Goldfuss，C. ，Higgins，T. ，*et al.* 'State Fact Sheet: A 100 per cent clean future'. www. americanprogress. org，16 October 2019.

16. Office of Governor Gavin Newsom. 'Governor Newsom announces California will phase out gasoline-powered cars and drastically reduce demand for fossil fuel in California's fight against climate change'. www. gov. ca. gov，23 September 2020.

17. Coalition for Urban Transitions，www. urbantransitions. global.

18. Robertson，D. 'Inside Copenhagen's race to be first carbon-neutral city'. *Guardian*，11 October 2019.

19. Halais，F. 'Cities race to slow climate change-and improve life for all'. www. wired. com，1 January 2020.

20. BBC News. 'Glasgow and Edinburgh fight to become the UK's first "net-zero" city'. www. bbc. co. uk/news，15 May 2019.

21. CDP. 'Manchester: How the UK's "City-Region of Change" is setting the bar for climate action'. www. cdp. net.

22. City of Sydney. 'Net zero by 2035: our bold new plan'. 2021. https: //news. cityofsydney. nsw. gov. au/articles/net-zero-by-2035-city-sydney-bold-new-plan.

23. Energy & Climate Intelligence Unit. 'Report: Fifth of world's largest companies now have net zero target'. www. eciu. net，23 March 2021.

24. Ingrams，S. 'IKEA will now buy back your old furniture in new sustain-

ability scheme'. *Which*?, 5 May 2021.

25. Nespresso. 'Our climate commitment'. www. sustainability. nespresso. com.

26. Climate Action Tracker. 'Global update: Climate Summit Momentum'. www. climateactiontracker. org, 4 May 2021.

第 24 章

1. Centre for Climate Change and Social Transformations (CAST). *Survey infographic: UK perceptions of climate change & lifestyle changes.* Cardiff University, 2021.

2. Marshall, G. *Don't Even Think About It: Why Our Brains Are Wired to Ignore Climate Change.* Bloomsbury, 2015. p. 137.

3. Marshall, 2015. p. 64.

4. Stoknes, P. E. *What We Think About When We Try Not To Think About Global Warming.* Chelsea Green Publishing, 2015.

5. December 2020 figures, https: //climatecommunication. yale. edu/about/ projects/global-warmings-six-americas/.

6. https: //rare. org/blog/qa-with-climate-scientist-katharine-hayhoe/.

第 26 章

1. Franta, B. 'Early oil industry knowledge of CO_2 and global warming'. *Nature Climate Change*, Vol. 8, pp. 1024-5, 19 November 2018.

2. Banerjee, N. , Song, L. and Hasemyer, D. 'Exxon's own research confirmed fossil fuels' role in global warming decades ago'. www. insideclimatenews. org, 16 September 2015.

3. Franta, B. 'Shell and Exxon's secret 1980s climate change warnings'. *Guardian*, 19 September 2018.

4. DeSmog. 'Global Climate Coalition'. www. desmog. com.

5. Shabecoff, P. 'Global warming has begun, expert tells senate'. *New York Times*, 24 June 1988.

6. Vidal, J. 'Revealed: how oil giant influenced Bush'. *Guardian*, 8 June 2005.

7. Climate Files. '1991 Information Council on the Environment Climate De-

nial Ad Campaign'. www. climatefiles. com.

8. Hasemyer, D. and Cushman Jr., J. H. 'Exxon Sowed Doubt About Climate Science for Decades by Stressing Uncertainty'. *Inside Climate News*, www. insideclimatenews. org, 22 October 2015.

9. Oreskes, N. and Conway, E. *Merchants of Doubt: How a handful of scientists obscured the truth on issues from tobacco smoke to global warming*. Bloomsbury, 2012.

10. Shearer, C. *Kivalina: A Climate Change Story*. Haymarket Books, 2011.

11. Greenpeace., 'Exxon's Climate Denial History: A Timeline'. Accessed 23 August 2021, https: //www. greenpeace. org/ usa/ending-the-climate-crisis/ exxon-and-the-oil-industry-knew-about-climate-change/exxons-climate-denial-history-a-timeline/.

12. Adam, D. 'Exxon to cut funding to climate change denial groups'. *Guardian*, 28 May 2008.

13. Climate One. 'My Climate Story: Ben Santer'. www. climateone. org, 17 September 2019.

14. Grandia, K. 'The 30,000 global warming petition is easily debunked propaganda'. www. huffpost. com, 22 August 2009.

15. DeSmog., 'Oregon Petition'. www. desmog. com.

16. BBC News. 'BBC climate change interview breached broadcasting standards'. www. bbc. co. uk/news, 9 April 2018; https: //www. desmog. com/nigel-lawson/.

17. Supran, G., and Oreskes, N. 'Assessing ExxonMobil's climate change communications (1977-2014)'. *Environmental Research Letters*, Vol. 12, No. 8, 23 August 2017.

18. Sutherland, J. 'They call it pollution. We call it life'. www. npr. org, 23 May 2006.

19. Skeptical Science. 'Clearing up misconceptions regarding "hide the decline"'. www. skepticalscience. com.

20. Yeo, S. 'Why the Climategate hack was more than an attack on science'. www. desmog. com, 15 November 2019.

21. McKie, R. 'Climategate 10 years on: what lessons have we learned?' *Observer*, 9 November 2019.

22. McEvers，K. 'Saudi Arabia tries to stall global emissions limits'. www. npr. org，10 December 2009.

23. Influence Map. 'Big oil's real agenda on climate change'. www. influencemap. org，March 2019. https：//influencemap. org/report/How-Big-Oil-Continues-to-Oppose-the-Paris-Agreement-38212275958aa21196dae3b76220bddc.

24. Carrington，D. 'How to spot the difference between a real climate policy and greenwashing guff'. *Guardian*，6 May 2021.

25. Mann，M. *The New Climate War：The Fight to Take Back Our Planet.* Scribe，2021.

26. Gearino，D. 'Inside clean energy：6 Things Michael Moore's *Planet of the Humans* gets wrong'. www. insideclimatenews，30 April 2020.

27. Joshi，K. 'Planet of the humans：A reheated mess of lazy old myths'. www. ketanjoshi. co，24 April 2020.

28. Chewpreecha，U. and Summerton，P. *Economic impact of the Sixth Carbon Budget.* Climate Change Committee，Cambridge Econometrics，December 2020.

29. Office for Budget Responsibility. *Fiscal Risks Report.* www. obr. uk，July 2021.

30. Client Earth. 'What is greenwashing? An interview with Sophie Marjanac'. www. clientearth. org，4 November 2020.

31. Influence Map. 'Big oil's real agenda on climate change'. www. influencemap. org，March 2019. https：//influencemap. org/report/How-Big-Oil-Continues-to-Oppose-the-Paris-Agreement-38212275958aa21196dae3b76220bddc.

32. Carrington，D. ' "A great deception"；oil giants taken to task over "greenwash" ads'. *Guardian*，19 April 2021.

33. Friedlingstein，P. ，O'Sullivan，M. ，Jones，M. W. ，Andrew，R. M. ，Hauck，J. ，Olsen，A. ，Peters，G. P. ，Peters，W. ，Pongratz，J. ，Sitch，S. ，Le Quéré，C. ，Canadell，J. G. ，Ciais，P. ，Jackson，R. B. ，Alin，S. ，Aragão，L. E. O. C. ，Arneth，A. ，Arora，V. ，Bates，N. R. ，Becker，M. ，Benoit-Cattin，A. ，Bittig，H. C. ，Bopp，L. ，Bultan，S. ，Chandra，N. ，Chevallier，F. ，Chini，L. P. ，Evans，W. ，Florentie，L. ，Forster，P. M. ，Gasser，T. ，Gehlen，M. ，Gilfillan，D. ，Gkritzalis，T. ，Gregor，L. ，Gruber，N. ，Harris，I. ，Hartung，K. ，Haverd，V. ，Houghton，R. A. ，Ilyina，T. ，Jain，A. K. ，Joetzjer，E. ，Kadono，K. ，Kato，E. ，Kitidis，V. ，Korsbakken，J. I. ，

Landschützer, P. , Lefèvre, N. , Lenton, A. , Lienert, S. , Liu, Z. , Lombar-dozzi, D. , Marland, G. , Metzl, N. , Munro, D. R. , Nabel, J. E. M. S. , Nakaoka, S. -I. , Niwa, Y. , O'Brien, K. , Ono, T. , Palmer, P. I. , Pierrot, D. , Poulter, B. , Resplandy, L. , Robertson, E. , Rödenbeck, C. , Schwinger, J. , Séférian, R. , Skjelvan, I. , Smith, A. J. P. , Sutton, A. J. , Tanhua, T. , Tans, P. P. , Tian, H. , Tilbrook, B. , van der Werf, G. , Vuichard, N. , Walker, A. P. , Wanninkhof, R. , Watson, A. J. , Willis, D. , Wiltshire, A. J. , Yuan, W. , Yue, X. , and Zaehle, S. 'Global Carbon Budget 2020'. Earth Syst. Sci. Data, 12, 3269-3340, https://doi.org/10.5194/essd-12-3269-2020, 2020.

34. Hausfather, Z. 'Analysis: When might the world exceed 1.5 ℃ and 2 ℃ of global warming?'. www.carbonbrief.org, 4 December 2020.

35. Bousso, R. 'Shell to write down assets again, taking cuts to more than $22 billion'. www.reuters.com, 21 December 2020.

36. Client Earth. 'The Greenwashing Files'. www.clientearth.org.

37. Joshi, K. 'A major test for Shell's massive multi-purpose greenwashing juggernaut'. www.medium.com, 29 April 2021.

38. Boffey, D. 'Court orders Royal Dutch Shell to cut carbon emissions by 45% by 2030'. *Guardian*, 26 May 2021.

39. Reguly, E. 'A tale of transformation: the Danish company that went from black to green energy'. www.corporateknights.com, 16 April 2019.

40. Ambrose, J. 'BP market value at 26-year low amid investor jitters'. *Guardian*, 21 October 2020.

第 27 章

1. Harvey, F. 'Campaign seeks 1bn people to save climate-one small step at a time'. *Guardian*, 10 October 2020; and Count Us In, www.count-us-in.org.

2. Doyle, J. 'Where has all the oil gone? BP branding and the discursive elimination of climate change risk'. *Culture, Environment and Eco-Politics*, eds. Heffernan, N. and Wragg, D. Cambridge Scholars, January 2011, pp. 200-25.

3. UN Environment Programme and DTU Partnership, 2020.

4. Guenther, G. 'Who is the *we* in "We are causing climate change"?'. www.slate.com, 10 October 2018.

5. Bollinger, B. and Gillingham, K. 'Peer effects in the diffusion of solar

photovoltaic panels'. *Marketing Science*, Vol. 31, No. 6, pp. 873-1025, 20 September 2012.

6. Rainforest Action Network. *Banking on Climate Chaos: Fossil Fuel Finance Report 2021*. www. ran. org.

7. Switch It. www. switchit/money.

8. @ KHayhoe（Prof. Katharine Hayhoe）. Tweet: 'A thermometer isn't liberal or conservative; it doesn't give you a different number depending on whether you vote left or right'. 3 December 2016, https: //twitter. com/KHayhoe/status/8048562236661223936? s=20.

9. Steentjes, K. , Poortinga, W. , Demski, C. , and Whitmarsh, L. *UK perceptions of climate change and lifestyle changes*. CAST Briefing Paper 08, 2021.

10. BEIS（UK Department of Business, Energy and Industrial Strategy）. *Public Attitudes Tracker: Wave 29*. www. gov. uk, 9 May 2019.

11. Centre for Towns. *More United Than You'd Think: Public Opinion on the Environment in Towns and Cities in the UK*. www. centrefortowns. org, 9 December 2020.

12. Marris, E. 'Why young climate activists have captured the world's attention'. www. nature. com, 18 September 2019.

13. Lawson, D. , Stevenson, K. , Peterson, N. , *et al.* 'Children can foster climate change concern among their parents'. *Nature Climate Change*, Vol. 9, pp. 457-62, 6 May 2019.

14. Murray, J. ' "It's awakened me": UK climate assembly participants hail a life-changing event'. *Guardian*, 31 December 2020.

15. CDP. 'From climate emergencies to climate action'. www. cdp. net.

16. Climate Emergency Declaration. 'Climate emergency declarations in 2, 010 jurisdictions and local governments cover 1 billion citizens'. www. climateemergencydeclaration. org, 1 August 2021.

17. Community Led Homes. 'Goodwin Development Trust'. www. communityledhomes. org. uk.

18. Taylor, M. 'How grassroots schemes across UK are tackling climate crisis'. *Guardian*, 10 March 2021.

19. Webb, J. , Stone, L. , Murphy, L. and Hunter, J. *The Climate Commons: Home communities can thrive in a climate changing world*. Institute for

Public Policy Research，March 2021.

    20. Cairns，I.，Hannon，M.，*et al.* 'Financing community energy case studies：Green Energy Mull'. UK Energy Research Centre，June 2020.

    21. Webb，J.，*et al.* March 2021.

    22. Heglar，M. 'We can't tackle climate change without you'. www. wired. com，4 January 2020.

结语

    1. IEA (2022)，*Global Energy Review*：CO_2 *Emissions in* 2021，IEA，Paris https：//www. iea. org/reports/global-energy-review-co2-emissions-in-2021-2.

译后记

现在，我正在上海杨浦滨江低碳实践区的"零碳咖啡馆"里写这篇译后记。之所以选择在此处为本书收尾，可能是因为双鱼座们都迷恋所谓的"意义感"。这里曾是远东最大的火力发电厂，如今已转型成为低碳实践的绿色公共空间，与本书的主旨分外搭调。首先，请允许我对这本科普读物的翻译情况作简要介绍。

这本不算厚的小书翻译自苏格兰气候变化科学家与脱口秀演员马特·温宁博士（Dr. Matt Winning）的著作。作为自己的第三本译著，它带来了一次不同过往的翻译体验。

关于翻译过程。本书于 2023 年 2 月起译，2024 年 4 月定稿。初稿完成后，梅全编辑进行了第一次校译，对暂时无法精准转译的西方文化梗（meme）、笑料或"包袱"等内容进行了梳理。随后，我通过邮件与身在伦敦的马特取得了联系，请他围绕"问题清单"答疑解惑。在收到他的详细解答与调整建议之后，梅全编辑与我共同对译文进行了校准、润色。

关于语言风格。由于马特是一位英伦地区声名鹊起的脱口秀演员，因此本书就像一部"脱口秀"文稿。相较于我过往翻译的历史、国政类书籍，本书文字在幽默中透出犀利，行文在灵活中略有"跳脱"。因此，我在尽量使用口语化、流行化语言进行翻译的同时，对相关语句段落进行了增补整合，以期更便于中文读者的理解。同时，我按照个人理解，尝试多使用押韵、排比、对仗等手法，希望读来能有更接近"脱口秀"的表达效果。

关于细节出处。书中人名按照《英语姓名译名手册（第5版）》翻译，地名参照《英汉大辞典（第2版）》翻译。原书注与译者注均采用脚注形式，原书的数字角标予以保留，对应文后"注释"部分的参考文献与相关信息。

总体来说，本书具有三大特点。一是题材"跨界"。"脱口秀＋气候变化议题"，这种"熟悉＋陌生"的有趣组合，放眼当前的科普出版物领域极其少有。二是话题"吸睛"。书中提出了许多直接关乎个体生活的现实议题，如"生娃是否会加剧全球气候变化""个人到底能为减排做什么""到底谁应该为气候变化背锅"等。三是玩梗"凶狠"。全书充满各种"开涮"娱乐明星和商界大佬的妙梗趣事，时常能有始料未及的"笑果"，相信能够跨越一定的中西文化差异，较好传递给读者。

其次，本书带给我"不同过往的翻译体验"，主要表现在三方面。一是沟通过程。相比过往，这是我首次有条件与原作者进行直接沟通，其过程大大提高了翻译精度与时效，充分锻炼了外事沟通能力，更为我提供了一种"远方的人们与我有关"的情绪价值。二是邀请作序。得益于多年知识付费的习惯，我有幸通过"得到"App的专栏结识了国内著名职业科普作家卓克。虽然未曾谋面，但仅通过邮件的只言片语，卓克先生就欣然应允为书作序，让我更加深刻感受到了"知识共同体"的奇妙缘分。三是刷新认知。在翻译过程中，各种未曾关注的惊人数字、未曾感受的气候危机，以一种更具场景感与真实感的方式展示在眼前，让我这个100％的文科生切身感受到了自身认知的局限。我想无论如何，至少自己以后都会是新能源车的铁粉。

再者，我想诚挚感谢所有为本书的翻译与出版辛勤付出的朋友。感谢梅全编辑，历经多年合作，他与我已算"老相识"，这次他的选题眼光与整体运作依然独到高效，译著定名《热爆了》即是他的提议。感谢马特，他用一本幽默犀利的书、以一种清新脱俗的方式，让我意识到气候变化是如此与自身息息相关，是如此需要采取真实有效的行动。他不仅专门为中文版增写了序言，还请旅英脱口秀演员王钦协助对部分"笑料"进行了本土化调整。由衷祝愿他的小奥斯卡茁壮成长并选择成为苏格兰队的球迷。但是，我想自己大概很难有机会与马特在上海喝杯美式（虽然他在邮件中说"希望未来某天能够相见"），毕竟他"痛恨"坐飞机。感谢中共中央党校（国家行政学院）社会和生态文明教研部的韩融副教授，作为国内生态治理研究领域的青年翘楚，她不仅提供了许多极富见地的专业意见，更在出版过程中承担了"审读专家"的相关工作，各方面都堪称我的榜样。特别感谢卓克先生，他用极富真情实感且客观冷静的推荐序，为我进行了一次"靶向"科普。不过，我真心希望他在这个盛夏与未来都没有再作"全球气温再创历史新高"选题的机会（尽管机会渺茫）。感谢上海市科普作家协会的董长军秘书长，他如此认真地对待了一位普通市民的来信，并耗费精力指导协调相关事务，让我深受感动。这里，我还想特别感谢推荐本书或指导过本书翻译工作的翦知湣院士等专家学者、行业人士、媒体朋友（比如"中国气象爱好者""地球知识局"自媒体账号），你们对于一位素不相识之人的认可与鼓励、帮助与纠误，让我深觉一切努力都有所值。

最后，作为译者——一名还生活在陆地上的普通人类个体，我诚挚呼吁拨冗翻开或破费购买这本小书的您：行动起来，为了所有人共同的未来。

唐双捷

2024 年 6 月 8 日

于上海杨浦滨江低碳实践区